普通高等学校网络工程专业规划教材

计算机网络实践教程

梁正友 主编

罗程 关洁 孔德宾 任君玉 编著

清华大学出版社

北京

内 容 简 介

本书从实际应用出发,采用"案例驱动"模式,以 H3C 网络实验室为背景设计实验,以实验案例为依托,介绍交换机、路由器、防火墙等网络设备的配置,内容涵盖了组建、管理局域网和广域网所需的从低级到高级的主要知识。全书共分 5 章,内容包括构建小型家庭办公网络、构建中小型企业内部网络、局域网接入 Internet、企业网络互联和企业网络安全及网络管理。本书案例主要来源于企业一线的经典配置案例和 H3C、Cisco 等专业网络论坛的实际案例,共设计了基础验证型、设计型和综合型等 30 多个实验,覆盖最新、最实用的技术。内容由浅入深,分层分步骤讲解,并把实际经验融入其中。

本书可作为高校网络工程及相关专业的网络实践课程教材,也可供网络应用领域从业人员参考。

图书在版编目(CIP)数据

计算机网络实践教程/梁正友主编. —北京:清华大学出版社,2013
普通高等学校网络工程专业规划教材
ISBN 978-7-302-32362-4

Ⅰ. ①计…　Ⅱ. ①梁…　Ⅲ. ①计算机网络—高等学校—教材　Ⅳ. ①TP393

中国版本图书馆 CIP 数据核字(2013)第 093449 号

责任编辑:袁勤勇　战晓雷
封面设计:常雪影
责任校对:白　蕾
责任印制:李红英

出版发行:清华大学出版社
　　　网　　　址:http://www.tup.com.cn,http://www.wqbook.com
　　　地　　　址:北京清华大学学研大厦 A 座　　　　　　邮　　编:100084
　　　社　总　机:010-62770175　　　　　　　　　　　　邮　　购:010-62786544
　　　投稿与读者服务:010-62776969,c-service@tup.tsinghua.edu.cn
　　　质量反馈:010-62772015,zhiliang@tup.tsinghua.edu.cn
　　　课件下载:http://www.tup.com.cn,010-62795954
印　刷　者:北京富博印刷有限公司
装　订　者:北京市密云县京文制本装订厂
经　　　销:全国新华书店
开　　　本:185mm×260mm　　　印　张:20.5　　　　字　　数:493 千字
版　　　次:2013 年 8 月第 1 版　　　　　　　　　　　印　　次:2013 年 8 月第 1 次印刷
印　　　数:1~2000
定　　　价:34.50 元

产品编号:041377-01

普通高等学校网络工程专业规划教材

编审委员会

前　言

计算机网络是一门实践性很强的课程。针对独立学院计算机类专业的教学要求和学生特点,本书围绕计算机网络实验课程,在重视网络理论知识的同时,侧重培养学生的实际操作能力、自学能力和独立分析问题、解决问题的能力,使得学生在构建完整的计算机网络系统知识的同时,也获得完整的网络设计、部署和维护等技能训练。

本书从实际应用的角度出发,以 H3C 网络实验室为背景设计实验,以实验案例为依托,介绍交换机、路由器和防火墙等网络设备的配置,内容涵盖了组建、管理局域网和广域网所需的从低级到高级的大部分知识,划分为"构建小型家庭办公网络"、"构建中小型企业内部网络"、"局域网接入 Internet"、"企业网络互联"、"企业网络安全及网络管理"共 5 个模块,由浅入深,将繁杂的计算机网络知识分成若干层次,针对不同的层次设计不同的实践内容。本书采用了案例驱动模式,分步展开学习:

(1) 将某个网络建设或者实际配置中遇到的问题作为引入案例,并分析案例,导出解决该类问题的方向和技术。

(2) 介绍解决问题的网络基本原理和相关网络设备的配置命令。

(3) 给出问题的解决方案,设计实验拓扑并展开实验。

(4) 扩展问题,启发学生思考和探索。

(5) 设置学生实验项目。

本书大部分案例来源于企业一线,其中包括 H3C 的经典配置案例和 H3C、Cisco 等专业网络论坛上的实际案例,使学生能够接触实际,接受训练。在内容的选取上,以实用性为主要目标,尽可能覆盖最新、最实用的技术。在内容深浅程度上,把握由浅入深的原则,分层分步骤讲解,并把实际工作和实验调试的一些经验汇入其中。

本书设计了基础验证型、设计型和综合型等 30 多个实验,以 H3C MSR20-21 路由器、S3100 交换机、S3600 交换机以及 SecPath F100-C 防火墙等为主要实验设备。由于各个实验室的具体情况不同,在实际使用过程中,教师可按需要稍加改动,以适应自己实验室不同的实验设备和环境。其中,第 1 章有关 ADSL 的

PREFACE

实验可安排学生课外实现。

　　本书由梁正友教授组织编写及统稿,其中第 1 章由任君玉、罗程编写,第 2 章由关洁编写,第 3 章和第 4 章由孔德宾编写,第 5 章由罗程、梁正友编写。本书获广西壮族自治区教育厅"十一五"广西高等学校重点教材立项项目的立项支持,在编写过程中得到学院领导、网络实验室实验教师以及 H3C 工程师的支持和帮助,在此我们衷心地表示感谢。

　　由于时间仓促,以及编者水平有限,书中难免有不妥和错误的地方,恳请同行专家指正。

编者

2013 年 5 月于广西南宁

关于图标的说明

本书图标采用 H3C 图标库标准图标。除真实设备外，主要逻辑示意使用图标如下。

通用路由器

通用路由器

通用交换机

二层交换机

三层交换机

防火墙

服务器

客户端PC

工作站PC

目 录

C O N T E N T S

C O N T E N T S

第1章 构建小型家庭办公网络

在信息高科技的强有力的支持下,Internet 将人类的文化传播带进了一个崭新的时代,即人们所说的网络时代。人们几乎每天都要与网络打交道,网络已经成为日常生活中不可或缺的一部分。生活在网络时代的人们创造了一种崭新的生活方式和思维方式,使人类的社会生活和现代化水平向更高的境界发展。

1.1 组建小型家庭办公内部网络

1.1.1 网线的制作

【引入案例】

小刘想买一台计算机上网。商家给他配置了一台适合家庭上网使用的计算机,主板集成了网卡,还帮他安装了 Windows XP 操作系统和一些上网的常用软件,如 QQ、360 安全卫士等。

小刘回到家,打开计算机,打开浏览器时出现的总是"此程序无法显示网页"的信息。小刘傻眼了:"网吧里的计算机只要一开机就能上网浏览,怎么这台计算机不行呢?"

【案例分析】

网吧的计算机都是经过网络设置的,所以一开机就能上网了。小刘的计算机想要上网,还缺什么呢?

上网所需的最基本的软件包括操作系统(含网络协议程序、网卡驱动程序)和浏览器,而硬件上还需要一个上网猫(Modem)和一根网线。另外,小刘还必须去电信、网通等互联网服务提供商(Internet Service Provider,ISP)营业厅申请开通上网业务。目前,家庭用户上网的主要方式为 ADSL,ISP 一般会附送一台 ADSL Modem,小刘需要准备一根连接 ADSL Modem 和计算机的网线。

【基本原理】

1. 传输介质

从硬件的角度来看,组建一个计算机网络必须具有相应的硬件,最基本的要素是计算机、网卡和通信线路。通信线路有两大类:有线和无线。常见的有线线路包括双绞线、同轴电缆和光纤电缆。

1) 双绞线

双绞线(Twisted-Pair Cable,TP)是局域网组网所采用的最广泛的网线。双绞线由不同颜色的 4 对 8 芯线组成,每对线的两条线绞在一起,成为一个芯线对。双绞线的目的是利用铜线中电流产生的电磁场互相作用抵消邻近线路的干扰,并减少来自外界的干扰。

双绞线有屏蔽双绞线(Shielded Twicted-Pair,STP)与非屏蔽双绞线(Unshielded

Twisted-Pair,UTP)之分,STP 在电磁屏蔽性能方面比 UTP 要好些,但价格也要贵些。

双绞线按电气性能可以分为 3 类线、4 类线、5 类线、超 5 类线、6 类线和 7 类线等,数字越大,级别越高,带宽越宽,价格也越贵。目前在市场最常见的是 UTP 的 5 类线、超 5 类线和 6 类线。5 类线传输速率为 100Mb/s,主要用于 10Base-T 和 100Base-T 网络,是最常用的以太网电缆。超 5 类线的衰减小,串扰少,具有更小的时延误差,性能得到很大的提高,主要用于千兆以太网。6 类线的传输速率达到 250Mb/s,传输性能远高于超 5 类标准,最适用于传输高于 1Gb/s 的应用。目前由于万兆网络的出现,7 类线也开始慢慢进入人们的视线。

STP 外面包有一层屏蔽用的金属膜,它的抗干扰性能比 UTP 强,但实际上 STP 的应用条件比较苛刻,STP 的屏蔽作用只有在整个电缆均有屏蔽装置,并且两端正确接地的情况下才起作用,因此要求整个系统全部是屏蔽器件,包括电缆、插座、接头和配线架等,同时建筑物也需要有良好的地线系统。事实上,在实际施工时很难全部完美接地,从而使 STP 的屏蔽层本身成为最大的干扰源,导致性能甚至不如 UTP。所以除非有特殊需要,通常在综合布线系统中只采用 UTP。

和双绞线配套使用的是 RJ-45 接头,俗称水晶头,用于制作双绞线与网卡 RJ-45 接口间的接头,其质量好坏直接关系到整个网络的稳定性,不可忽视。

2) 同轴电缆

同轴电缆是由一层层的绝缘线包裹着中央铜导体的电缆线,它的最大特点就是抗干扰能力好,传输数据稳定,而且价格也便宜,所以一度被广泛使用,如闭路电视线等。以前同轴电缆采用较多,主要是因为同轴电缆组成的总线型结构网络成本较低,但单条电缆的损坏可能导致整个网络瘫痪,维护也比较困难。以太网应用中的同轴电缆主要分为粗同轴电缆(10Base5)和细同轴电缆(10Base2)两种。现在的网络,使用粗同轴电缆已经不多见了,细同轴电缆还有一些市场(见图 1.1)。同轴电缆使用的是 BNC 接头。

3) 光纤电缆

光纤电缆简称光纤或光缆,与铜质介质相比,光纤无论是在安全性、可靠性还是网络性能方面都有很大的提高。除此之外,光纤传输的带宽大大超出铜质线缆,在 2.5Gb/s 的传输速率下,其支持的最大连接距离高达数十千米,是组建较大规模网络的必然选择。光纤传输可以分为单模光纤和多模光纤。多模光纤一般被用于同一办公楼或距离相对较近的区域内的网络连接,而单模光纤传递数据的质量更高,传输距离更长,通常被用来连接办公楼之间或地理分布更广的网络。如果使用光纤作为网络传输介质,还需增加光纤收发器等设备(见图 1.2),因此成本投入更大。

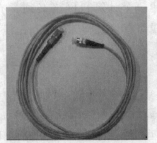

图 1.1 细同轴电缆连接设备   图 1.2 光纤尾纤和光纤收发器

2．网线的制作

1）双绞线的布线标准

家庭上网所使用的网线是 UTP。网线的制作实际上就是 RJ-45 接头（水晶头）的制作，其布线标准有两种：TIA/EIA 568A 和 TIA/EIA 568B，简称 A 标准和 B 标准。将水晶头有卡子的一面向下，有铜片的一面朝上，有开口的一方朝向自己身体，则 A 标准和 B 标准的线序如表 1.1 和表 1.2 所示。

表 1.1　TIA/EIA 568A 线序

1	2	3	4	5	6	7	8
白绿	绿	白橙	蓝	白蓝	橙	白棕	棕

表 1.2　TIA/EIA 568B 线序

1	2	3	4	5	6	7	8
白橙	橙	白绿	蓝	白蓝	绿	白棕	棕

制作过程中，必须至少使 1、2、3、6 连通，它们分别用于发送和接收信号，如图 1.3 所示。

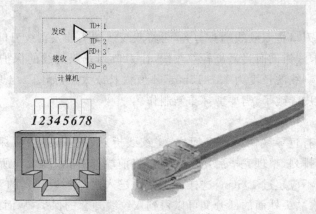

图 1.3　双绞线的线对

标准中要求 1 与 2,3 与 6,4 与 5,7 与 8 必须是双绞的线对。每对线进行双绞的目的是为了抑制干扰信息，提高传输质量。

2）3 种 UTP 线缆的制作与连接

UTP 线缆根据连接的设备不同，分为直通线、交叉线和反转线。

（1）直通线

直通线也称标准网线，用于连接两种不同的设备，如：①PC 与交换机/集线器的普通端口连接；②交换机/集线器与路由器的以太口连接；③集线器的 UpLink 口与交换机的普通接口相连。

直通线的两端一般都使用 B 标准制作，也有两端都使用 A 标准的情况。

（2）交叉线

交叉线通常用于同种设备连接，如：①PC 与 PC 的网卡端口相连；②路由器与路由器的以太口连接；③PC 与路由器的以太口连接；④PC 与光纤收发器的以太口连接。

交叉线的一端使用 A 标准,另一端使用 B 标准,按线序即 1、3 交叉,2、6 交叉。

(3) 反转线

反转线用于 PC 与交换器或路由器控制端口的连接并进行初始化配置。

反转线一端使用 B 标准,另一端反向排序。

RJ-45 接口的类型有两类:MDI(Media Dependent Interface)和 MDIX(Media Dependent Interface-crossed),MDI 接口不交叉传送和接收线路,而 MDIX 则在接口内部实现了信号交叉。因此,当不同类型的接口(一个接口是 MDI,另一个接口是 MDIX)通过双绞线互连时,使用直通线;当同种类型的接口通过双绞线互连时(两个接口都是 MDI 或都是 MDIX),使用交叉线。现在,许多新设备在接口上都实现了自动线序识别功能,都可以使用直通线连接,不需要再去区分是什么类型的接口了。

【解决方案】

按照 568B 标准制作标准的双绞线并测试其连通性。

【实验设备】

双绞线 1 段,夹线钳 1 个,水晶头若干,电缆测试仪 1 台。

【实施步骤】

步骤 1:剥线。

用夹线钳剪线刀口将双绞线端头剪齐,再将双绞线端头伸入剥线刀口,使线头触及前挡板,然后适度握紧卡线钳同时慢慢旋转双绞线,让刀口划开双绞线的保护胶皮,取出端头从而剥下保护胶皮。剥线的长度为 13~15mm,不宜太长或太短,如图 1.4 所示。如果剥线过程中把里面导线的皮弄破了,需要剪掉重新制作。

步骤 2:理线。

双绞线由 8 根有色导线两两绞合而成,将绞线拆对、拉直,并按照标准 TIA/EIA568B 的线序将线缆平行排列,整理完毕后用剪线刀口将前端修齐,如图 1.5 所示。线缆剪平后,裸露在外部的长度不应超过 1.5cm,这样可以保证送入水晶头后裸露的双绞线能够得到水晶头外壳的保护,水晶头外面的部分又可以得到双绞线外套的保护,从而最大程度地保证双绞线与水晶头连接的牢固性。

图 1.4　剥线

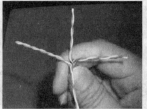

图 1.5　理线

步骤 3:插线。

一只手捏住水晶头,将水晶头有弹片的一侧向下,另一只手捏平双绞线,稍稍用力将排好的线平行插入水晶头内的线槽中,8 条导线顶端应插入到线槽顶端,如图 1.6 所示。注意：将并拢的双绞线插入 RJ-45 接头时，白橙线要对着 RJ-45 的第 1 只引脚。

　　步骤 4：压线。

　　确认所有导线都到位后，将水晶头放入夹线钳夹槽中，用力捏几下夹线钳，压紧线头即可，如图 1.7 所示。压线的目的是为了使水晶头的铜片切入每根导线，与导线内部铜线接触。

铜片　　白橙

图 1.6　插线　　　　　　　　　　　　　　　　　图 1.7　压线

　　双绞线里通常有一根白色的尼龙线，这叫抗拉线，其作用是提升线缆的抗拉性，使整个双绞线不容易拉断，制作完成之后把漏出来的部分剪断即可。

　　步骤 5：重复上述步骤，制作另一端水晶头。

　　步骤 6：检测。

　　将制作好的网线两端分别插入电缆测试仪的信号发射器（主控端）和信号接收器（测线端），打开主控端电源，查看 4 个线对的指示灯，如图 1.8 所示。测试从第一对线开始，每对线测试大约 1 秒钟，线对连通时，指示灯呈现稳定的闪亮状态；线对未连通时，指示灯不亮。如果在测试过程中 4 个线对全部正常，或 1 和 2、3 和 6 两个线对正常，则线缆可以通过测试，否则，线缆必须重新制作。

图 1.8　测线仪检测

【拓展思考】

如何判断网线是直通线还是交叉线？

【实验项目】

制作并测试一根交叉网线。

1.1.2　双机通过双绞线互连

【引入案例】

小刘家的书房里原来就有一台计算机，后来又买了一台放在卧室。小刘经常需要在两台计算机之间复制音频和视频文件,使用 U 盘复制来复制去感觉非常的麻烦,就想找一个比较简单省事的办法来解决这个问题。

【案例分析】

计算机之间通过网络共享数据快捷而且方便。如果只有两台计算机需要共享资源,最简单的办法就是使用网线直接连接两台计算机,如果是三台以上,通常需要购买集线器(hub)或交换机了。

【基本原理】

两台计算机相连成为最简单的对等网,简称双机互联。双机可以通过串/并口实现互连,但是这种方式数据传输速率较低,基本被淘汰了。双机通过双绞线实现双机网卡互连具有价格低廉、性能良好、连接可靠、维护简单等优点。此外,双机互联还可以通过 Modem 互连、红外互连、USB 互连等实现。

1. Windows 系统中的网络通信协议

互连的两台计算机需要配备网卡,安装操作系统,如 Windows XP。在双机互连之前,需要确定网卡驱动程序安装正确且网卡硬件工作状态正常。此外还需要准备一根交叉网线,并配置相关的网络协议。

Windows 系统中的网络通信协议主要有 3 种：NetBIOS/NetBEUI 协议、IPX/SPX 兼容协议和 TCP/IP 协议。这 3 种通信协议是网卡正确安装后系统默认安装的,分别适用于不同的应用环境。

1) NetBIOS/NetBEUI 协议

NetBIOS(Network Basic Input/Output System,网络基本输入/输出系统)协议是由 IBM 公司开发的,主要用于数十台计算机的小型局域网。NetBIOS 协议为局域网上的应用程序提供了请求低级服务的统一的 API(应用程序编程接口),使系统可以利用 WINS 服务、广播以及 Lmhost 文件等多种模式将 NetBIOS 名解析为相应的 IP 地址并实现消息通信,在局域网内部使用 NetBIOS 协议可以方便地实现消息通信及资源的共享。因为它占用系统资源少、传输效率高,所以几乎所有的局域网都是在 NetBIOS 协议的基础上工作的。

NetBEUI(NetBIOS Extend User Interface,NetBIOS 用户扩展接口)协议同样是由 IBM 公司开发的非路由协议,用于携带 NetBIOS 通信,主要用于 20～200 台计算机的小型局域网中,曾被许多操作系统采用,例如 Windows for Workgroup、Windows 95/98 和 Windows NT 等。NetBEUI 协议可以看作是 NetBIOS 协议的延伸和改良,具有体积小、效率高以及速度快等特点,安装后不需要进行设置,特别适合于在"网络邻居"间传送数据。

NetBEUI 缺乏路由和网络层寻址功能,这既是它最大的缺点,也是它最大的优点,因为它不需要附加网络地址等网络层报头信息,所以非常适用于只有单个网络或整个环境都桥接起来的小工作组环境。

2) IPX/SPX 协议

IPX/SPX(Internetwork Packet Exchange/Sequences Packet Exchange,Internet 分组交换/顺序分组交换)是 Novell 公司的通信协议集。与 NetBEUI 形成鲜明区别的是 IPX/SPX 比较庞大,在复杂环境下具有很强的适应性,并具有强大的路由功能,适合于大型网络使用。当用户端接入 NetWare 服务器时,IPX/SPX 及其兼容协议是最好的选择。但在非 Novell 网络环境中，一般不使用 IPX/SPX。

在微软的操作系统中，一般使用 NWLink IPX/SPX 兼容协议和 NWLink NetBIOS 两种 IPX/SPX 的兼容协议，即 NWLink 协议，该兼容协议继承了 IPX/SPX 协议的优点，更适应 Windows 的网络环境，比如在 Windows 2000 组成的对等网，一些可以联机的局域网游戏也支持 IPX/SPX。

3）TCP/IP 协议

TCP/IP（Transmission Control Protocol/Internet Protocol，传输控制协议/Internet 协议）是 Internet 的核心协议，是 Internet 的基础。如果计算机要接入因特网，必须安装此协议。它可以支持任意规模的网络，因此十分灵活，但是相比于上述两个协议，在使用前需要进行一系列较为复杂的配置，而前两个协议安装后无须配置。

2. TCP/IP 的配置内容

安装 TCP/IP 协议后要进行相应的配置工作，主要是设置 IP 地址、子网掩码及默认网关。

1）IP 地址

IP 地址是主机在 Internet 中的唯一标识。目前主要使用的 IP 地址是 IPv4 地址，4 是协议版本号，在不久将会过渡到 IPv6。IPv4 地址长度为 32 位二进制位，为了便于表示，在书写上每 8 位之间用一个"."隔开，每 8 位二进制数用一个十进制数表示，如 192.168.0.254。在组建小型内部局域网时，经常使用的 IP 是 192.168.0.1～192.168.255.254 之间的 C 类 Internet 保留地址，除此之外还有 172.16.0.1～172.31.255.254 以及 10.0.0.1～10.255.255.254。

2）子网掩码

IP 地址分为两个部分：前面部分代表计算机的网络号，后面部分代表计算机的主机号。网络号表示计算机在哪个网络（也称 IP 网段，可以看成不同的单位的网络）中，主机号则使同一个网络中的计算机区别开来。不同网络号的计算机处于不同的网络中，即使这些计算机物理上是连接在一起的，它们之间仍然不能直接通信，必须经过路由器或者其他第三层设备才能通信。

那么，如何从一个 IP 地址中获知其网络号和主机号呢？这就需要子网掩码的配合。子网掩码也是一个 32 位的二进制数，其书写上也是每 8 位之间用一个"."隔开，每个 8 位二进制数用一个十进制数表示。子网掩码也分成两个部分：前半部全 1，表示 IP 地址中网络号的二进制位数；后半部全 0，表示主机号的二进制位数。比如 IP 地址 192.168.0.1，如果它的掩码是 255.255.255.0，则表示该 IP 地址前 24 位是网络号（192.168.0.0），后 8 位是主机号（0.0.0.1）。因此把 IP 地址和掩码按位"与"，就可以获得 IP 地址相应的网络号。

所以，可以通过掩码运算来判断两台连网的主机是否属于同一个网络，这对于主机进行数据包的转发非常有用。

3）默认网关

在进行通信之前，TCP/IP 协议将根据子网掩码来判定通信的两台主机是否处于一个网络中。假设主机 A 和主机 B 的网络号不同，而在没有路由器的情况下，两个网络之间是不能进行 TCP/IP 通信的。这时要实现这两个网络之间的通信，必须通过网关，而网关就是一个网络通向其他网络的关口。实际上网关的 IP 地址就是具有路由功能的设备的 IP 地址,这些具有路由功能的设备可以是路由器、启用了路由协议的服务器或者代理服务器等。若此时主机 A 发现数据包的目的主机不在本地网络中,就把数据包转发给它的默认网关,再由默认网关转发给目的网络的网关,目的网络的网关再转发目的主机。可见,默认网关的 IP 地址必须设置好,否则 TCP/IP 协议无法实现不同网络之间的通信。

在双机互连中,可以不设置默认网关,只要确保两台计算机的网络号一致。

【解决方案】

使用交叉线连接两台 PC 的网卡,配置 TCP/IP 属性,实现双机互连,并利用“网上邻居”实现文件共享。

【实验设备】

PC 2 台(已安装 Windows XP 操作系统及网卡驱动程序),交叉线 1 根。

【实施步骤】

步骤 1:使用交叉线连接两台 PC 的网卡接口。

步骤 2:安装网络通信协议。

(1) 在 PC 桌面右击“网络邻居”图标,在快捷菜单中选择“属性”命令,弹出“网络连接”窗口。

(2) 在“网络连接”窗口中右击“本地连接”图标,在快捷菜单中选择“属性”命令,出现如图 1.9 所示的对话框。

(3) 操作系统的默认安装项目已能满足本实验的需要,可直接转步骤 3。如果还需要安装其他协议,可以单击“安装”按钮,出现如图 1.10 所示的对话框。

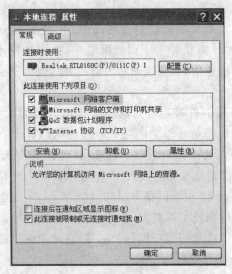

图 1.9 “本地连接属性”对话框

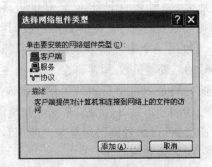

图 1.10 “选择网络组件类型”对话框

(4) 选择“协议”后,单击“添加”按钮,出现如图 1.11 所示的对话框。

根据实际需要选择相应的网络通信协议进行安装。

步骤 3:设置 IP 地址和子网掩码。

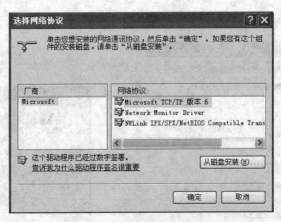

图 1.11 "选择网络协议"对话框

(1) 在图 1.9 中选择"Internet 协议(TCP/IP)"复选框后,单击"属性"按钮,出现如图 1.12 所示的对话框。

(2) 选择"使用下面的 IP 地址"单选按钮。

(3) 设置两台 PC 的 IP 地址,注意应保证两个地址属于同一个网段,即网络地址相同且子网掩码相同。

① 可设置其中一台 PC 的 IP 为 192.168.1.1,子网掩码为 255.255.255.0,默认网关不填,如图 1.13 所示。另外一台 PC 的 IP 地址为 192.168.1.2,子网掩码为 255.255.255.0,默认网关不填。

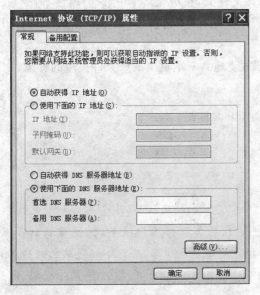

图 1.12 "Internet 协议(TCP/IP)属性"对话框

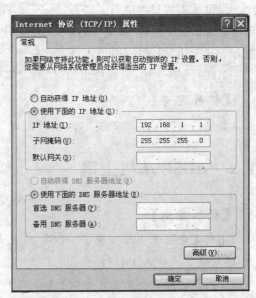

图 1.13 设置 TCP/IP 协议属性

② 有关 DNS 设置部分可以忽略不填。

步骤 4:设置两台计算机为不同的计算机名和相同的工作组名。

(1) 在 PC 桌面右击"我的电脑"图标,在快捷菜单中选择"属性"命令,在弹出的"系统属性"对话框中选择"计算机名"选项卡,如图 1.14 所示。

（2）单击"更改"按钮，出现如图 1.15 所示的对话框。

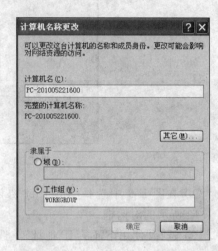

图 1.14 "系统属性"对话框的"计算机名"选项卡　　　图 1.15 "计算机名称更改"对话框

可以在"计算机名"文本框中填入合适的名称，在"工作组"文本框中为两台计算机设置相同的工作组名。

步骤 5：设置需要共享的资源，实现资源共享。

假设需要共享本机的文件夹"例子"。右击该文件夹，在快捷菜单中选择"属性"命令，在出现的对话框中选择"共享"选项卡，选中"共享此文件夹"单选按钮，其他根据情况进行设置，单击"应用"按钮后，再单击"确定"按钮。

至此，另外一台 PC 就可以通过"网上邻居"方便地共享本机上的该文件夹中的资源。

【拓展思考】

如果只是为了实现文件共享，必须配置 TCP/IP 属性吗？

1.2　ADSL 单机上网

【引入案例】

小刘去电信营业厅办理了 ADSL 的业务。电信的工程师上门服务，把线缆拉到了家里，还附送了一台 ADSL Modem。工程师在连接并测通了电话后，告诉小刘线路已经通了，可以上网了。那么小刘还需要做些什么工作呢？

【案例分析】

如果小刘只是想用他的新计算机上网的话，需要用网线直接连接计算机和 ADSL Modem，并在计算机上配置虚拟拨号软件，就可以实现单机上网了。但是如果小刘想让他的新老两台计算机同时上网的话，还需要购买其他的网络设备，配置步骤也复杂得多。

【基本原理】

1. ADSL 技术原理

常见的宽带上网方式有很多,目前存在 ADSL、LAN(小区宽带)、HFC(Hybrid Fiber-Coax,混合光纤同轴)等多种宽带接入方式,其中家庭用户实现宽带上网的主要方式是 ADSL 和 LAN。

LAN 技术成熟、成本低、结构简单、连接稳定、可扩充性好、便于网络升级,对于用户来说,上网速度较快。但是,LAN 在地域上受到极大限制,只有已经铺设了 LAN 的小区才能够使用这种接入方式,而且在接入用户家中时,还要架设网线。此外,LAN 方式也面临着高端设备相对缺乏、IP 地址资源要求数量大、运营管理水平要求较高、网络安全性差等问题。

ADSL 是目前电信运营商首推的家庭宽带接入服务。ADSL(Asymmetrical Digital Subscriber Loop,非对称数字用户线环路)是运行在普通电话线上的一种高速宽带连接技术。ADSL 不用对原有的电话通信网络进行大规模改造,只要在现有电话线的两端分别加上一个调制解调器(Modem,俗称"猫"),就把传输速率增加几十倍。ADSL 的下行通道速率为 512kb/s~8Mb/s,用于用户下载信息,上行通道速率为 16kb/s~1Mb/s,用于用户上传信息,一般普通用户都以下行为主,上行数据量较小,所以 ADSL 的这种下行最大8Mb/s,而上行最大 1Mb/s 的特点非常适合普通用户的数据传输。另外,从用户端 ADSL Modem 到局端 DSLAM(数字用户线路接入复用器设备)之间的线路长度可达 3~5km,完全可以满足任何家庭用户布线的要求。

ADSL 采用 DMT(离散多音频)调制技术,将原先电话线路 0~1.1MHz 频段划分成 256 个频宽为 4.3kHz 的子频带。其中,4kHz 以下频段仍用于传送传统电话业务,20~138kHz 的频段用来传送上行信号,138kHz~1.1MHz 的频段用来传送下行信号。DMT 技术可根据线路的情况调整在每个信道上所调制的比特数,以便更充分地利用线路。一般来说,子信道的信噪比越大,在该信道上调制的比特数越多。如果某个子信道的信噪比很差,则弃之不用。而传统的电话系统使用的只是普通电话线(铜线)的低频部分(4kHz 以下频段)。因此 ADSL 可以与普通电话共用一条电话线,使上网与接听、拨打电话互不影响。

2. ADSL 的接入方式

现在国内 ADSL 接入方式主要有专线接入和虚拟拨号两种。

1) ADSL 专线接入方式

ADSL 专线接入方式由 ADSL 接入服务商提供静态 IP 地址、主机名称和 DNS 等入网信息,一般适用于有需要 VPN(Virtual Private Network,虚拟专用网络)接入主服务器的地方,比如银行、收费网点和政府服务窗口等。专线 ADSL 接入享有 ISP 分配的固定的 IP 地址,耗费了 ISP 有限的 IP 地址资源,具有电信的信息安全过滤等功能,所以费用较高。小型家庭办公网络目前通常采用 ADSL 虚拟拨号方式进行宽带接入。

2) 虚拟拨号方式的 ADSL

虚拟拨号方式一般需要一个虚拟拨号软件,Windows XP 系统自带了 PPPoE 虚拟拨号软件,所以无须再进行安装。

另外,用 ADSL 拨号方式接入 Internet,必须获得拨号的许可,以获得拨号所需的用户名和密码。一般由申请人携带自己的身份证及当月电话的交费收据,到 ISP 营业处办理开户手续。各地开通的手续和过程基本上是相同的,即要经过验证→填表→交费→安装→开通的过程,但开户费用和工作周期通常有差别。通常在交费之后,工作人员会向用户提供 ADSL Modem(一般是外置的,包括分离器、连接线等配件)、拨号用户名和密码、上网手册等。

3. ADSL 的用户端硬件

ADSL 系统主要由中央交换局端模块和用户端模块(远端模块)组成。中央交换局端模块对用户是透明的,由服务商进行安装和维护;用户端模块设备,即 ADSL Modem,有内置和外置两种,内置的无须网卡,但安装调试较麻烦,所以电信部门一般提供外置的,安装比较方便,并且面板上有指示灯,可以方便地判断 ADSL 的使用状态。

外置式 ADSL 硬件设备主要包括以下 3 种:

(1) ADSL Modem(ADSL 调制解调器),如图 1.16 所示。其功能是进行模拟信号/数字信号转换。

(2) 分离器,也称滤波器,如图 1.17 所示,其功能是完成信号的分离,使上网和打电话互不干扰。

图 1.16 ADSL Modem

图 1.17 分离器

滤波器有 3 个接口,分别为外线输入(一般有"Line"或"ADSL"字样)、电话信号输出(一般有"Phone"字样)和数据信号输出。

(3) 网线,用于连接 ADSL Modem 和网卡。具体是直通线还是交叉线,还要看 ADSL Modem 的产品说明书,也可以用两种线实际测试一下。

【解决方案】

按图 1.18 所示连接设备,在 PC 上配置虚拟拨号软件,实现 ADSL 单机上网。

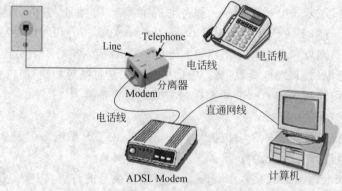

图 1.18 ADSL 连接示意图

【实验设备】

PC 1 台,ADSL Modem 1 台,分离器 1 台,电话机 1 台,RJ-11 线(电话线)2 根,标准网线 1 根。

【实施步骤】

步骤 1:根据图 1.18 连接设备。

(1) 将数据分离器的"Line"口接来自电信局端的电话入户线,"Phone"口通过电话线接电话机,数据信号输出端口通过电话线接到 ADSL Modem 的电话 LINK 端口。

(2) 用交叉网线将 ADSL Modem 的以太口和计算机网卡的 RJ-45 口相连,ADSL Modem 前面板的网卡 LINK 灯亮即可。

步骤 2:配置虚拟拨号软件。

Windows XP 系统本身自带 PPPoE 虚拟拨号功能。

在 PC 桌面上右击"网络邻居"图标,在快捷菜单中选择"属性"命令,弹出如图 1.19 所示的"网络连接"窗口。

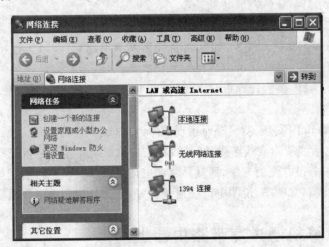

图 1.19　"网络连接"窗口

在"网络连接"窗口左上方"网络任务"中单击"创建一个新的连接",使用连接向导新建一个连接→选择"连接到 Internet"→选择"手动设置我的连接"→选择"用要求用户名和密码的宽带连接来连接"→输入 ISP 名称,如"电信 ADSL"→输入电信提供的账号名和密码→选中"在我的桌面上添加一个到此连接的快捷方式",单击"完成"按钮。

步骤 3:拨号上网。

在桌面双击"电信 ADSL"图标,弹出如图 1.20 所示的连接窗口。

输入用户名和密码,单击"连接"按钮,进入连接过程,如图 1.21 所示。

当连接正常,操作系统窗口右下角会有连接状态的小图标显示。至此,就可以使用浏览器上网浏览了。

下面介绍一些 ADSL 故障自检小知识。

(1) 根据 ADSL Modem 指示灯判断故障点,如果某个指示灯不正常,就可以根据指示灯大致定位故障点。

图 1.20　连接窗口

图 1.21　正在连接

PWR 电源指示灯：绿色表示电源正常。

ADSL 指示灯（DSL 或 LINK 或 WAN）：绿色表示 Modem 与局端正常同步；闪烁绿色表示 Modem 与局端正在建立同步；红色或者灯灭表示未建立同步，未连接到局端，可能电话线或其他线路不通。

LAN 指示灯：绿色表示计算机与 Modem 连接正常；灯灭表示网线故障或者计算机网卡故障。

（2）有的 Modem 因发热、质量差而出现故障，可以试着重启。

（3）如果是电话线故障或线路质量问题，首先应检查网线接头是否松动、是否断线。检测电话线质量有一个很方便的方法，那就是拿起电话，仔细听拨号音，听听声音是否纯净、没有杂音，如果拨号音非常纯净，说明电话线质量很好，反之就说明电话线质量不好。

1.3　多台计算机通过宽带路由器上网

【引入案例】

小刘想让家里的两台计算机都能同时上网，而且隔壁家的同学小王也想上网，答应和小刘分摊 ADSL 的使用费。

【案例分析】

小刘和小王的几台 PC 想组建一个家庭网络，共享一个 ADSL 账号上网，这时候需要检查一下运营商赠送的 ADSL Modem 是否具有路由功能，如果没有或者是已经被屏蔽了路由功能，就需要另外购买一台具有路由功能的 ADSL Modem，通常也称为宽带路由器，利用宽带路由器提供的内置拨号程序拨号上网。

【基本原理】

1. 宽带路由器

宽带路由器是一种支持多种宽带接入方式，可允许多用户或局域网共用同一账号，以实现宽带接入的设备。

宽带路由器的出现,为宽带用户日益增强的宽带应用需求如多机共享上网提供了便利、低投入的解决方案。多数宽带路由器采用高度集成设计,集成了 10/100Mb/s 宽带以太网 WAN 接口,可连接 ADSL、VDSL、FTTx＋LAN 等各种宽带接入线,具备 PPPoE 虚拟拨号、分配固定的公网 IP 地址等功能,同时内置多口 10/100Mb/s 自适应交换机,方便多台计算机连接内部网络与 Internet。此外宽带路由器还集成了防火墙、带宽控制和管理等功能,具备快速转发能力、丰富的网络状态以及灵活的网络管理能力。

宽带路由器有高、中、低档次之分,其中低档宽带路由器价钱便宜,其性能已基本能满足家庭、学校宿舍和办公室等应用环境的需求,成为目前家庭用户的组网首选产品之一。

2．宽带路由器的主要功能

1) 内置 PPPoE 虚拟拨号

宽带路由器内置了专门 PPPoE(Point-to-Point Protocol over Ethernet)虚拟拨号功能,可以方便地替代手工拨号接入宽带。拨号后直接由验证服务器进行检验,用户需输入用户名与密码,检验通过后就建立起一条高速的用户数字,并分配相应的动态 IP 地址。目前许多宽带路由器还支持按需拨号的功能。

2) 内置 DHCP 服务器

宽带路由器都内置有 DHCP 服务器的功能和交换机端口,便于用户组网。DHCP 是 Dynamic Host Configuration Protocol(动态主机分配协议)的缩写,该协议允许服务器向客户端(PC)动态分配 IP 地址和配置信息。

通常,DHCP 服务器至少给客户端提供以下基本信息:IP 地址、子网掩码和默认网关。它还可以提供其他信息,如域名服务(DNS)服务器地址和 WINS 服务器地址。通过宽带路由器内置的 DHCP 服务器功能,可以很方便地配置 DHCP 服务器分配给客户端,从而实现联网。

3) NAT 功能

宽带路由器一般利用网络地址转换功能(NAT)以实现多用户的共享接入,NAT 比传统的代理服务器(Proxy Server)方式具有更多的优点。NAT 提供了连接 Internet 的一种简单方式,并且通过隐藏内部网络地址的手段为用户提供了安全保护。

内部网络用户(位于 NAT 服务器的内侧)连接 Internet 时,NAT 将用户的内部网络 IP 地址转换成一个外部公共 IP 地址;当外部网络数据返回时,NAT 则反向将目标地址替换成初始的内部用户的地址,好让内部网络用户接受。

4) MAC 绑定

目前大部分宽带运营商都将 MAC 地址和用户的 ID、IP 地址捆绑在一起,以此进行用户上网认证。

5) 防火墙功能

防火墙可以对流经它的网络数据进行扫描,从而过滤掉一些攻击信息。防火墙还可以关闭不使用的端口,从而防止黑客攻击。而且它还能禁止特定端口流出信息,禁止来自特殊站点的访问。

6) 虚拟专用网(VPN)功能

VPN 能利用 Internet 公用网络建立一个拥有自主权的私有网络,一个安全的 VPN 包括隧道、加密、认证、访问控制和审核技术。对于企业用户来说,这一功能非常重要,不仅可以节约开支,而且能保证企业信息安全。

7) DMZ 功能

DMZ(非军事化区,也称隔离区)的主要作用是减少为不信任客户提供服务而引发的危险。DMZ 能将公众主机和局域网络设施分离开来。大部分宽带路由器只可选择单台 PC 开启 DMZ 功能,也有一些功能较为齐全的宽带路由器可以设置多台 PC 提供 DMZ 功能。

8) DDNS 功能

DDNS 是动态域名服务,能将用户的动态 IP 地址映射到一个固定的域名解析服务器上,使 IP 地址与固定域名绑定,完成域名解析任务。DDNS 可以构建虚拟主机,以自己的域名发布信息。

另外,宽带路由器还有即插即用、自动线序识别等功能。

3. 宽带路由器的连接

宽带路由器的主要硬件包括处理器、内存、闪存、广域网接口和局域网接口,最常见的宽带路由器如图 1.22 所示,包含一个广域网接口(与宽带网入口连接)和 4 个具有交换机功能的接口,家用网络可以如图 1.22 所示进行连接。

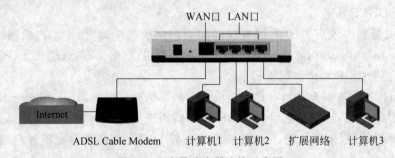

图 1.22　宽带路由器连接示意图

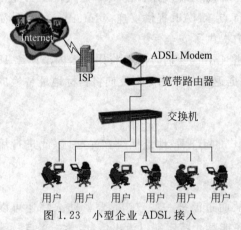

图 1.23　小型企业 ADSL 接入

宽带路由器的处理器的型号和频率、内存与闪存的大小是决定宽带路由器档次的关键。宽带路由器的处理器一般是 x86、ARM7、ARM9 和 MIPS 等,低档宽带路由器的频率一般只有 33MHz,内存只有 4MB,这样的宽带路由器适合普通家庭用户;中高档的宽带路由器的处理器速度可达 100MHz,内存不少于 8MB,适合网吧及中小企业用户,可支持大约 100 台 PC,接入方式可以如图 1.23 所示。

【解决方案】

组建一个家庭网络,按图 1.22 连接设备,如果 PC 多于 4 台,需要购买一个集线器或交换机构成扩展网络。按一般家庭上网的需要,配置自动拨号和动态地址分配(DHCP)服务。

【实验设备】

宽带路由器 1 台,PC 2 台,直通网线 3 根。ADSL 线路由 ISP 提供。

说明：本实验使用的宽带路由器为 TP-LINK TL-R402。

【实施步骤】

步骤 1：按图 1.22 连接设备。

(1) 接好宽带路由器电源,面板上的 POWER(电源)灯将长亮,宽带路由器系统开始启动,SYS 或 SYSTEM(系统)灯将闪烁。

(2) 进行网线的连接,将宽带线(宽带线可以是以太网接口的 ADSL/Cable Modem 线,也可以是局域网接入的标准网线)接在宽带路由器的 WAN 口上,面板上的 WAN 口灯将长亮。

(3) 用标准网线连接计算机网卡和宽带路由器的 LAN 口,如果使用集线器/交换机扩展网络的话,则用标准网线连接计算机网卡到集线器/交换机的普通接口,再连接集线器/交换机的普通接口到宽带路由器 LAN 口,路由器面板上对应的 LAN 口指示灯将长亮。

步骤 2：配置计算机 1 的 TCP/IP 属性,使得在计算机 1 上能够登录宽带路由器进行配置。

在 Windows XP 桌面上依次打开"开始"→"控制面板"→"网络和 Internet 连接"→"网络连接"→"本地连接"的属性→"Internet 协议（TCP/IP）"→"属性"。在打开的窗口中配置使用的 IP 地址为 192.168.1.2,掩码为 255.255.255.0,默认网关不填。

图 1.24　登录用户名和密码验证

步骤 3：在计算机 1 上打开浏览器,在 URL 中输入"http://192.168.1.1",回车。弹出用户名和密码验证窗口,如图 1.24 所示,输入用户名为 admin,口令为 admin,进入宽带路由器的配置界面,如图 1.25 所示。

图 1.25　宽带路由器配置界面

步骤 4：设置网络参数。

单击图 1.25 左边菜单中的"网络参数"，选择"WAN 口设置"，在如图 1.26 所示的对话框中进行拨号设置。

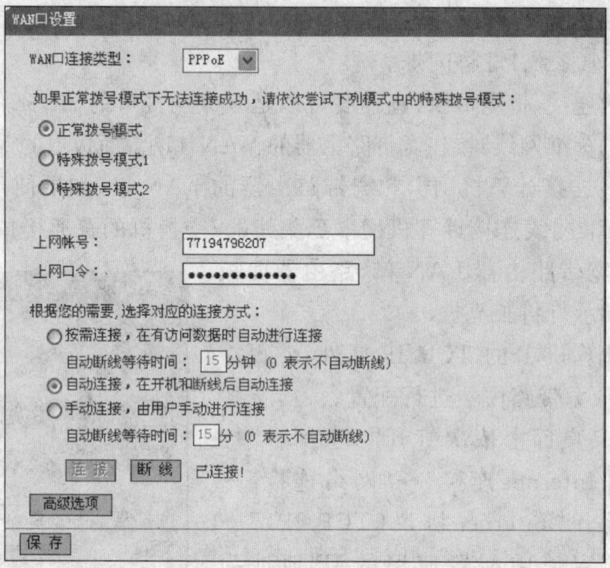

图 1.26　"WAN 口配置"对话框

在"WAN 口连接类型"中选择 PPPoE，即 ADSL 的虚拟拨号方式，并选择"正常拨号模式"单选按钮。在"上网帐号"和"上网口令"文本框中分别输入 ISP 提供的上网帐号和密码。根据需要选择连接方式，包月计费的用户通常选择自动连接，按流量计费的用户可选择按需连接。单击"保存"按钮保存配置。

步骤 5：在图 1.25 所示的宽带路由器配置界面单击"DHCP 服务器"，在如图 1.27 所示的"DHCP 服务"对话框中使家庭网络成员 PC 获得动态的 IP 地址。

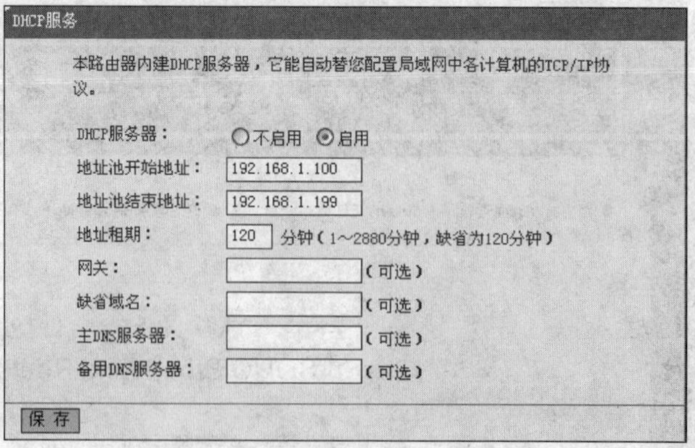

图 1.27　"DHCP 服务"对话框

选择启用 DHCP 服务器。设置网络内部分配的 IP 地址池，开始地址为 192.168.1.100，结束地址为 192.168.1.199，地址池的大小可以按网络中 PC 的数量而定。选择缺省的地址租期 120 分钟。单击"保存"按钮保存设置。

需要注意的是,宽带路由器的 LAN 口默认 IP 是 192.168.1.1,也就是内部网络的默认网关地址,可以单击图 1.25 中"网络参数"→"LAN 口设置"查看,如图 1.28 所示。

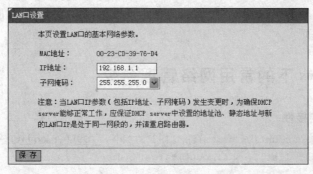

图 1.28　"LAN 口设置"对话框

因此,DHCP 地址池的 IP 必须和 LAN 口 IP 处于同一个网段,即 192.168.1.0 网络。如果需要使用别的私有地址段配置 DHCP 地址池,该 LAN 口 IP 地址也需要修改。

步骤 6:配置网络内所有 PC 自动获取 IP 地址。

在 Windows XP 桌面上依次打开"开始"→"控制面板"→"网络和 Internet 连接"→"网络连接"→"本地连接"的属性→"Internet 协议(TCP/IP)"→"属性",选择"自动获取 IP 地址"和"自动获取 DNS 服务器地址"。

步骤 7:在 PC 上浏览网页,并查看网络当前状态。

在如图 1.25 所示的宽带路由器配置界面上选择"运行状态",显示信息如图 1.29 所示。

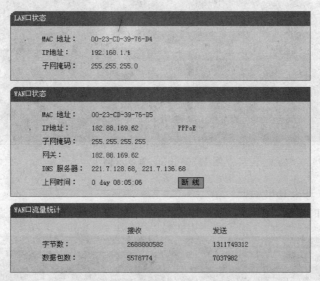

图 1.29　宽带路由器运行状态

在 WAN 口状态信息中,可以看到 ISP 下发的 IP 为 182.88.169.62,网络内部 PC 的地址(192.168.1.100～192.168.1.199)通过宽带路由器将被转换成该地址进入 Internet——实现 NAT 功能。另外,ISP 下发的 DNS 为 221.7.128.68 和 221.7.136.68。

通过 WAN 口流量统计可以直接观察网络的收发状态。如果接收字节数停止刷新,则表示网络出现问题。

【实验项目】

发掘宽带路由器的其他功能,比如如何在内网安装启动一台 Web 服务器,让 Internet 的用户能够浏览主页。

1.4 Windows 下的常用网络管理命令

1. 检测网络连接性

ping[-t][-a][-n count][-l size][-f][-i TTL][-v TOS][-r count][-s count][[-j host-list]|[-k host-list]][-w timeout]target_name

【主要参数】

-t:有这个参数时,在 ping 一个主机时系统就不停地运行 ping 这个命令,直到用户按下 Ctrl+C 键。

-n count:定义用来测试所发出的测试包的个数,默认值为 4。通过这个命令可以自己定义发送的个数,对衡量网络速度很有帮助,比如,要测试发送 20 个数据包的返回平均时间为多少,最快时间为多少,最慢时间为多少,就可以通过执行带有这个参数的命令获知。

【例 1】 ping 210.36.18.33

ping 的结果如图 1.30 所示,表示本机能够与 210.36.16.33 互通。

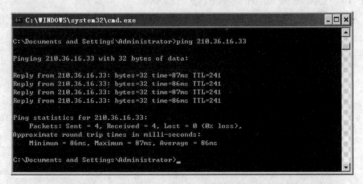

图 1.30 ping 命令示例 1

【例 2】 ping 193.168.1.1

ping 的结果如图 1.31 所示,表示超时,本机不能与 192.168.1.1 互通。

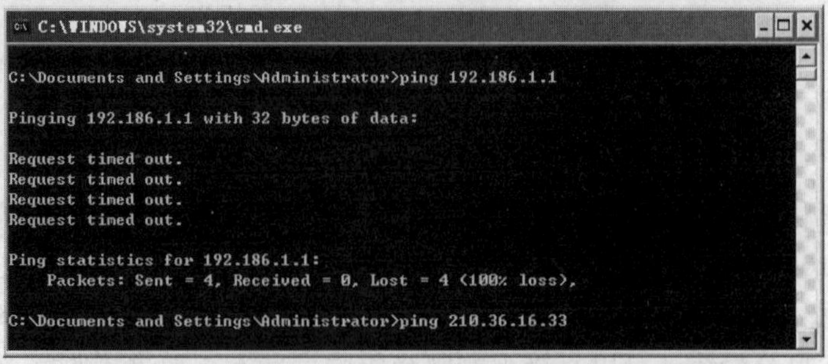

图 1.31 ping 命令示例 2

另外,命令 ping 127.0.0.1 能够协助测试本机网卡工作是否正常,如果有正常数据返回,则网卡工作正常;如果没有正常数据返回,则网卡可能有问题,比如网卡没有安装好或没有正确安装驱动等。

2. 显示所有当前的 TCP/IP 网络配置值

ipconfig [/? |/all |/renew[adapter] |/release[adapter] |/flushdns |/displaydns |/registerdns |
/showclassid adapter |/setclassid adapter[classid]]

【主要参数】

/all:显示本机 TCP/IP 配置的详细信息。

/release:DHCP 客户端手工释放 IP 地址。

/renew:DHCP 客户端手工向服务器刷新请求。

【例 1】　ipconfig

ipconfig 命令显示当前的 TCP/IP 网络配置值,包括 IP、掩码和默认网关,如图 1.32 所示。

图 1.32　ipconfig 命令示例 1

【例 2】　ipconfig /all

ipconfig 命令显示所有当前的 TCP/IP 网络配置值、DHCP 和 DNS 设置等信息,如图 1.33 所示,注意观察网卡物理地址。

图 1.33　ipconfig 示例 2

3. 监视协议统计信息和当前 TCP/IP 网络连接

netstat[-a][-b][-e][-n][-o][-p proto][-r][-s][-v][interval]

【主要参数】

-a：显示所有连接和监听端口。

-n：以数字形式显示地址和端口号。

-o：显示与每个连接相关的所属进程 ID。

-r：显示路由表。

【例】 netstat

netstat 命令显示了当前活跃的网络连接情况，如图 1.34 所示。

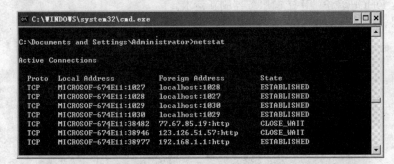

图 1.34 netstat 命令示例

第2章 构建中小型企业内部网络

交换机是工作在第二层(数据链路层)的网络连接设备,它的基本功能是在多台计算机或者网段之间交换数据。

局域网交换机的出现标志着局域网的发展从传统的共享式局域网过渡到了交换式局域网。在共享式局域网中,所有结点共享一条公共通信传输介质,不可避免会有冲突发生。使用集线器(hub)连接的多个计算机处在同一个"冲突域"中,在任意时刻只能由一个计算机占用通信信道,即意味着网络的带宽被各个计算机均分。局域网交换机在物理上类似于集线器,具有多个端口,每个端口可以连接一台计算机,但是交换机的内部一般采用的是高速背板总线交换结构,为每个端口提供一个独立的共享介质,即每个"冲突域"只包含一个端口。在一个网络用户长期忍受着 $10/n$(n 为站点数目)MB 带宽的 10Base-T 局域网中,只要将集线器换成交换机,其他一切不变,则每个用户获得的带宽几乎就是 10MB 了。

交换机最主要的功能就是提供智能的、高速的数据交换,其他功能包括物理编址、错误校验、帧序列以及流量控制等,还提供了对 VLAN(虚拟局域网)的支持、对链路聚合的支持,甚至有的还具有防火墙的功能。二层交换机的快速交换功能、多个接入端口和低廉价格为广播包影响不大的小型局域网用户提供了完善的解决方案。

网络设备厂商根据市场需求,推出了三层甚至四层交换机。但无论如何,其核心功能仍是二层的以太网数据包交换,只是带有了一定的处理 IP 层甚至更高层数据包的能力。

三层交换机的优点在于接口类型丰富,支持的三层功能具有强大的路由能力。三层交换机的最重要的功能是加快大型局域网内部的数据的快速转发,加入路由功能也是为这个目的服务的。如果把大型网络按照部门、地域等因素划分成一个个小局域网,这将导致大量的网际互访,单纯地使用二层交换机不能实现网际互访,而单纯地使用路由器,由于路由器接口数量有限和路由转发速度慢,将限制网络的速度和网络规模,采用具有路由功能的快速转发的三层交换机就成为首选。

2.1 交换机基本配置

2.1.1 交换机命令行的基本使用和交换机配置文件管理

【引入案例】

小李是网络初学者,他尝试将接入公司财务部的一台交换机的名称改为财务部的拼音缩写"CWB",以便识别。他的具体做法是:在成功登录交换机后,界面显示了<H3C>的命令行提示符,小李这时立即输入了配置交换机名称的命令"sysname cwb",结果出现了"Unrecognized command found at '∧' position"的错误提示。小李反复检查了这条命令,确认语法没有错误,到底问题出在哪里?

【案例分析】

使用 H3C 交换机的配置命令都有一个前提条件：不同的命令行视图可以实现不同的配置功能要求。若要配置交换机的某个功能特性，必须先进入相应的命令行视图，才能使用该视图下的命令。只顾着检查命令的语法是否错误而忽略了确认命令所使用的视图是初学者常犯的错误。

【基本原理】

1. 命令行视图

H3C 交换机的命令行提供了二十多种视图，这些视图既相互区别又有联系，可以通过相应的命令在视图间进行切换。下面介绍几种常用的视图以及它们的切换方式。

1）用户视图

用户可以在用户视图下查看交换机的简单运行状态和统计信息。当用户与交换机成功建立连接后，按回车键，命令行显示的＜sysname＞提示符表明已经进入了用户视图，在用户视图使用 quit 命令可以断开与交换机的连接。

注意：sysname 指设备的机器名，默认情况下华三交换机的机器名为 H3C。

2）系统视图

系统视图主要用于配置系统参数。在用户视图下输入"system-view"即可进入系统视图，提示符为[sysname]。在系统视图下，可以输入不同的命令进入相应的视图，输入 quit 命令即可从系统视图返回用户视图。

3）用户界面视图

用户界面视图用于配置用户界面参数。当用户使用 Console 口、AUX 口、Telnet 或者 SSH 方式登录设备的时候，由系统分配的用来管理、监控设备和用户间的当前会话的界面称为用户界面。每个用户界面有对应的用户界面视图。在用户界面视图下，网络管理员可以配置一系列参数，比如用户登录时是否需要认证、是否重定向到别的设备以及用户登录后的级别等，当用户使用该用户界面登录的时候，将受到这些参数的约束，从而达到统一管理各种用户会话连接的目的。

常用的 3 种用户界面为 Console 用户界面、AUX 用户界面和 VTY 用户界面。其中，Console 用户界面用来管理和监控通过 Console 口登录的用户，AUX 用户界面用来管理和监控通过 AUX 口登录的用户，VTY 用户界面用来管理和监控通过 VTY 方式登录的用户。在系统视图下使用 user-interface 命令和相应的参数就能进入不同的用户界面视图。如提示符[Sysname-ui-aux0]表明正处于 AUX 用户界面视图。在用户界面视图下使用 quit 命令即可返回上一级视图，即系统视图，或者使用 return 命令直接返回用户视图。后面几个命令视图的返回方式均与用户界面视图相同，下文不再赘述。

4）以太网端口视图

配置交换机的以太网端口参数必须先进入以太网端口视图。交换机的以太网端口视图分为两种，一种是百兆以太网端口视图；另一种是千兆以太网端口视图，在系统视图下分别通过命令 interface ethernet 和命令 interface gigabitethernet 进入。

5）VLAN 视图

VLAN 视图用于配置 VLAN 参数，在系统视图下使用 vlan 命令可以对相应的 VLAN

进行配置。

6）VLAN 接口视图

VLAN 接口视图用于配置 VLAN 接口的参数以及管理 VLAN，在系统视图下使用 interface vlan-interface 命令可以进入相应的 VLAN 接口视图。交换机的 IP 地址是与接口相对应的，配置 IP 地址的命令应在 VLAN 接口视图而不是 VLAN 视图下使用。

7）本地用户视图

在系统视图下使用 local-user 命令进入本地用户视图配置本地用户参数。本地用户指的是只能在本地进行登录验证的用户。

8）ACL 视图

在系统视图下使用 acl number 命令进入 ACL 视图，在此视图下可以定义 ACL 的子规则。ACL 视图又具体分为基本 ACL 视图和高级 ACL 视图等。

2. 命令行使用技巧

1）在线帮助

用户在配置过程中，通过在线帮助能够获取所需的帮助信息。命令行提供两种在线帮助：完全帮助和部分帮助。

（1）完全帮助

① 在任一视图下输入"?"，终端屏幕上会显示该视图下所有的命令及其简单描述。

【例】

```
[H3C]?
```

② 输入一个命令，后接以空格分隔的"?"，如果"?"所处位置为关键字，终端屏幕上会列出全部可选关键字及其描述。

【例】

```
[H3C]acl?
```

③ 输入一个命令，后接以空格分隔的"?"，如果"?"所处位置为参数，终端屏幕上会列出有关的参数描述或参数的取值范围。如果输入"?"后只出现＜cr＞表示该位置无参数，命令已经输入完全，直接按回车键即可执行。

【例】

```
[H3C]interface vlan-interface ?
<1-4094>VLAN interface number
```

（2）部分帮助

① 输入一个命令开头的一个字符或一个字符串，后接"?"，终端屏幕上会列出以该字符或字符串开头的所有命令或关键字。

【例】

```
<H3C>p?
ping
pwd
```

② 输入一个命令开头的一个字符或一个字符串，按 Tab 键，终端屏幕会显示出完整的

关键字。如果该关键字不是用户所需的,可以反复按 Tab 键,终端屏幕会依次显示符合条件的完整的关键字。

2）命令行显示

（1）display 命令集

H3C 系列交换机的 display 命令集可以让用户随时查看系统当时的状态和相关的系统信息。成功执行 display 系列命令,系统会通过命令行显示用户所需状态信息。

（2）显示特性

命令行显示信息时,采用的是分屏显示。用户可以通过一些按键和命令来选择信息的显示方式。

① 当命令行显示的信息量已满足用户所需,按 Ctrl＋C 键可以暂停信息的显示。

② 当命令行的信息没显示完全,按回车键继续显示下一行信息。

③ 当命令行的信息没显示完全,按空格键继续显示下一屏信息。

④ 通过 display history-command 命令查看其中已执行过的 10 条有效历史命令,并再次执行。

⑤ 反复按上光标键↑或 Ctrl＋P 键,可依次访问前面执行过的各条历史命令。

⑥ 如果还有更晚的历史命令,反复按下光标键↓或 Ctrl＋N 键,可依次访问下一条历史命令。

（3）错误信息的显示

用户输入命令后按回车键要求系统执行,系统会对用户输入的命令进行语法检查。只有命令的语法正确,系统才会执行,否则会向用户报告错误信息。常见的错误信息有以下几条:

① Unrecognized command：错误原因包括没有查找到命令或关键字、参数类型错误、参数值越界,应检查关键字和参数是否输入错误以及该命令所使用的视图是否错误。

② Incomplete command：错误原因是输入的命令不完整,应检查命令语句和相应的参数是否完整。

③ Too many parameters：错误原因是输入的参数太多,应检查参数的性质。

④ Ambiguous command：错误原因是输入的参数不明确,应检查参数的性质及范围。

⑤ Wrong parameter：错误原因是输入的参数错误,应检查参数的性质及范围。

⑥ found at '∧' position：指在"∧"符号所指位置发现错误,应检查"∧"符号所示位置的关键字或参数是否输入错误。

3. 交换机配置文件管理

配置文件用来保存用户对交换机进行的配置,记录整个配置过程。通过配置文件,用户可以非常方便地查阅这些配置信息。掌握常用的配置文件的管理命令可以方便日常的管理和维护工作。

设备的配置按其作用的时间域分为两种类型:一种是起始配置（saved-configuration）,设备启动时,读取起始配置进行初始化工作,如果设备中没有起始配置文件,则系统使用空配置进行初始化;另一种是当前配置（current-configuration）,指当设备正常运作时,用户对设备进行的配置。当前配置只保存在设备的临时储存器中,因此若设备重启,当前配置就不再起作用。如果希望当前配置在设备重启后能继续生效,则需要使用 save 命令将当前配置保存到存储在闪存(Flash)中的配置文件里。相应地,使用 reset saved-configuration 命令则可以清除设备中 Flash 的配置文件。

【命令介绍】

1) 从用户视图切换到系统视图

system-view

【视图】　用户视图

【例】

```
<H3C>system-view
[H3C]
```

2) 进入单一用户界面视图或多个用户界面视图

user-interface[type]first-number[last-number]

【视图】　系统视图

【参数】　*type*:指用户界面的类型,包括 AUX 用户界面和 VTY 用户界面。指定 *type* 参数时还应该给该类型中的用户界面编号,当用户界面类型为 AUX 时,取值为 0;当用户界面类型为 VTY 时,取值范围为 0~4。如果不指定 *type* 参数,则表示绝对用户界面编号,取值范围为 0~5。

first-number:需要配置的第一个用户界面。

last-number:需要配置的最后一个用户界面,取值必须大于 *first-number*。

【例 1】　从系统视图进入 VTY0 用户界面进行配置。

```
[H3C]user-interface vty 0
[H3C-ui-vty0]
```

【例 2】　从系统视图同时进入 VTY0~VTY3 用户界面进行配置。

```
[H3C]user-interface vty 0 3
[H3C-ui-vty0-3]
```

3) 进入端口视图

interface interface-type interface-number

【视图】　系统视图

【参数】　*interface-type*:指要进入的端口类型,如 Aux、Ethernet、GigabitEthernet、LoopBack、NULL 或 Vlan-interface。

interface-number:指要进入的端口编号,采用 Unit ID/槽位号/端口序号的格式,其中,Unit ID 取值为 1。如果端口类型为 Ethernet,则槽位编号为 0;如果端口类型为 GigabitEthernet,则槽位编号为 1 或 2。

【例】　从系统视图进入以太网端口 1/0/1 视图。

```
[H3C]interface Ethernet 1/0/1
```

```
[H3C-ethernet 1/0/1]
```

4）创建/删除 VLAN 并进入 VLAN 视图

vlan{vlan-id1[**to** vlan-id2]|**all**}
undo vlan{vlan-id1[**to** vlan-id2]|**all**}

【视图】 系统视图

【参数】 vlan-id1：指定需要创建或删除的 VLAN 编号，取值范围为 1～4094。

to vlan-id2：与 vlan-id1 配合，指定需要创建或删除的多个 VLAN。vlan-id2 的取值范围为 1～4094，但不能小于 vlan-id1。

all：创建或删除已存在的所有 VLAN。

如果对应的 VLAN 已经存在，则将直接进入该 VLAN 的视图。undo vlan 命令用来删除指定的 VLAN。默认情况下，系统中只存在一个 VLAN，即 VLAN 1。

【例 1】 在系统视图下，创建 VLAN 2 并进入 VLAN 2 的视图。

```
[H3C]vlan 2
[H3C-vlan2]
```

【例 2】 在系统视图下，同时创建 VLAN 3、VLAN 4、VLAN 5 和 VLAN 6。

```
[H3C]vlan 3 to 6
Please wait.............Done.
```

5）为已存在的 VLAN 创建/删除对应的 VLAN 接口，并进入 VLAN 接口视图

interface Vlan-interface vlan-id
undo interface Vlan-interface vlan-id

【视图】 系统视图

【参数】 vlan-id：VLAN 接口的标识号，取值范围为 1～4094。

【例】 从系统视图进入 VLAN 1 的接口视图。

```
[H3C]interface Vlan-interface 1
[H3C-vlan-interface1]
```

6）添加/删除本地用户并进入本地用户视图

local-user user-name
undo local-user user-name

【视图】 系统视图

【参数】 user-name：本地用户名，为不超过 184 个字符的字符串。该字符串中不能包括/、\、:、*、?、<、> 以及|等字符，a、al 和 all 不能作为用户名。并且@出现的次数不能多于 1 次；纯用户名不能超过 55 个字符。默认情况下，系统中没有本地用户。

【例】 在系统视图下，创建本地用户 guest，并进入本地用户视图。

```
[H3C]local-user guest
[H3C-luser-guest]
```

7）进入相应的基本/高级 ACL 视图，定义/删除相应的 ACL 子规则

acl number acl-number
undo acl number acl-number

【视图】　系统视图

【参数】　*acl-number*：ACL 规则的编号。基本 ACL 规则编号的取值范围是 2000～2999，高级 ACL 规则编号的取值范围是 3000～3999。

【例 1】　在系统视图下，进入基本 ACL 2000 视图。

```
[H3C]acl number 2000
[H3C-acl-basic-2000]
```

【例 2】　在系统视图下，进入高级 ACL 3000 视图。

```
[H3C]acl number 3000
[H3C-acl-adv-3000]
```

8）显示设备当前的配置

display current-configuration

【视图】　任何视图

当用户完成一组配置之后，需要验证配置是否生效，可以执行该命令来查看当前生效的参数。

9）显示当前用户最近执行过的有效历史命令

display history-command

【视图】　任何视图

默认情况下，历史命令缓冲区为每个用户保存 10 条有效历史命令，以便用户查看以前的配置。

10）设置/取消设置以太网交换机的系统名称

sysname sysname
undo sysname

【视图】　系统视图

【参数】　*sysname*：交换机系统名，长度为 1～30 个字符的字符串。

【例】　在系统视图下，设置以太网交换机的系统名称为 LANSwitch。

```
[H3C]sysname LANSwitch
[LANSwitch]
```

11）把当前配置保存为交换机 Flash 中的配置文件

save

【视图】　任意视图

12）清除以太网交换机 Flash 中的配置文件或其属性

reset saved-configuration

【视图】 用户视图

13）重新启动以太网交换机

reboot

【视图】 用户视图

如果在尚未保存当前配置时使用 reboot 命令，则重启后原有配置失效。

【解决方案】

案例中的小李操作的错误在于在用户视图下使用 sysname 命令，该命令只能在系统视图下使用。因此当小李输入 sysname 命令时，系统给出"Unrecognized command"的错误提示，表明在用户视图下系统找不到 sysname 命令。因此必须确定当前所在视图，以及将要进入哪个视图。

【实验设备】

二层交换机 1 台。

说明：本实验二层交换机选择 S3100-16C-SI-AC。

【实施步骤】

步骤 1：利用网络实验管理系统登录交换机后，按回车键。命令行出现"＜H3C＞"提示符，此时，表明交换机已经进入了命令行的用户视图。

步骤 2：使用 system-view 命令从用户视图进入系统视图。

```
<H3C>system-view
[H3C]
```

步骤 3：在系统视图下使用 sysname 命令更改交换机的系统名称为 CWB，此时，命令行的提示符也会随之发生变化。

```
[H3C]sysname CWB
[CWB]
```

2.1.2　交换机带内管理和带外管理

【引入案例】

某单位要进行网络升级改造，购置了一批全新的网络设备，其中交换机的数量最多，这些新的交换机将分布在各楼层、各片区，网络中心的管理员负责它们的安装、调试以及日后的管理和维护。面对数量众多且物理位置相距较远的交换机，网管人员必须找到一种省时、便捷的网络管理方式。

【案例分析】

交换机是网络中除终端计算机外使用数量最多、分布范围最广的网络设备。在平时的维护管理中，如果每台交换机都需要人工到现场进行配置管理，网管人员的工作量之巨大可想而知。实际上，可以使用 Telnet、Web 等方式对交换机进行远程管理，也就是交换机的带内管理。只要在交换机上把带内管理模式配置好,网管人员坐在控制机房,通过远程登录就可以对遍布各个角落的交换机进行配置。

【基本原理】

交换机的管理方式可以分为带内管理和带外管理两种管理模式。所谓带内管理,是指管理控制信息与数据业务信息通过同一个信道传送。使用带内管理,可以通过交换机的以太网端口对设备进行远程管理配置。目前使用的网络管理手段基本上都是带内管理。在带外管理模式中,网络的管理控制信息与用户数据业务信息在不同的信道传送。带内管理和带外管理的最大区别在于,带内管理的管理控制信息占用业务带宽,其管理方式是通过网络来实施的,当网络中出现故障时,无论是数据传输还是管理控制都无法正常进行,这是带内管理最大的缺陷;而带外管理是设备为管理控制提供了专门的带宽,不占用设备的原有网络资源,不依托于设备自身的操作系统和网络接口。简单地说,交换机的带外管理就是不通过交换机的以太网口进行管理的方式,而带内管理的管理信息则需要通过交换机的以太网口来传送。

从交换机的访问方式来说,通过 Telnet、Web 和 SNMP 方式对交换机进行远程管理都属于带内管理,而通过交换机的 Console 口对它进行管理的方式属于带外管理。

1. 通过 Console 口进行本地登录

一般来说,交换机设备开箱启封后,网络管理员为了统一管理和将交换机性能发挥到最佳状态,都会首先使用设备的 Console 口来对设备进行一些必要的初始配置。因此,通过交换机的 Console 口本地登录是登录交换机的最基本的方式,也是配置通过其他方式登录交换机的基础。用户终端的通信参数配置要和交换机 Console 口的配置保持一致,才能通过 Console 口登录到以太网交换机上。用户登录到交换机上后,可以对 Console 口登录方式的公共属性和认证方式进行相关的配置。

Console 口登录方式的认证方式有 None、Password 和 Scheme 三种,在不同的认证方式下,需要配置不同的 Console 口登录方式的属性。其中,Console 口登录方式的公共属性都有设备出厂默认值,用户可以根据需要选择配置,包括 Console 口的传输速率、校验方式、停止位和数据位等。

H3C S3100 系列以太网交换机支持两种用户界面: AUX(Auxiliary)用户界面、VTY(Virtual Type Terminal,虚拟类型终端)用户界面。AUX 用户界面是系统为通过 Console 口登录方式提供的视图,配置 Console 口登录方式必须在 AUX 用户界面视图下进行。

2. 通过 Telnet 进行登录

只要以太网交换机支持 Telnet 功能,用户就可以通过 Telnet 方式对交换机进行远程管理和维护。交换机和 Telnet 用户端都要进行相应的配置,才能实现远程登录交换机。

VTY 用户界面是系统为通过 VTY 方式登录提供的视图,配置 Telnet 登录方式需要在 VTY 用户界面视图下进行,对设备进行 Telnet 访问属于 VTY 登录方式。与 Console 口登录方式类似,Telnet 登录方式也有 None、Password 和 Scheme 三种,在不同的认证方式下,需要配置不同的 Telnet 登录方式的属性,用户可以根据需要选择配置,包括 VTY 用户界面、VTY 用户终端属性等配置。

3. 通过 Web 网管登录

采用 Web 方式登录的管理者则可以通过图形界面与交换机进行交互,比较直观,但也会占用较多网络资源。它利用支持 Web 网管登录的以太网交换机提供内置的 Web Server,用户可以通过终端登录到交换机上,以 Web 方式直观地管理和维护以太网交换机。与 Telnet 登录方式类似,交换机和 Web 网管终端都要进行相应的配置,才能保证通过 Web 网管方式正常登录交换机。其中,交换机需要配置 VLAN 接口的 IP 地址,保证交换机与 Web 网管终端之间路由可达,并配置 Web 网管的用户名和认证口令以及用户登录后访问的命令级别;而 Web 网管终端则需要安装 IE 浏览器进行 Web 网管登录。

【命令介绍】

1. 通过 Telnet 远程登录交换机

1) 设置登录用户的认证方式

authentication-mode{none|password|scheme}

【视图】 用户界面视图

【参数】

none:不需要认证。

password:进行口令认证。

scheme:进行本地或远端用户名和口令认证。

【例】 在 VTY 用户界面视图下,设置通过 VTY0 登录交换机的 Telnet 用户不需要进行认证。

```
[H3C-ui-vty0]authentication-mode none
```

2) 设置/取消从用户界面登录后可以访问的命令级别

user privilege level *level*
undo user privilege level

【视图】 用户界面视图

【参数】 *level*:从用户界面登录后可以访问的命令级别,取值范围为 0～3。

默认情况下,从 AUX 用户界面登录后可以访问的命令级别为 3 级,从 VTY 用户界面登录后可以访问的命令级别为 0 级。

命令级别共分为访问、监控、系统、管理 4 个级别,分别对应标识 0、1、2、3,对各级别说明如下:

(1) 访问级(0 级):用于网络诊断等功能的命令。包括 ping、tracert、telnet 等命令,执行该级别命令的结果不能被保存到配置文件中。

(2) 监控级(1 级):用于系统维护、业务故障诊断等功能的命令。包括 debugging、terminal 等命令,执行该级别命令的结果不能被保存到配置文件中。

(3) 系统级(2 级):用于业务配置的命令。包括路由等网络层次的命令,用于向用户提供网络服务。

(4) 管理级(3 级):关系到系统的基本运行、系统支撑模块功能的命令,这些命令对业务提供支撑作用。包括文件系统、FTP、TFTP、XModem 下载、用户管理命令和级别设置命令等。

　　【例】　在 VTY 用户界面视图下，设置从 VTY0 用户界面登录后可以访问的命令级别为 1。

```
[H3C-ui-vty0]user privilege level 1
```

　　3）配置用户界面支持的协议

protocol inbound{all|telnet}

　　【视图】　VTY 用户界面视图

　　【参数】

　　all：支持所有的协议。

　　telnet：支持 Telnet 协议。

　　【例】　配置 VTY0 用户界面只支持 Telnet 协议。

```
[H3C-ui-vty0]protocol inbound telnet
```

　　4）配置/取消配置屏幕上一屏中能够显示的信息的行数

screen-length screen-length
undo screen-length

　　【视图】　用户界面视图

　　【参数】　*screen-length*：屏幕分屏显示的行数，取值范围为 0～512。默认情况下，*screen-length* 的值为 24 行，取值为 0 表示关闭分屏显示功能。

　　【例】　在 VTY 用户界面视图下，设置终端屏幕的一屏行数为 20 行。

```
[H3C-ui-vty0]screen-length 20
```

　　5）设置/取消设置当前用户视图历史命令缓冲区的大小

history-command max-size value
undo history-command max-size

　　【视图】　用户界面视图

　　【参数】　*value*：历史缓冲区的大小，取值范围为 0～256。默认情况下，历史命令缓冲区的大小为 10，即可存放 10 条历史命令。

　　【例】　设置 VTY0 用户界面历史命令缓冲区的大小为 20，即可以保存 20 条历史命令。

```
[H3C-ui-vty0]history-command max-size 20
```

　　6）配置/取消配置用户超时断开连接的时间

idle-timeout minutes[seconds]
undo idle-timeout

【视图】 用户界面视图

【参数】 *minutes*：分钟数，取值范围为 0～35 791。

seconds：秒数，取值范围为 0～59。

默认情况下，用户超时断开连接的时间为 10 分钟。设置 idle-timeout 0 即关闭超时中断连接功能。

如果在所设定的时间内用户没有对交换机执行任何操作，则交换机将断开与该用户的连接。

【例】 设置 VTY0 用户界面的超时断开连接时间为 1 分钟。

```
[H3C-ui-vty0]idle-timeout 1
```

7）设置/取消本地认证的口令

set authentication password{cipher|simple}password
undo set authentication password

【视图】 用户界面视图

【参数】 cipher：设置本地认证口令以密文方式存储。

simple：设置本地认证口令以明文方式存储。

password：口令字符串。如果验证方式是 simple，则 *password* 必须是明文口令。如果验证方式是 cipher，则用户在设置 *password* 时有两种方式：

（1）输入小于等于 16 字符的明文口令，系统会自动转化为 24 位的密文形式；

（2）直接输入 24 字符的密文口令，这种方式要求用户必须知道其对应的明文形式。如，明文"123456"对应的密文是"OUM！K％F＜＋$[Q＝∧Q′MAF4＜1！！"。

【例】 在 VTY 用户界面视图下，设置 VTY0 的本地认证明文口令为 123。

```
[H3C-ui-VTY0]set authentication password simple 123
```

2. 通过 Web 方式远程登录交换机

1）设置/取消设置某用户登录类型及登录后可以访问的命令级别

service-type{ftp|telnet|[level level**]}**
undo service-type{ftp|telnet}

【视图】 本地用户视图

【参数】 ftp：指定用户为 FTP 类型。

telnet：指定用户为 Telnet 类型。

level *level*：指定 Telnet 用户可以访问的命令级别。*level* 为整数，取值范围为 0～3，默认级别为 0 级。与用户界面命令级别一样，本地用户命令级别也分为访问、监控、系统、管理 4 个级别，分别对应标识 0、1、2、3。

【例】 在系统视图下，设置本地用户名为 abc，登录后可以访问命令级别为 0 级的命令。

```
[H3C]local-user abc
```

```
[H3C-luser-abc]service-type telnet level 0
```

2) 关闭/取消关闭 Web Server,关闭/取消关闭 HTTP 服务对应的 TCP 80 端口

ip http shutdown
undo ip http shutdown

【视图】　系统视图

默认情况下,Web Server 处于启动状态。

【例】　在系统视图下,关闭 Web Server。

```
[H3C]ip http shutdown
```

3. 为接口配置 IP 地址。

1) 配置/取消以太网端口或 VLAN 接口的 IP 地址和掩码

ip address ip-address mask
undo ip address[ip-address mask]

【视图】　以太网端口视图/VLAN 接口视图

【参数】　*ip-address*:管理 VLAN 接口的 IP 地址。

mask:管理 VLAN 接口 IP 地址的掩码,是以点分十进制格式或以整数形式表示的长度,当用整数形式时,取值范围为 0~32。

【例】　在系统视图下,为当前管理 VLAN 1 的接口配置 IP 地址为 192.168.10.2,掩码 255.255.255.0。

```
[H3C]interface vlan-interface 1
[H3C-vlan-interface1]ip address 192.168.10.2 255.255.255.0
```

【**解决方案**】

单位 A 的交换机由于是新购置的设备,只有默认的出厂设置,而 Telnet、Web 等登录方式的前提是先要交换机开启一些相关的服务。因此,网管人员可以通过交换机 Console 口登录,对新开箱启封的交换机进行一些初始的配置,包括配置好 Telnet、Web 等登录方式所需环境。这样,即使把交换机安装在物理位置相对较远的地方,网管人员也能用远程登录的方式对交换机进行后续的管理和维护。如果日后发生网络故障,某台交换机与外界网络完全中断,无法对其实行带内管理的情况下,再采用带外管理的方式进行配置管理。因此,针对本案例,网管人员可以先通过交换机的 Console 口登录交换机,配置好 Telnet 登录方式所需环境,就可以实现远程登录的方式来管理交换机。

通过 Console 口登录交换机实验拓扑如图 2.1 所示。

图 2.1　交换机 Console 口配置拓扑

通过 Telnet 远程登录交换机实验拓扑如图 2.2 所示。

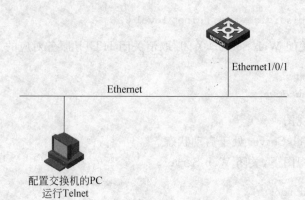

Ethernet1/0/1

Ethernet

配置交换机的PC
运行Telnet

图 2.2　交换机 Telnet 配置拓扑

【实验设备】

二层交换机 1 台,PC 1 台,配置电缆 1 根,标准网线 1 根。

说明:本实验二层交换机选择 H3C LS-S3100-16C-SI-AC。

【实施步骤】

步骤 1:用交换机的 Console 口登录交换机作初始配置。

(1) 按拓扑图建立本地配置环境,将配置电缆的 RJ-45 端口接入以太网交换机的 Console 口,配置电缆另一端的串口则接入 PC(或终端)的串口。Console 口是一种线设备端口。

(2) 在 PC(或终端)上运行终端仿真程序,如 Windows XP 的超级终端,选择与交换机相连的串口,设置终端通信参数:传输速率为 9600b/s、8 位数据位、1 位停止位、无校验和无流控,如图 2.3 至图 2.5 所示。

图 2.3　新建连接

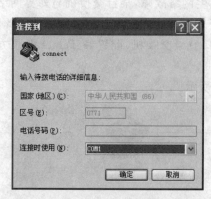

图 2.4　选择连接端口

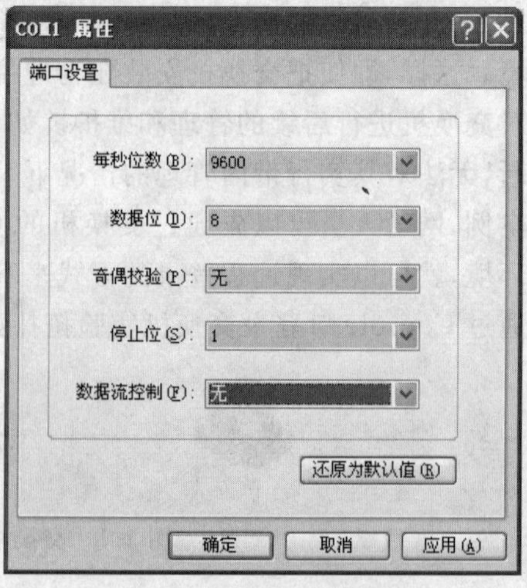

图 2.5　端口参数设置

（3）打开交换机电源，交换机会进行设备自检，完成后会在屏幕提示用户按回车键，按回车键后就可以看到命令行提示符＜H3C＞，如图 2.6 所示。此时证明交换机登录成功，即可以输入相关的命令配置交换机。

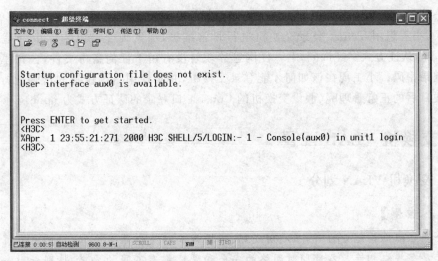

图 2.6　进入配置界面

步骤 2：配置 Telnet 的登录方式，认证方式为 Password。

（1）进入系统视图。

```
<H3C>system-view
```

（2）进入交换机 VLAN 1 接口视图配置交换机的 IP 地址。

```
[H3C]interface vlan-interface1
[H3C-vlan-interface1]ip address 10.16.1.1 255.255.255.0
[H3C-vlan-interface1]quit
```

（3）进入 VTY0 用户界面视图。

```
[H3C]user-interface vty 0
```

（4）设置登录用户的认证方式为 Password 认证。

```
[H3C-ui-vty0]authentication-mode password
```

（5）设置本地验证的口令为明文的 123456。

```
[H3C-ui-vty0]set authentication password simple 123456
```

（6）设置从用户界面登录后可以访问的命令级别为最高级别的管理级，对应的数字标识为 3（实现管理员的日常管理）。

```
[H3C-ui-vty0]user privilege level 3
```

（7）配置用户界面支持 Telnet 协议。

```
[H3C-ui-vty0]protocol inbound telnet
```

步骤 3：在终端运行"telnet 10.16.1.1"命令，输入相应的口令，实现远程登录该交换机（必须保证终端与交换机之间的路由可达）。

【实验项目】

某公司一直采用带内管理方式管理公司内部的交换机。小王是公司新招的网管，上班的第一天，小王想用 Telnet 登录交换机进行日常维护，却发现交换机的 Telnet 登录采用 Password 的认证方式。经询问，上一任网管辞职时没有留下任何备份文件，公司里也没有人知道登录密码。小王现在该如何才能登录交换机，并实现用自己设置的密码进行 Telnet 登录以便日后的正常管理呢（假设交换机的 Console 口登录的认证方式为 none）？

2.2 交换机 VLAN 配置

2.2.1 交换机 VLAN 划分

【引入案例】

某企业组织结构划分为财务部、研发部、市场部和档案部等多个部门，所有计算机均通过一台二层交换机相连。各部门对网络的安全和管理都有不同的要求，特别是财务部安全级别较高，不允许与其他部门互访。

【案例分析】

出于对不同部门的管理、安全要求和企业整体网络的稳定运行的考虑，需要对企业内部网络进行 VLAN 的划分。通过划分 VLAN 可以将各部门之间进行隔离，保证了重要部门的数据安全。对于本案例，把档案部、财务部与其他部门分别划分到不同的 VLAN，就可以确保其他部门不能访问档案部和财务部中的数据。

【基本原理】

1. VLAN 的基本概念

虚拟局域网（Virtual Local Area Network，VLAN）是指突破了设备或用户的物理位置的限制，将局域网设备从逻辑上划分成新的分组区段，每一个区段都可看作是一个新的局域网，它们各自形成一个小的广播域，这就避免了发生广播风暴时对全网产生影响、造成传输速率和传输质量下降等情况。

一般来说，当存在以下两种情况时，局域网可以通过划分 VLAN 来实现虚拟工作组。第一，局域网规模太大以至广播域太大，使用 VLAN 可以把一个大的广播域划分成若干个小的广播域，把广播报文限制在一个 VLAN 内，以减小广播报文对整个网络带宽的占用。第二，局域网中存在各种不同安全要求的群体，使用 VLAN 可以将其相互隔离。

VLAN 技术在交换机中被广泛使用。为使交换机能够分辨不同 VLAN 的报文，需要在报文中添加标识 VLAN 的字段，即 VLAN 的帧标记，帧标记给每个帧分配一个用户定义的 VLAN ID，交换机利用 VLAN ID 来识别报文所属的 VLAN。在基于端口的 VLAN 中，当交换机接收到的报文不携带 VLAN 帧标记时，交换机会为该报文封装带有接收端口默认 VLAN ID 的帧标记，将报文在接收端口的默认 VLAN 中进行传输。

2. VLAN 的划分

常用的 VLAN 划分方法有以下 4 种：

1）基于端口的划分

此划分方法根据网络设备的端口来决定虚拟工作组的成员。网络管理员对网络设备的交换端口进行分配，将端口划分在不同的逻辑网段中。基于端口的 VLAN 的划分是最简单、最常用也是最有效的 VLAN 划分方法，特别适用于连接位置比较固定的用户。

2）基于 MAC 地址的划分

MAC 地址是指网卡的标识符，每一个 MAC 地址都是唯一的。基于 MAC 地址的 VLAN 划分其实就是配置每个拥有 MAC 地址的主机所属的虚拟工作组。这种划分方法的优点是只要主机的网卡不更换，即使用户的物理位置发生改变也不需要重新配置其所属的 VLAN。这种划分方法由于每个主机都要根据其 MAC 地址进行 VLAN 所属的初始配置，工作量很大，而且随着网络规模的扩大，网络设备和主机用户的增加，会更大程度地增加设备配置工作量和加大网络管理的难度。因此，基于 MAC 地址的 VLAN 划分方法只适用于网络规模较小或者是主机用户物理位置需要频繁更改的情况。

3）基于协议的划分

通过配置基于协议的 VLAN，交换机可以对端口上收到的报文进行分析，根据不同的封装格式及特殊字段的数值将报文与用户设定的协议模板相匹配，为匹配成功的报文添加相应的 VLAN 标识，实现动态地将属于指定协议的数据划分到特定的 VLAN 中传输。这种划分方法实际上是将网络中提供的服务类型与 VLAN 绑定，方便管理和维护。

4）基于 IP 组播的划分

基于 IP 组播划分 VLAN 认为一个 IP 组播组就是一个 VLAN。这种划分的方法将 VLAN 扩大到广域网。这种方法灵活，很容易通过路由器进行扩展，主要用来跨广域网划分 VLAN，但在局域网中使用会效率低。

对于以上这几种 VLAN 的划分方法，基于端口的划分通常被称为静态 VLAN 划分，基于 MAC 地址、基于协议和基于 IP 组播的方法通常被称为动态 VLAN 划分。

3. VLAN 技术原理

以太网交换机根据"端口/MAC 地址映射表"（简称 MAC 地址表）转发数据帧。交换机从端口接收到以太帧后，通过查看 MAC 地址表决定从哪一个端口转发出去。在 VLAN 技术中，通过给以太帧附加一个标签（tag）来标记这个以太帧能够在哪个 VLAN 中传播。这样，交换机在转发数据帧时，不仅要查看 MAC 地址表来决定转发到哪个端口，还要检查端口上的 VLAN 标签是否匹配。

IEEE 802.1Q 中定义了在以太帧中所附加标签的格式，如图 2.7 所示。

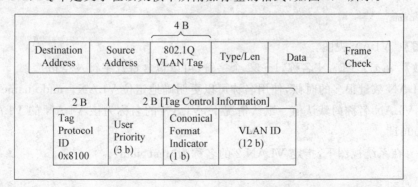

图 2.7　附加 802.1Q 标签的以太帧

在标签中，VLAN ID 指明 VLAN 的编号，每个支持 IEEE802.1Q 协议的交换机发送出来的数据帧都会包含这个域，指明自己属于哪一个 VLAN。

那么 VLAN 标签从哪里来的呢？VLAN 标签是由交换机端口在数据帧进入交换机时添加的。当终端主机发出的以太帧到达交换机端口时，交换机检查端口所属的 VLAN，然后给进入端口的帧加上相应的 802.1Q 标签。这样做的好处是，VLAN 对终端主机是透明的，所有的相关事情由交换机负责，交换机也负责剥离出端口的以太帧的 802.1Q 标签。

以太网交换机的端口链路类型可以分为 Access、Trunk 和 Hybrid 三种，不同的端链路口在加入 VLAN 和对报文进行转发时会进行不同的处理。

(1) Access 类型：端口只能属于一个 VLAN，一般用于交换机与终端用户之间的连接。

(2) Trunk 类型：端口可以属于多个 VLAN，可以接收和发送多个 VLAN 的报文，一般用于交换机之间的连接。

(3) Hybrid 类型：端口可以属于多个 VLAN，可以接收和发送多个 VLAN 的报文，可以用于交换机之间连接，也可以用于连接终端用户的计算机。

4. 管理 VLAN

为了方便用户通过 Telnet、Web 等方式对以太网交换机进行远程管理，则交换机上必须至少要有一个 IP 地址。对于 H3C 系列二层以太网交换机，一台交换机只能有一个 IP 地址，只有一个 VLAN 对应的 VLAN 接口可以配置 IP 地址，而该 VLAN 即为管理 VLAN。简单地说，只有管理 VLAN 的接口能配置 IP 地址。

管理 VLAN 接口获取 IP 地址的方式有 3 种：

(1) 通过管理员用 ip address 命令配置得到 IP 地址。

(2) 当交换机是 BOOTP 客户端时，通过 BOOTP 分配得到 IP 地址。

(3) 当交换机是 DHCP 客户端时，通过 DHCP 分配得到 IP 地址。

默认情况下，交换机的管理 VLAN 默认是 VLAN 1，用户也可以通过 management-vlan 命令来设置其他 VLAN 为管理 VLAN。

【命令介绍】

1. 指定/取消指定当前 VLAN 的名称

```
name text
undo name
```

【视图】 VLAN 视图

【参数】 *text*：VLAN 名称，1～32 个字符(可以包含特殊字符及空格)。

当 VLAN 数量很多的时候，使用名称可以更明确地定位 VLAN。undo name 命令用来恢复当前 VLAN 名称的默认值。默认情况下，VLAN 的名称为该 VLAN 的 VLAN ID，如"VLAN 0001"。

【例】 在系统视图下，指定 VLAN 2 的名称为"test vlan"。

```
[H3C]vlan 2
[H3C-vlan2]name test vlan
```

2. 设置当前 VLAN 或 VLAN 接口的描述字符串

description text
undo description

【视图】 VLAN 视图/VLAN 接口视图

【参数】 *text*：描述 VLAN 或 VLAN 接口的字符串，可以包含特殊字符及空格，区分大小写。VLAN 的描述字符串长度范围为 1～32 个字符，VLAN 接口的描述字符串长度范围为 1～80 个字符。

当通过交换机接入的设备和网络情况比较复杂时，用户可以为每个 VLAN 或 VLAN 接口设置明确的描述字符串，用以快速定位通过该 VLAN 或 VLAN 接口连接的设备和区域。undo description 命令用来恢复当前 VLAN 或 VLAN 接口的描述字符串为默认值。默认情况下，VLAN 的描述字符串为该 VLAN 的 VLAN ID，例如"VLAN 0001"，VLAN 接口的描述字符串为该 VLAN 接口的接口名，例如"vlan-interface 1 Interface"。

【例 1】 在系统视图下，指定 VLAN 2 的描述字符串为"to switchB"。

```
[H3C]vlan 2
[H3C-vlan2]description to switchB
```

【例 2】 在系统视图下，指定 vlan-interface1 接口的描述字符串为"gateway of CWB"。

```
[H3C]interface vlan-interface 1
[H3C-vlan-interface1]description gateway of CWB
```

3. 设置/取消设置以太网端口的链路类型

port link-type{access|hybrid|trunk}
undo port link-type

【视图】 以太网端口视图

【参数】 access：将当前端口设置为 Access 端口。

hybrid：将当前端口设置为 Hybrid 端口。

trunk：将当前端口设置为 Trunk 端口。

默认情况下，所有端口均为 Access 端口。

【例】 在系统视图下，将以太网端口 Ethernet1/0/1 设置为 Trunk 端口。

```
[H3C]interface ethernet1/0/1
[H3C-ethernet1/0/1]port link-type trunk
```

4. 对当前 VLAN 添加/删除一个或一组 Access 端口

port interface-list
undo port interface-list

【视图】 VLAN 视图

【参数】 *interface-list*：需要添加到当前 VLAN 中或从当前 VLAN 中删除的以太网端口列表，表示方式为 *interface-list* = { *interface-type interface-number* [*to interface-type interface-number*] } &<1-10>。其中 *interface-type* 为端口类型，*interface-number* 为端

口号。关键字 to 之后的端口号要大于或等于 to 之前的端口号。命令中 &<1-10>表示前面的参数最多可以输入 10 次。

【例】 在系统视图下,向 VLAN 2 中加入从 Ethernet1/0/2～Ethernet1/0/4 的以太网端口。

```
[H3C]vlan 2
[H3C-vlan2]port ethernet1/0/2 to ethernet1/0/4
```

5. 加入/删除 Access 端口对指定的 VLAN

port access vlan *vlan-id*
undo port access vlan

【视图】

以太网端口视图

【参数】 *vlan-id*:当前端口需要加入的 VLAN 编号,取值范围为 1～4094,且目的 VLAN 必须已经创建。

注意,使用 undo port access vlan 将端口从指定 VLAN 中删除后,该端口将加入 VLAN 1。

【例】 在系统视图下,将 Ethernet1/0/1 端口加入 VLAN 2 中。

```
[H3C]interface ethernet1/0/1
[H3C-ethernet1/0/1]port access vlan 2
```

6. 设置/取消设置管理 VLAN

management-vlan *vlan-id*
undo management-vlan

【视图】 系统视图

【参数】 *vlan-id*:管理 VLAN ID,取值范围为 1～4094,默认值为 1。

默认情况下,VLAN 1 为管理 VLAN 1。

【例】 在系统视图下,设置管理 VLAN 为 VLAN 2。

```
[H3C]management-vlan 2
```

7. 显示 VLAN 的相关信息

display vlan[*vlan-id*1[to *vlan-id*2]| **all|dynamic|static**]

display vlan 命令可显示的信息包括 VLAN 编号、类型、接口状态以及该 VLAN 内包含的端口等内容。如果执行 display vlan 命令时不使用任何参数,则显示系统已存在的 VLAN 的数量和 VLAN 编号。

【视图】 任意视图

【参数】 *vlan-id*1:显示指定 VLAN 的信息,取值范围为 1～4094。

to *vlan-id*2:用来与 vlan-id1 配合,指定一个范围,以显示该范围内所有已存在的 VLAN 的信息。to 之后的 VLAN 编号不能小于 to 之前的 VLAN 编号。

all：显示所有 VLAN 的信息。

dynamic：显示设备上动态 VLAN(指通过 GVRP 协议注册或通过 Radius 服务器下发的 VLAN)的数量和 VLAN 编号。

static：显示设备上静态 VLAN(指通过手工配置创建的 VLAN)的数量和 VLAN 编号。

【例】 显示 VLAN 1 的信息。

```
<Sysname>display vlan 1
VLAN ID: 1
VLAN Type: static
Route Interface: configured
IP Address: 192.168.0.39
Subnet Mask: 255.255.255.0
Description: VLAN 0001
Name: VLAN 0001
Tagged Ports:
Ethernet1/0/1
Untagged Ports:
Ethernet1/0/2
```

上面显示的信息包括了 VLAN 1 的描述字符串、名称、VLAN 接口 IP 等信息,其中 Tagged Ports 表示 VLAN 1 的帧从端口 Ethernet1/0/1 发送时需要携带 Tag 标签, Untagged Ports 表示 VLAN 1 的帧从端口 Ethernet1/0/2 发送时不需要携带 Tag 标签。

【解决方案】

为便于企业网络管理和部门安全需要,可以将该单位的每一个部门均划分为一个 VLAN。具体的划分情况如下:市场部划分为 VLAN 2,研发部划分为 VLAN 3,财务划分为 VLAN 4,档案部划分为 VLAN 5。IP 地址和网络拓扑规划如表 2.1 所示。

表 2.1   IP 地址和连接端口表

部　　门	所属 VLAN	IP	连 接 端 口
市场部 PC1	VLAN 2	10.1.3.10/24	SwitchA 的 Ethernet1/0/1
市场部 PC2	VLAN 2	10.1.3.20/24	SwitchB 的 Ethernet1/0/2
研发部 PC3	VLAN 3	10.1.3.30/24	SwitchA 的 Ethernet1/0/3
财务部 PC4	VLAN 4	10.1.3.40/24	SwitchA 的 Ethernet1/0/4
档案部 PC5	VLAN 5	10.1.3.50/24	SwitchA 的 Ethernet1/0/5

VLAN 实验拓扑如图 2.8 所示(图中 E 是 Ethernet 的缩写,后面对此情况不再说明)。

【实验设备】

二层交换机 1 台,PC 5 台,标准网线 5 根。

说明：本实验二层交换机选择 S3100-16C-SI-AC。

【实施步骤】

步骤 1：根据拓扑图连接好设备,按需求配置好 PC 的 IP 地址,测试目前网络中的连通

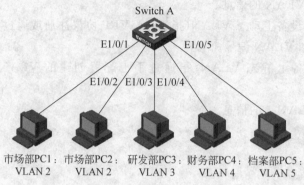

市场部PC1：市场部PC2：研发部PC3：财务部PC4：档案部PC5：
VLAN 2　　VLAN 2　　VLAN 3　　VLAN 4　　VLAN 5

图 2.8　VLAN 实验拓扑

性，如表 2.2 所示。

表 2.2　连通性测试（一）

源　主　机	测试命令	目　的　主　机	结　　果
市场部 PC1	ping	市场部 PC2	☑连通 □不通
市场部 PC1	ping	研发部 PC3	☑连通 □不通
研发部 PC3	ping	财务部 PC4	☑连通 □不通
财务部 PC4	ping	档案部 PC5	☑连通 □不通

步骤 2：在二层交换机 SwitchA 上划分 VLAN，实现部门隔离。

（1）进入系统视图。

```
<SwitchA>system-view
```

（2）创建 VLAN 2、VLAN 3、VLAN 4 和 VLAN 5。

```
[SwitchA]vlan 2 to 5
Please wait.............Done.
```

（3）向当前 VLAN 中添加 Access 端口。

```
#把连接市场部的交换机端口 Ethernet1/0/1 和 Ethernet1/0/2 口加入 VLAN 2
[SwitchA]vlan 2
[SwitchA-vlan2]port ethernet1/0/1 ethernet1/0/2
#把连接研发部的交换机端口 Ethernet1/0/3 加入 VLAN 3
[SwitchA]vlan3
[SwitchA-vlan3]port ethernet1/0/3
#把连接财务部的交换机端口 ethernet1/0/4 加入 VLAN 4
[SwitchA]vlan 4
[SwitchA-vlan4]port ethernet1/0/4
#把连接财务部的交换机端口 Ethernet1/0/5 加入 VLAN 5
[SwitchA]vlan 5
[SwitchA-vlan4]port ethernet1/0/5
[SwitchA-vlan4]return
<SwitchA>quit
```

步骤 3：测试划分 VLAN 后网络的连通性，如表 2.3 所示。

表 2.3　连通性测试（二）

源　主　机	测试命令	目的主机	结　　果
市场部 PC1	ping	市场部 PC2	☑连通 □不通
市场部 PC1	ping	研发部 PC3	□连通 ☑不通
研发部 PC3	ping	财务部 PC4	□连通 ☑不通
财务部 PC4	ping	档案部 PC5	□连通 ☑不通

从表 2.2 和表 2.3 两个连通性测试表中应该得出实验结果：划分 VLAN 前，市场部、研发部、财务部和档案部之间的网络是连通的；在二层交换机成功将各部门划分给所属的不同 VLAN 后，用 ping 命令测试，同一 VLAN 内的主机可以互通，而不同VLAN 的主机不能实现互通。证明 VLAN 划分既可以实现部门之间的隔离，又不影响部门内的正常通信。

2.2.2　跨交换机实现 VLAN

【引入案例】

在 2.2.1 节的案例中，随着公司的发展，市场部的员工有所增加，公司决定添置一批计算机和一台二层交换机来扩充网络规模。由于部门物理位置限制，市场部的计算机连接在不同的交换机上。

【案例分析】

案例中，市场部的计算机连接在不同的交换机上，但属于同一个 VLAN，意味着市场部的这个逻辑组跨越了两个交换机。因此必须考虑交换机之间的连接，可以把两台交换机连接端口的链路类型配置为 Trunk，实现跨交换机的 VLAN 内部连通。

【基本原理】

对于一些中小型企业，一台交换机并不能够满足用户日常工作的需要。这个时候从安全与性能角度出发，需要在多台交换机上组建 VLAN，这就涉及同一个 VLAN 如何在不同的交换机间进行数据交换的问题。

交换机链路的主要作用就是判断数据帧是属于哪个 VLAN，并将其正确地转发到相应的 VLAN 或者相应交换机的端口中。这样，网络管理的逻辑结构就可以完全不受物理连接的限制，极大地提高了组网的灵活性。

以太网交换机的端口链路类型可以分为 Access、Trunk 和 Hybrid 三种，不同的端链路口在加入 VLAN 和对报文进行转发时会进行不同的处理。

1. Access 类型

Access 端口只能属于 1 个 VLAN，所以它的默认 VLAN 就是它所在的 VLAN。一般用于交换机与终端用户之间的连接。

当 Access 端口接收到不带 Tag 的以太帧时，接收以太帧后打上默认 VLAN 的 Tag。当 Access 端口接收到带 Tag 的以太帧时，一种情况是当帧的 VLAN ID 与端口默认的 VLAN ID 相同时接收该帧，另一种情况是当帧的 VLAN ID 与端口默认的 VLAN ID 不相同时丢弃该帧。Access 端口发送帧时将剥离 Tag 后再发送。

所以，Access 端口可以实现同一交换机上相同 VLAN 下的主机通信，也可以实现交换机级联时的默认 VLAN 1 报文交换，但不能实现 VLAN 透明传输。

2. Trunk 类型

Trunk 端口可以属于多个 VLAN，可以接收和发送多个 VLAN 的报文。Trunk 端口一般用于交换机之间的连接。

当 Trunk 端口接收到不带 Tag 的以太帧时，如果端口已经加入默认 VLAN，给帧打上缺省 VLAN 的 Tag 并转发；端口未加入默认 VLAN，丢弃该帧。当 Trunk 端口接收到带 Tag 的以太帧时，如果帧的 VLAN ID 是端口允许通过的 VLAN ID，接收该帧；如果帧的 VLAN ID 不是端口允许通过的 VLAN ID，丢弃该帧。Trunk 端口发送帧时，当帧的 VLAN ID 与端口默认的 VLAN ID 相同时，剥离 Tag 后发送；当帧的 VLAN ID 与端口默认的 VLAN ID 不同时，保持原有 Tag 发送。

所以，将交换机级联端口都设置为 Trunk 并允许所有 VLAN 通过后，VLAN 2～VLAN 4000 的报文直接透明传送，而 VLAN 1 的报文则因为和 Trunk 默认的 VLAN ID 相同，需要先剥离 VLAN 1 的 Tag 再加上其他 VLAN 的 Tag 实现透明传送。

在 H3C 系列交换机中，Trunk 端口默认情况下只允许转发 VLAN 1 的数据。

3. Hybrid 类型

Hybrid 端口可以属于多个 VLAN，可以接收和发送多个 VLAN 的报文，同时还能够指定对任何 VLAN 帧进行剥离 Tag 操作。

当 Hybrid 端口接收到不带 Tag 的以太帧时，如果端口已经加入默认 VLAN，给帧打上默认 VLAN 的 Tag 并转发；如果端口未加入默认 VLAN，丢弃该帧。当 Hybrid 端口接收到带 Tag 的以太帧时，如果帧的 VLAN ID 是端口允许通过的 VLAN ID，接收该帧；如果帧的 VLAN ID 不是端口允许通过的 VLAN ID，丢弃该帧。Hybrid 端口发送帧时，当帧的 VLAN ID 是端口允许通过的 VLAN ID 时，发送帧并可以通过 port hygrid vlan 命令配置是否剥离 Tag。

Hybrid 端口可以用于交换机之间连接，也可以用于连接终端用户的计算机。当网络中大部分主机之间需要隔离，但是这些隔离的主机又需要与另一台主机互通时，可以使用 Hybrid 端口。

【命令介绍】

1. 设置/取消设置以太网端口的链路类型

```
port link-type{access|hybrid|trunk}
undo port link-type
```

【视图】 以太网端口视图

【参数】 access：将当前端口设置为 Access 端口。

hybrid：将当前端口设置为 Hybrid 端口。

trunk：将当前端口设置为 Trunk 端口。

默认情况下，所有端口均为 Access 端口。

【例】 在系统视图下，将以太网端口 Ethernet1/0/1 设置为 Trunk 端口。

```
[H3C]interface ethernet 1/0/1
[H3C-ethernet1/0/1]port link-type trunk
```

2. 将 Trunk 端口加入到指定的 VLAN，即允许这些 VLAN 的报文通过

port trunk permit vlan {vlan-id-list|**all**}
undo port trunk permit vlan{vlan-id-list|**all**}

【视图】　以太网端口视图

【参数】　*vlan-id-list*：当前 Trunk 端口要加入的 VLAN 的范围。

all：将 Trunk 端口加入到所有 VLAN 中。

Trunk 端口可以属于多个 VLAN。如果多次使用 port trunk permit vlan 命令，那么 Trunk 端口上允许通过的 VLAN 是这些 *vlan-id-list* 的集合。默认情况下，所有 Trunk 端口仅属于 VLAN 1。

【例】　在系统视图下，将 Trunk 端口 Ethernet1/0/1 加入到 VLAN 2。

```
[H3C]interface ethernet 1/0/1
[H3C-ethernet1/0/1]port trunk permit vlan 2
```

3. 将 Hybrid 端口加入到指定的 VLAN，并配置该端口在发送这些 VLAN 的报文时是否保留 VLAN Tag

port hybrid vlan vlan-id-list **{tagged|untagged}**
undo port hybrid vlan vlan-id-list

【视图】　以太网端口视图

【参数】　*vlan-id-list*：当前 Hybrid 端口要加入的 VLAN 的范围，表示方式为 *vlan-id-list*＝[*vlan-id*1[to *vlan-id*2]]&＜1-10＞，*vlan-id*1 和 *vlan-id*2 的取值范围为 1～4094，但 *vlan-id*2 不能小于*vlan-id*1。&＜1-10＞表示前面的参数最多可以输入 10 次。

tagged：该端口在转发指定的 VLAN 报文时将保留 VLAN Tag。

untagged：该端口在转发指定的 VLAN 报文时将不保留 VLAN Tag。

undo port hybrid vlan 命令用来将 Hybrid 端口从指定的 VLAN 中删除。默认情况下，Hybrid 端口属于 VLAN 1。此命令使用的前提条件是 *vlan-id* 所指定的 VLAN 必须存在。

【例】　在系统视图下，将 Hybrid 端口 Ethernet1/0/1 加入到 VLAN 2，并且设置该端口在发送这些 VLAN 的报文时将保留 VLAN Tag。

```
[H3C]interface ethernet 1/0/1
[H3C-ethernet1/0/1]port hybrid vlan 2 tagged
```

【**解决方案**】

案例中的市场部 PC1 和市场部 PC2 同属于 VLAN 2，要保证市场部 PC1 和市场部 PC2 正常的内部通信，需要在市场部 PC1 和市场部 PC2 之间建立 Trunk 链路。拓扑图如图 2.9 所示，根据拓扑图分析可得，想在市场部 PC1 和市场部 PC2 之间建立 Trunk 链路，需要将 SwitchA 的 Ethernet1/0/10 和 SwitchB 的 Ethernet1/0/10 这两个端口设置成 Trunk 类型，并将它们加入 VLAN 2，允许市场部所属的 VLAN 2 的数据通过。

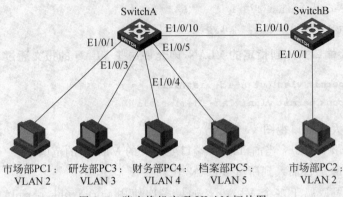

图 2.9 跨交换机实现 VLAN 拓扑图

【实验设备】

二层交换机 2 台, PC 5 台, 标准网线 6 根。

说明: 本实验二层交换机选择 S3100-16C-SI-AC 和 S3100-16TP-EI-H3-A。

【实施步骤】

在 2.2.1 节的实验基础上进行操作。

步骤 1: 在两个交换机上建立通信链路。

1) SwitchA 的配置

(1) 进入系统视图。

```
<SwitchA>system-view
```

(2) 将 SwitchA 与 SwitchB 连接的 Ethernet1/0/10 端口设置为 Trunk 链路类型, 并允许 VLAN 2 通过。

```
[SwitchA]interface ethernet1/0/10
[SwitchA-ethernet1/0/10]port link-type trunk
[SwitchA-ethernet1/0/10]port trunk permit vlan 2
[SwitchA-ethernet1/0/10]return
<SwitchA>quit
```

2) SwitchB 的配置

(1) 进入系统视图。

```
<SwitchB>system-view
```

(2) 在 SwitchB 中创建 VLAN 2, 并将连接市场部 PC2 的 Ethernet1/0/1 端口加入 VLAN 2。

```
[SwitchB]vlan 2
[SwitchB-vlan2]port ethernet1/0/1
```

(3) 将 SwitchB 与 SwitchA 连接的 Ethernet1/0/10 端口设置为 Trunk 链路类型, 并允许 VLAN 2 通过。

```
[SwitchB]interface ethernet1/0/10
[SwitchB-ethernet1/0/10]port link-type trunk
[SwitchB-ethernet1/0/10]port trunk permit vlan 2
[SwitchB-ethernet1/0/10]return
<SwitchB>quit
```

步骤 2：验证跨交换机的 VLAN 2 实现。

测试两个交换机上市场部 PC 的连通性，如表 2.4 所示。

表 2.4　连通性测试

源 主 机	测试命令	目的主机	结　　果
市场部 PC1	ping	市场部 PC2	☑连通 □不通

验证结果表明，跨交换机同属于一个 VLAN 的市场部 PC1 和市场部 PC2 可以实现互通。

【拓展思考】

通过 2.2.1 节和本节的学习，可以得出这样一个结论：同一个 VLAN 的用户即使跨交换机也能正常通信，而不同 VLAN 的用户相互隔离，不能进行互访。如果所有 VLAN 的用户都需要访问同一台服务器，该如何实现？如果用户要求属于不同 VLAN 的用户也需要通信，又该如何实现？

2.2.3　交换机的 VLAN 间通信

【引入案例】

该企业下属的市场部和研发部分别被划分为 VLAN 2 和 VLAN 3，但随着这两个部门之间的业务来往越来越频繁，经常在网络中传输大量的文件资料，为了提高部门间的工作效率，经企业领导研究决定，现市场部和研发部需进行网络互通，有效地实现资源共享。网管人员该如何实现此要求？

【案例分析】

对属于不同 VLAN 需要互相通信的部门，需要三层路由功能来实现。企业可以添置一台三层交换机来满足 VLAN 间的通信要求。

【基本原理】

VLAN 技术将用户在逻辑上分成了多个虚拟工作组，只有同一 VLAN 的用户才能相互交换数据，但建设网络的最终目的是要实现网络的互联互通，实现 VLAN 之间的通信不可或缺。

VLAN 的划分相当于将一个大的广播域划分成若干个子网，因此不同 VLAN 之间的通信必须依赖路由功能。传统的路由器可以满足此要求，但由于传统路由低速、复杂等局限性，很容易成为网络的瓶颈而使以太网的优势难以发挥。再者，利用路由器实现 VLAN 间的数据交换，其通信会受到路由器和交换机之间的链路带宽限制，这种分离的网络设备使得网络建设成本大大增加，而三层交换机的出现很好地解决了这些问题。

　　三层交换是在网络交换机中引入路由模块而取代传统路由器实现交换与路由相结合的网络技术。它根据实际应用时的情况,灵活地在网络第二层或者第三层进行网络分段。在三层技术上实现了数据包的高速转发,具有路由器的功能和交换机的性能,适用于大型局域网内的数据路由与交换。虽然三层交换机能实现路由功能,但它在安全、协议支持等方面还有许多欠缺,并不能完全取代路由器。

【**解决方案**】

　　根据 2.2.1 节案例中对部门的划分情况,市场部属于 VLAN 2,研发部属于 VLAN 3,要达到市场部和研发部的网络互通要求,实际上就是要实现 VLAN 2 和 VLAN 3 之间的通信,涉及三层通信,需要重新规划 IP,如表 2.5 所示。

表 2.5　VLAN 2 接口和 VLAN 3 接口 IP 规划

部　门	所属 VLAN	IP	连 接 端 口
市场部 1	VLAN 2	10.1.2.10/24	SwitchA 的 Ethernet1/0/1
市场部 2	VLAN 2	10.1.2.20/24	SwitchB 的 Ethernet1/0/2
研发部	VLAN 3	10.1.3.30/24	SwitchA 的 Ethernet1/0/3
财务部	VLAN 4	10.1.3.40/24	SwitchA 的 Ethernet1/0/4
档案部	VLAN 5	10.1.3.50/24	SwitchA 的 Ethernet1/0/5
接　口		IP	
VLAN 2 接口		10.1.2.1/24	
VLAN 3 接口		10.1.3.1/24	

　　加入三层交换机后,更改实验拓扑如图 2.10 所示。

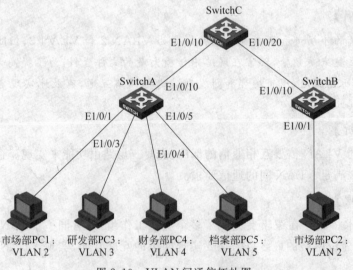

图 2.10　VLAN 间通信拓扑图

【**实验设备**】

　　二层交换机 2 台,三层交换机 1 台,PC 5 台,标准网线 7 根。

　　说明:本实验三层交换机选择 H3C 系列交换机 S3600-28P-EI,二层交换机选择 S3100-16C-SI-AC 和 S3100-16TP-EI-H3-A。

【实施步骤】

在 2.2.1 节和 2.2.2 节的实验基础上进行操作。

步骤 1：利用三层交换机实现 VLAN 2 和 VLAN 3 通信，需要配置市场部和研发部之间的链路允许通过的 VLAN。在 2.2.2 节中，为了实现跨交换机的 VLAN 2 通信，已经把 SwitchA 和 SwitchB 相应的端口设置成 Trunk 类型并允许 VLAN 2 的数据通过。现在要实现 VLAN 2 和 VLAN 3 通信，那么这些 Trunk 端口还需要设置允许 VLAN 3 通过。

1）二层交换机 SwitchA 的配置

（1）进入系统视图。

```
<SwitchA>system-view
```

（2）交换机 SwitchA 的 Ethernet1/0/10 端口允许 VLAN 3 通过。

```
[SwitchA]interface ethernet1/0/10
[SwitchA-ethernet1/0/10]port trunk permit vlan 3
[SwitchA-ethernet1/0/10]return
<SwitchA>quit
```

2）二层交换机 SwitchB 的配置

（1）进入系统视图。

```
<SwitchB>system-view
```

（2）与交换机 SwitchA 类似，要保证 VLAN 2 和 VLAN 3 之间的链路互通，交换机 SwitchB 的 Ethernet1/0/1 端口也要允许 VLAN 3 通过。

```
[SwitchB]interface ethernet1/0/10
[SwitchB-ethernet1/0/10]port trunk permit vlan 3
[SwitchB-Ethernet1/0/10]return
<SwitchB>quit
```

步骤 2：配置三层交换机 SwitchC。

（1）在交换机 SwitchC 上创建 VLAN 2 和 VLAN 3。

```
<SwitchC>system-view
[SwitchC]vlan 2 3
Please wait.............Done.
```

（2）分别将交换机 SwitchC 中与交换机 SwitchA、SwitchB 相连的端口设置为 Trunk 类型，并允许 VLAN 2 和 VLAN 3 通过。

```
[SwitchC]interface ethernet1/0/10
[SwitchC-ethernet1/0/10]port link-type trunk
[SwitchC-ethernet1/0/10]port trunk permit vlan 2 3
[SwitchC-ethernet1/0/10]quit
[SwitchC]interface ethernet1/0/20
[SwitchC-ethernet1/0/20]port link-type trunk
[SwitchC-ethernet1/0/20]port trunk permit vlan 2 3
```

```
[SwitchC-ethernet1/0/20]return
<SwitchC>quit
```

（3）启用三层交换机的路由功能，配置相应 VLAN 接口的 IP 地址。这里分别配置 VLAN 2 接口 IP 地址为 10.1.2.1，掩码为 255.255.255.0；VLAN 3 接口 IP 地址为 10.1.3.1，掩码为 255.255.255.0。

```
[SwitchC]interface vlan-interface 2
[SwitchC-vlan-interface2]ip address 10.1.2.1 24
[SwitchC-vlan-interface2]quit
[SwitchC]interface vlan-interface 3
[SwitchC-vlan-interface3]ip address 10.1.3.1 24
[SwitchC-Vlan-interface3]quit
```

步骤 3：设置市场部 PC 的默认网关为 10.1.2.1，研发部 PC 的默认网关为 10.1.3.1，然后验证 VLAN 间通信。

测试市场部和研发部在网络中的连通性，如表 2.6 所示。

表 2.6　连通性测试

源　主　机	测试命令	目的主机	结　　果
市场部 PC1	ping	研发部 PC3	☑连通 □不通
市场部 PC2	ping	研发部 PC3	☑连通 □不通

根据测试结果可得，VLAN 2 和 VLAN 3 已实现互通。

【实验项目】

某广告公司属下有 3 个部门：设计部、商务部和财务部。这 3 个部门的所有计算机均接入一台二层交换机 SwitchA，SwitchA 通过一台三层交换机 SwitchB 接入互联网。其中，财务部要求与其他部门隔离，而设计部和商务部需要信息互通。请使用 VLAN 技术实现此需求。

2.3　交换机端口配置

2.3.1　交换机端口基本配置

【引入案例】

小王知道交换机全双工状态下端口的吞吐量是半双工的两倍，心想：如果能够将网速提高一倍岂不更好，所以就把单位的交换机的端口都强制为全双工了。可没想到网内访问的速度反而变慢了，从交换机连接的一台工作站到服务器上复制一个 25MB 的文件，竟然需要 6 分钟的时间。后来经过检查发现他的工作站和服务器网卡都是半双工状态。

【案例分析】

案例中很有可能是因为端口模式不匹配的问题导致网速变慢，因为主机网卡和它所连交换机的端口必须是相同的工作模式，但是现在计算机的网卡是半双工状态，交换机的端口配置却是全双工状态。所以，这个时候需要对交换机端口作相应的设置，可以尝试把端口工作模式设为自协商状态或者是半双工状态。

【基本原理】

搭建局域网的时候,为了实现不同的网络要求,需要在交换机的端口做一些基本的配置,使设备的性能发挥到最佳状态,同时也便于网络管理员对设备进行统一管理。掌握交换机端口配置是配置交换机的基础,如交换机端口属性和端口模式的配置等,这些命令将会在今后的设备配置中大量使用。

1. 交换机端口速率、双工模式

按照信号传送方向与时间的关系,数据通信可以分为 3 种类型:单工通信、半双工通信和全双工通信。在单工通信方式中,信号只能固定地向一个方向传输;在半双工通信方式中,信号可以双向传送,但是必须是交替进行,一个时间只能向一个方向传送;在全双工通信方式中,信号可以同时双向传送。

按照传输速率的不同,网卡可以分为 10Mb/s、100Mb/s 和 1000Mb/s 三种类型。可以根据以太网的规范来选择网卡类型,以适应它所兼容的以太网。一般来说,对于标准以太网可以选用 10Mb/s 的网卡,快速以太网可以选用 100Mb/s 的网卡,千兆以太网可以选用 1000Mb/s 的网卡。现常见的网卡速率基本上是 100Mb/s 以上。

一般情况下,交换机两端的端口速率和双工模式要匹配,这样通信质量才能得到保证。如果两个相连的设备端口的速率和双工通信设置不一致,网络性能非但不会提高,反而会严重下降,而且会导致传输数据时出现大量的错误帧,造成数据重发,严重影响网络的传输效率。

一般情况下以太网交换机的端口默认配置为自适应(auto-negotiation,也叫自动协商)。

如果以太网交换机是 10M/100M 自适应端口,交换机端口和所连接的主机网卡都设置成自动协商,它们会自动协商速度(10Mb/s 还是 100Mb/s)及工作模式(全双工还是半双工),通常交换机会按照一定的顺序(100M/全双工——100M/半双工——10M/全双工——10M/半双工)来适应网卡的最快速度及工作模式。但是也有一些特殊的情况会导致网络运行不稳定,比如,交换机设置成自动协商模式,而主机网卡是 100M/全双工模式(不是自动协商),但是从交换机上显示的端口却是 10M/半双工。其原因是,在设定的工作模式下,主机网卡不提供工作模式给交换机,而交换机也不知道主机网卡的模式,就默认地设为半双工模式,这样一来,就导致了网络的不稳定性。

2. 以太网交换机端口的环回监测及环回测试

1) 端口的环回监测

以太网交换机如果在局域网中存在不恰当的端口相连就会造成网络环路,这种环路会引发数据包的无休止重复转发,形成广播风暴,从而造成网络故障。由于环路引起的网络堵塞现象具有一定的隐蔽性,给网络故障的排除增加了难度。交换机端口的环回监测功能可以让交换机自动判断出网络中是否发生环路现象,只要交换机的环回监测功能开启,交换机就会定时对所有端口进行扫描监测,判断各个端口是否被外部环回。如果发现某端口被环回,交换机会使根据端口的类型及用户的配置进行相应处理:

(1) 对于 Access 端口,系统会将该端口置为 block 状态,停止转发数据报文并上报信息,同时删除该端口对应的 MAC 地址转发表项。如果用户还开启了自动关闭环回端口功能,系统将关闭该端口并上报信息,用户可以使用 undo shutdown 命令重新打开该端口。如果没有开启自动关闭环回端口功能,只要环路解除,该端口就自动恢复为正常转发状态。

(2) 对于 Trunk 端口和 Hybrid 端口,如果系统发现端口被环回,则向终端上报日志信息(LOG),如果用户开启端口的环回监测受控功能,系统将该端口置为 block 状态,停止转发数据报文并上报信息,同时删除该端口对应的 MAC 地址转发表项,如果随后环路解除,该端口将自动恢复为正常转发状态;如果用户开启的是自动关闭环回端口功能,系统将关闭该端口并上报信息,用户可以使用 undo shutdown 命令重新打开该端口。

2) 端口的环回测试

以太网端口的环回测试可以检验以太网端口是否能正常工作,不必采用其他测试仪器即可判断整个传输线路状况。具体做法是,通过将被测设备的收发端进行短接,让被测的设备接收自己发出的信号来判断线路或端口是否存在断点。测试时端口将不能正确转发数据包,在执行一定时间后,环回测试会自动结束。

H3C 系列交换机的端口环回测试分为两种:一种是外环测试,该测试需要在交换机端口上使用特制自环头,使得端口发出的报文直接被端口接收,可定位该端口的硬件功能是否出现故障;另一种是内环测试,它会在交换芯片内部建立自环,可定位芯片内与该端口相关的功能是否出现故障。

【命令介绍】

1. 端口通用配置

1) 关闭/打开以太网端口

shutdown
undo shutdown

【视图】 以太网端口视图

默认情况下,以太网端口处于开启状态。

【例】 在以太网端口视图下,关闭以太网端口 Ethernet1/0/1,然后开启。

```
[H3C-ethernet1/0/1]shutdown
[H3C-ethernet1/0/1]undo shutdown
```

2) 设置/取消端口的描述字符串

description text
undo description

【视图】 以太网端口视图

【参数】 text:端口描述字符串,取值范围为 1~80 个字符。

默认情况下,端口描述字符串为空。

【例】 在以太网端口视图下,设置以太网端口 Ethernet1/0/1 的描述字符串为 lanswitch。

```
[H3C-ethernet1/0/1]description lanswitch
```

3) 设置/取消设置以太网端口的双工属性

duplex{auto|full|half}

undo duplex

【视图】 以太网端口视图

【参数】 auto：端口处于自协商状态。

full：端口处于全双工状态。

half：端口处于半双工状态。

默认情况下，端口处于自协商状态。

【例】 在以太网端口视图下，将以太网端口 Ethernet1/0/1 端口的双工属性设置为全双工状态。

```
[H3C-ethernet1/0/1]duplex full
```

4）设置/取消设置端口的速率

speed{10|100|1000|auto}

undo speed

【视图】 以太网端口视图

【参数】 10：指定端口速率为 10Mb/s。

100：指定端口速率为 100Mb/s。

1000：指定端口速率为 1000Mb/s（该参数仅千兆端口支持）。

auto：指定端口的速率处于自协商状态。

默认情况下，端口速率处于自协商状态。

【例】 在以太网端口视图下，将以太网端口 Ethernet1/0/1 端口的速率设置为 100Mb/s。

```
[H3C-ethernet1/0/1]speed 100
```

5）显示以太网交换机所有接口的配置信息

display current-configuration interface[interface-type][interface-number]

【视图】 任意视图

【参数】 *interface-type*：接口类型，可以是 AUX、Ethernet、GigabitEthernet、LoopBack、NULL 和 Vlan-interface。

interface-number：接口编号。

如果不指定参数，则显示所有接口的配置信息。

6）显示接口的简要配置信息

接口的简要配置信息包括接口类型、连接状态、连接速率、双工属性、链路类型、默认 VLAN ID 和描述字符串。

display brief interface[interface-type|interface-type interface-number]

【视图】 任意视图

【参数】 *interface-type*：接口类型，可以是 AUX、Ethernet、GigabitEthernet、LoopBack、NULL 和 Vlan-interface。

interface-number：接口编号。

如果不指定参数，则显示所有接口的简要配置信息。

【例】 显示 Ethernet1/0/1 端口的简要配置信息。

```
<Sysname>display brief interface Ethernet1/0/1
Interface:
Eth-Ethernet  GE-GigabitEthernet  TENGE-tenGigabitEthernet
Loop-LoopBack  Vlan-Vlan-interface  Cas-Cascade
Speed/Duplex:
A-auto-negotiation
Interface  Link   Speed  Duplex   Type    PVID Description
-------------------------------------------------------
Eth1/0/1   DOWN    A     A      hybrid 1      home
```

本例显示了 Ethernet1/0/1 状态为 DOWN、速率和双工自适应、端口是 Hybrid 类型、默认 VLAN ID 为 1 等基本信息。

2．端口环回监测配置

1）开启/关闭端口环回监测功能

loopback-detection enable
undo loopback-detection enable

【视图】 系统视图/以太网端口视图

只有在系统视图和指定端口视图下均开启端口环回监测功能后，指定端口的环回监测功能才能生效。

【例】 在以太网端口视图下，将以太网端口 Ethernet1/0/1 端口环回监测功能开启。

```
[H3C-ethernet1/0/1]loopback-detection enable
```

2）开启/关闭 Trunk 和 Hybrid 端口环回监测受控功能

loopback-detection control enable
undo loopback-detection control enable

【视图】 以太网端口视图

【例】 在以太网端口视图下，将以太网端口 Ethernet1/0/1 端口环回监控受控功能开启。

```
[H3C-ethernet1/0/1]loopback-detection enable
```

3）开启/关闭自动关闭环回端口功能。

loopback-detection shutdown enable
undo loopback-detection shutdown enable

【视图】 以太网端口视图

端口的环回监测受控功能和自动关闭环回端口的功能不能同时开启。

【例】 在以太网端口视图下，将以太网端口 Ethernet1/0/1 端口环回功能自动关闭。

```
[H3C-ethernet1/0/1]loopback-detection shutdown enable
```

3. 端口配置同步配置

1）将指定端口的配置复制到其他端口以实现端口配置的一致

copy configuration source *interface-type interface-number* **destination** *interface-list*

【视图】 系统视图

【参数】 *interface-type*：端口类型。

interface-number：端口编号。

当需要对交换机的多个端口作相同配置时，为了方便将指定端口的配置与其他端口进行同步，可以使用 copy configuration 命令直接将指定端口的配置复制到其他端口，免去了一个个端口去手工配置的麻烦。可以复制的配置包括 VLAN 配置、基于协议的 VLAN 配置、LACP 配置、QoS 配置、GARP 配置、STP 配置和端口基本配置。

【例】 在系统视图下，将端口 Ethernet1/0/1 的配置复制到端口 Ethernet1/0/2 和 Ethernet1/0/3。

```
[H3C]copy configuration source ethernet 1/0/1 destination ethernet 1/0/2 ethernet 1/0/3
```

2）配置端口组

在端口组视图下，用户只需输入一次配置命令，则属于该端口组内的所有端口都会配置该功能，以减少重复配置工作。端口组由用户手工创建，用户可将多个端口手工加入同一个端口组中，但一个端口只能加入一个端口组中。

（1）创建/删除端口组

port-group *group-id*
undo port-group *group-id*

【视图】 系统视图

【参数】 *group-id*：端口组的编号，取值范围为 1～100。

如果该端口组不存在，port-group 命令则先完成端口组的创建，再进入该端口组的视图。undo port-group 命令用来删除已经创建的指定端口组。默认情况下，系统没有创建端口组。

【例】 在系统视图下，创建端口组 1。

```
[H3C]port-group 1
[H3C-port-group-1]
```

（2）将指定端口加入/取消加入到当前端口组中

port *interface-list*
undo port *interface-list*

【视图】 端口组视图

【参数】 *interface-list*：目的端口列表。表示方式为 *interface-list* ＝ {*interface-type interface-number* [*to interface-type interface-number*]} &<1－10>。&<1－10>表示前面的参数最多可以输入 10 次。

默认情况下，端口组中没有加入任何端口。

【例】 在系统视图下，将端口 Ethernet1/0/1～Ethernet1/0/3 加入端口组 1 中。

```
[H3C]port-group 1
[H3C-port-group-1]port ethernet1/0/1 to ethernet1/0/3
```

【解决方案】

假设小王的工作站和服务器配置的网卡是
10Mb/s 网卡,传输模式为半双工,那么只需要把这
些主机连接的交换机的端口速率设置为 10Mb/s,端
口双工模式设置为半双工模式,使网卡和交换机端
口的传输速率和双工模式相匹配,这样主机间就能
实现正常通信。实验拓扑结构如图 2.11 所示。PC1
和 PC2 用来模拟小王的工作站和服务器。

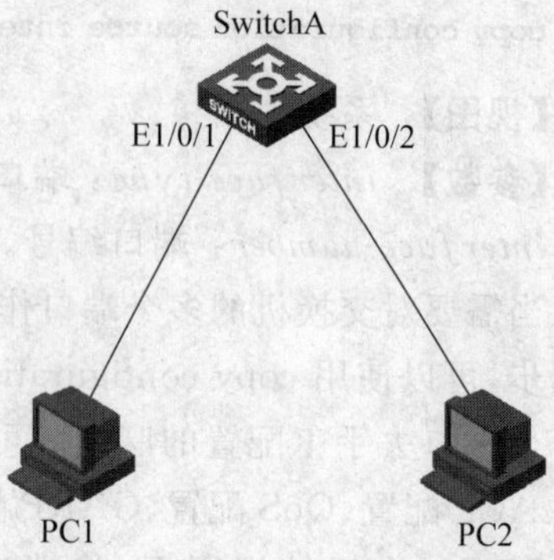

图 2.11　交换机端口基本配置实验拓扑

【实验设备】

二层交换机 1 台,PC 2 台,标准网线 2 根。

说明:本实验二层交换机选择 H3C LS-S3100-16C-SI-AC。

【实施步骤】

步骤 1:根据拓扑图连接设备。配置 PC1、PC2 网卡的连接速度和双工模式。

步骤 2:配置交换机端口速率和双工模式和 PC1 网卡匹配。

(1) 进入系统视图。

```
<H3C>system-view
<H3C>sysname SwitchA
```

(2) 进入与 PC1 相连的 Ethernet1/0/1 以太网端口视图。

```
[SwitchA]interface ethernet 1/0/1
```

(3) 设置以太网端口 Ethernet1/0/1 的端口速率为 10Mb/s。

```
[SwitchA-ethernet1/0/1]speed 10
```

(4) 设置以太网端口 Ethernet1/0/1 的双工模式为半双工。

```
[SwitchA-ethernet1/0/1]duplex half
```

(5) 退出以太网端口 Ethernet1/0/1 视图。

```
[SwitchA-ethernet1/0/1]quit
[SwitchA]
```

步骤 3:PC2 连接的交换机端口 Ethernet1/0/2 也需要做相同的匹配配置,直接使用复制端口配置的方法,将交换机端口 Ethernet1/0/1 的配置复制到端口 Ethernet1/0/2。

(1) 在系统视图下,将端口 Ethernet1/0/1 的配置复制到端口 Ethernet1/0/2。

```
[SwitchA]copy configuration source ethernet1/0/1 destination ethernet1/0/2
```

(2) 查看当前端口配置。

```
[SwitchA]display current-configuration interface
```

```
#
interface aux1/0/0
#
interface ethernet1/0/1
  speed 10
  duplex half
#
interface ethernet1/0/2
  speed 10
  duplex half
```

【拓展思考】

如果网络中出现环路并导致了广播风暴的产生,如何使用交换机的环回监测及环回受控功能来解决环路问题?

2.3.2　端口镜像及端口流量控制

【引入案例】

某公司有上百台计算机,为了方便控制和管理,这些计算机由多台二层交换机接入,并连接到机房的核心交换机上。其中财务部和市场部分别通过两台二层交换机连接到核心交换机的 Ethernet1/0/2 和 Ethernet1/0/3 端口。公司非常重视财务部和市场部这两个部门的网络安全,要求对这两个部门收发的报文进行监控。另外,市场部经常需要传送大量的业务数据,也经常会出现传输失败的现象,网络管理员怀疑是因为交换机端口数据流量太大造成了丢包。

【案例分析】

在企业内网要监控计算机的上网流量或者进行报文分析,需要配备专用的监控设备或监控软件(如协议分析仪)。对交换机而言,可以配置交换机端口镜像功能来配合这些监控设备进行数据采集。在网络监测过程中,如果发现因为交换机端口数据流量太大造成丢包的话,则可以通过交换机端口的流量控制来解决问题。

【基本原理】

1. 端口镜像

端口镜像是将指定端口进出的报文复制一份,并发送到镜像目的端口,如果把数据监控设备接入镜像目的端口,用户就可以利用监控设备分析从镜像目的端口接收到的所有报文,进行网络监控和故障定位。H3C 系列交换机支持本地端口镜像和远程端口镜像两种镜像方式。

1) 本地镜像

本地端口镜像是指将设备的一个或多个端口(源端口)的报文复制一份,并转发到本设备的一个监视端口(目的端口),用于报文的分析和监视。其中,源端口和目的端口必须在同一台设备上。

2) 远程镜像

远程端口镜像突破了源端口和目的端口必须在同一台设备上的限制,实现跨交换机的流量监控管理,从而方便网络管理人员对远程设备上的流量进行监控。简单地说,远程端口镜像可以通过网络连接,在本地使用监控设备或监控软件查看远程设备上指定端口的流量和报文情况。在远程端口镜像报文的转发过程中,需要定义一个特殊的 VLAN,称为远程镜像 VLAN(Remote-probe VLAN)。所有被镜像的报文通过该 VLAN 从源交换机的反射口传递到目的交换机的镜像端口,实现在目的交换机上对源交换机端口收发的报文进行监控的功能。实现远程端口镜像功能的交换机可以分为 3 类:

(1) 源交换机:被监控的端口所在的交换机,负责将镜像流量复制到反射端口,然后通过远程镜像 VLAN 传输给中间交换机或目的交换机。在远程镜像的实现过程中,源交换机是必不可少的。

(2) 中间交换机:网络中对源交换机和目的交换机之间起着桥梁作用的交换机,通过远程镜像 VLAN 把镜像流量传输给下一个中间交换机或目的交换机。如果源交换机与目的交换机直接相连,则不存在中间交换机。

(3) 目的交换机:远程镜像目的端口所在的交换机,将从远程镜像 VLAN 接收到的镜像流量通过镜像目的端口转发给监控设备。目的交换机在远程镜像的报文转发过程中也是必不可少的。

2. 交换机端口流量控制

1) 端口广播和未知组播的流量控制

当交换机端口接收到大量的广播包或未知组播包时,就会发生广播风暴。转发这些数据包将导致流量在局域网中泛洪,占用过多的带宽,并最终导致网络拥塞。对交换机端口的广播和未知组播的流量进行控制,可以有效地避免硬件损坏或链路故障导致的网络瘫痪。用户可以限制端口上允许接收的广播、未知组播流量的大小。当广播、未知组播流量超过用户设置的阈值后,系统将对超出流量限制的报文进行丢弃,从而使广播/未知组播流量所占的流量比例降低到合理的范围,保证网络业务的正常运行。默认情况下,交换机不对未知组播和未知单播流量进行控制。

2) 交换机端口的流量控制

当网络中经常有大容量数据信息传送时,只是限制交换机端口广播包或未知组播包的流量是不够的,这些流量巨大的数据报文容易导致交换机端口"堵死",从而出现丢包现象。因此,为了保证业务数据传送的完整性,可以对交换机端口实行流量控制。

当本地交换机和对端交换机都开启了流量控制功能后,如果本地交换机发生拥塞,则本地交换机将向对端交换机发送消息,通知对端交换机暂时停止发送报文或减慢发送报文的速度。对端交换机在接收到该消息后,将暂停向本端发送报文或减慢发送报文的速度,从而避免了报文丢失现象的发生,保证了网络业务的正常运行。

【命令介绍】

1. 端口镜像

H3C 系列交换机本地端口镜像的配置步骤如下:

(1) 创建本地镜像组;

(2) 为本地镜像组配置源端口和目的端口。

H3C 系列交换机远程端口镜像的配置过程主要针对实现远程镜像的 3 种交换机进行:

(1) 对源交换机的配置步骤是:①创建本地镜像组;②配置远程镜像 VLAN;③为远程源镜像组配置源端口、反射口和远程镜像 VLAN;④确保远程镜像 VLAN 内源交换机到目的交换机的二层互通性。

（2）对中间交换机的配置步骤是：①配置远程镜像 VLAN；②确保远程镜像 VLAN 内源交换机到目的交换机的二层互通性。

（3）对目的交换机的配置步骤是：①创建目的镜像组；②配置远程镜像 VLAN；③为远程源镜像组配置目的端口和远程镜像 VLAN；④确保远程镜像 VLAN 内源交换机到目的交换机的二层互通性。

具体命令如下。

1）创建/删除端口镜像组

mirroring-group group-id**{local|remote-destination|remote-source}**
undo mirroring-group{group-id|**all**|**local**|**remote-destination**|**remote-source}**

【视图】　系统视图

【参数】　*group-id*：端口镜像组的编号，取值为 1。

all：所有的镜像组。

local：本地端口镜像组。

remote-destination：远程端口镜像的目的镜像组。

remote-source：远程端口镜像的源镜像组。

【例】　在系统视图下，创建本地端口镜像组 1。

[H3C]mirroring-group 1 local

2）配置/取消配置本地镜像组或远程源镜像组的镜像源端口

mirroring-group group-id **mirroring-port** mirroring-port-list**{both|inbound|outbound}**
undo mirroring-group group-id **mirroring-port** mirroring-port-list

【视图】　系统视图/以太网端口视图

【参数】　*group-id*：端口镜像组的编号，取值为 1。

mirroring-port *mirroring-port-list*：镜像源端口列表。*mirroring-port-list* 参数只是在系统视图下的参数，在以太网端口视图下没有这个参数。*mirroring-port-list* 的表示方式为 *mirroring-port-list* ＝｛*interface-type interface-number*［*to interface-type interface-number*］｝&＜1-8＞。其中，*interface-type* 和 *interface-number* 为端口类型和端口编号，&＜1-8＞表示前面的参数最多可以输入 8 次。

both：对源端口接收和发送的报文进行镜像。

inbound：仅对源端口接收的报文进行镜像。

outbound：仅对源端口发送的报文进行镜像。

【例】　在系统视图下，配置端口 Ethernet1/0/1 为本地镜像组 1（本地镜像组 1 已存在）的镜像源端口，并且对该端口接收的报文进行镜像。

[H3C]mirroring-group 1 mirroring-port Ethernet1/0/1 inbound

3）配置/取消配置本地镜像组或远程目的镜像组的镜像目的端口

mirroring-group group-id **monitor-port** monitor-port

undo **mirroring-group** group-id **monitor-port** monitor-port

【视图】 系统视图/以太网端口视图

【参数】 *group-id*：端口镜像组的编号,取值为1。

monitor-port：镜像目的端口。*monitor-port* 参数只是在系统视图下的参数,在以太网端口视图下没有这个参数。

【例】 在系统视图下,配置端口 Ethernet1/0/3 为本地镜像组1(本地镜像组1已存在)的镜像目的端口。

```
[H3C]mirroring-group 1 monitor-port ethernet 1/0/3
```

4) 设置/取消设置当前 VLAN 配置为远程镜像 VLAN

remote-probe vlan enable
undo remote-probe vlan enable

【视图】 VLAN 视图

用户不能将默认 VLAN、管理 VLAN 或者动态 VLAN 配置为远程镜像 VLAN。将某一 VLAN 配置为远程镜像 VLAN 后,该 VLAN 不能直接删除,必须先在 VLAN 视图下执行 undo remote-probe vlan enable 命令后才允许删除这个 VLAN。

【例】 在 VLAN 视图下,将 VLAN 8 配置为远程镜像 VLAN。

```
[H3C-vlan5]remote-probe vlan enable
```

5) 配置/取消远程源镜像组的反射端口

mirroring-group group-id **reflector-port** reflector-port
undo mirroring-group group-id **reflector-port** reflector-port

【视图】 系统视图/以太网端口视图

【参数】 *group-id*：端口镜像组的编号,取值为1。

reflector-port：反射端口。*reflector-port* 参数只是在系统视图下的参数,在以太网端口视图下没有这个参数。

【例】 在以太网端口视图下,配置端口 Ethernet1/0/2 为远程源镜像组1(本地镜像组1已存在)的反射端口。

```
[H3C-ethernet1/0/2]mirroring-group 1 reflector-port
```

6) 配置/取消配置远程源镜像组或远程目的镜像组所使用的远程镜像 VLAN

mirroring-group group-id **remote-probe vlan** remote-probe-vlan-id
undo mirroring-group group-id **remote-probe vlan** remote-probe-vlan-id

【视图】 系统视图

【参数】 *group-id*：端口镜像组的编号,取值为1。

remote-probe-vlan-id：镜像组的远程镜像 VLAN。

将某一个 VLAN 配置为远程源镜像组或远程目的镜像组所使用的远程镜像 VLAN 之前,必须先配置该 VLAN 为远程镜像 VLAN。

【例】　在系统视图下,配置远程源镜像组 1(本地镜像组 1 已存在)的远程镜像 VLAN 为 VLAN 8。

```
[H3C]mirroring-group 1 remote-probe vlan 8
```

7) 显示端口镜像的配置信息

display mirroring-group{group-id|**all**|**local**|**remote-destination**|**remote-source**}

【视图】　任意视图

【参数】　group-id：端口镜像组的编号,取值为 1。

all：显示所有镜像组的配置信息。

local：显示本地端口镜像组的配置信息。

remote-destination：显示远程目的镜像组的配置信息。

remote-source：显示远程源镜像组的配置信息。

【例】　显示以太网交换机配置了本地镜像组后的配置信息。

```
<sysname>display mirroring-group 1
mirroring-group 1:
type: local
status: active
mirroring port:
    Ethernet1/0/1 inbound
monitor port: Ethernet1/0/3
```

2. 端口流量控制

1) 限制/取消限制端口允许接收的广播流量的大小

broadcast-suppression{ratio|**bps** max-bps}
undo broadcast-suppression

【视图】　系统视图/以太网端口视图

在系统视图下,该命令的作用范围是所有以太网端口;在以太网视图下,该命令的作用范围只是当前以太网端口。

【参数】　ratio：指定端口允许通过的最大广播流量所占该端口传输能力的百分比,取值范围为 1~100,默认值为 100。百分比越小,允许接收的广播流量也越小。

max-bps：指定以太网端口每秒允许接收的最大广播包流量,单位为 kb/s。该参数仅能在以太网端口视图下配置：对于 Ethernet 端口,取值范围为 64~99 968；对于 GigabitEthernet 端口,取值范围为 64~1 000 000。

默认情况下,交换机不对广播流量进行抑制。

【例】　设置所有端口允许通过的最大广播流量的百分比为 20。

```
[H3C]broadcast-suppression 20
```

2) 开启/关闭以太网端口的流量控制特性

flow-control

undo flow-control

【视图】 以太网端口视图

【例】 在以太网端口视图下,开启 Ethernet1/0/1 的流量控制功能。

```
[H3C-ethernet1/0/1]flow-control
```

【解决方案】

(1) 公司的财务部和市场部是通过两台二层交换机连接到核心交换机的 Ethernet1/0/2 和 Ethernet1/0/3 端口,只要在核心交换机上配置本地镜像的功能,把以太网端口 Ethernet1/0/2 和 Ethernet1/0/3 作为本地镜像组的源端口,再选取核心交换机的另一个以太网端口,如 Ethernet1/0/8,作为本地镜像组的目的端口,在 Ethernet1/0/8 端口接入数据监控设备或使用监控软件,就可以实现对公司财务部和市场部进出的报文进行监控。

(2) 网络中数据流量太大会导致网络带宽不足,从而出现丢包现象。针对这一情况,可以在与市场部相连的交换机上开启流量控制功能来保证业务数据的完整传输。

实验拓扑如图 2.12 所示。

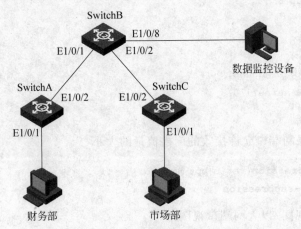

图 2.12　交换机端口流控实验拓扑

【实验设备】

二层交换机 2 台,三层交换机 1 台,PC 3 台(或 PC 2 台,数据监控设备 1 台),标准网线 5 根。

说明:本实验核心交换机选择 H3C 三层交换机 S3600-28P-EI,二层交换机选择 S3100-16C-SI-AC 和 S3100-16TP-EI-H3-A。

【实施过程】

步骤 1:在 SwitchB 上配置本地镜像。

(1) 进入系统视图。

```
<H3C>system-view
<H3C>sysname SwitchB
```

（2）创建本地镜像组 1。

```
[SwitchB]mirroring-group 1 local
```

（3）配置源端口。把连接财务部和市场部的以太网端口 Ethernet1/0/1 和 Ethernet1/0/2 设置为本地镜像组 1 的源端口。同时，根据监控的要求是针对两部门收发的数据报文，因此被镜像报文的方向参数选择 both。

```
[SwitchB]mirroring-group 1 mirroring-port ethernet 1/0/1 ethernet 1/0/2 both
```

（4）配置目的端口。把连接数据监控设备的端口 Ethernet1/0/8 设置成本地镜像组 1 的目的端口。

```
[SwitchB]mirroring-group 1 monitor-port ethernet1/0/8
[SwitchB]quit
```

完成以上配置后，即可在数据监控设备上抓包查看财务部和市场部收发的数据报文。如果没有数据监控设备，则可在 PC 上运行数据流量监控软件进行抓包。

步骤 2：配置以太网端口流量控制。

因为需要在本端交换机和对端交换机同时开启流量控制功能，所以启动交换机 SwitchC 的端口 Ethernet1/0/2 和交换机 SwitchB 的端口 Ethernet1/0/2 的流量控制特性。

1）SwitchC 上的配置

（1）进入系统视图。

```
<H3C>system-view
<H3C>sysname SwitchC
```

（2）进入以太网端口 Ethernet1/0/2 视图。

```
[SwitchC]interface ethernet1/0/2
```

（3）开启以太网端口的流量控制功能。

```
[SwitchC-ethernet1/0/2]flow-control
[SwitchC-ethernet1/0/2]quit
[SwitchC]quit
```

2）SwitchB 上的配置

（1）进入系统视图。

```
<SwitchB>system-view
```

（2）进入以太网端口 Ethernet1/0/2 视图。

```
[SwitchB]interface ethernet 1/0/2
```

（3）开启以太网端口的流量控制功能。

```
[SwitchB-ethernet1/0/2]flow-control
[SwitchB-ethernet1/0/2]quit
[SwitchB]quit
```

【实验项目】

总经理跟网络管理员小王提出要求,希望能在总经理办公室随时监控财务部和市场部两个部门发送的数据报文。总经理办公室通过一台二层交换机连接到公司的核心交换机,总经理使用的计算机安装有数据监控软件。

2.4 交换机 MAC 地址表管理

【引入案例】

某学校网络最近经常掉线,网管人员通过网络监控发现网内有一台计算机不停地发送广播包,怀疑是感染了病毒。后经查实,该计算机并不是学校内部的计算机,属于非法接入。网管人员必须马上采取措施阻止病毒进一步感染网络中的其他计算机,同时也要阻止该计算机再次通过相同端口接入学校网络。

另外,学校网络中还有一台网关服务器和一台网管服务器,数据量交换较大。网管人员希望能找到一个简单可行的办法,从接入上保证它们的安全,并能优化网络交换性能。

【案例分析】

在网络中对某台计算机进行隔离,可以禁用其 IP 地址,但是考虑到计算机的 IP 地址很容易更换,而且现在流行的做法是让计算机用户自动获取 IP 地址,因此这种办法不可行。另一种办法则是对计算机进行 MAC 地址过滤,这是一种比较彻底的隔离方法。

通常,服务器在网络中的接入位置比较固定,可以在其相连的交换机上手工添加它们的静态 MAC 地址表项,并设置连接服务器的以太网端口禁止学习 MAC 地址,保证端口只能允许该服务器接入。而且采用配置静态 MAC 地址表项的办法可以使交换机通过相应的端口将数据报文单播发送到服务器,这样将大幅度减少网络中目的地址为服务器地址的广播包,节约带宽资源。

【基本原理】

1. MAC 地址和 MAC 地址表

MAC(介质访问控制)地址是在网络通信中用来识别主机的标识。交换机和集线器相比,最大的优势就在于交换机能根据 MAC 地址来决定帧该往何处转发。需要转发数据时,交换机查询缓存中的 MAC 地址表,看是否有与目的 MAC 地址对应的表项,如果有,交换机立即通过该表项中的转发端口转发数据报文,否则交换机将会把数据报文以广播的形式发送到除接收端口以外的所有端口,尽最大能力保证目的主机接收到数据报文。因此,交换机 MAC 地址表的建立和维护决定了数据转发的方向和效率。

建立和维护 MAC 地址表项可以通过以下两种方式来进行。

(1)手工配置:这种方式建立的 MAC 地址表项属于静态 MAC 地址表项,完全由用户手工添加和删除,没有老化时间。这种方式适用于网络中比较固定的网络设备,可以减少网络中的广播包。用户还可以通过手工添加黑洞 MAC 地址表项,当交换机接收到源 MAC 地址或者目的 MAC 地址与黑洞 MAC 地址表项相符的数据报文时,交换机会立即将该报文丢弃。

(2)动态学习:是交换机在工作过程中自动建立 MAC 地址表项的方式,整个过程不需要人工干预。当交换机收到一个数据帧时,它首先在自己的 MAC 地址表中查找是否有该数据帧的源 MAC 地址,如果没有,则将这个 MAC 地址记录到自己的 MAC 地址表中。通常情况下,MAC 地址表中大多数的表项都是通过动态学习方式来逐渐建立起来的。

2. MAC 地址表的管理

交换机的 MAC 地址表的容量是有限的,因此交换机采用老化机制来维护 MAC 地址表,以保证最大限度地利用地址表项资源。交换机在建立某条表项时,会相应地开启该表项的老化定时器,如果在老化时间内,交换机始终没有收到目的地址与该表项中的 MAC 地址匹配的报文,交换机就会将该表项删除。这样,即使网络中的设备更换或者移除,交换机的 MAC 地址表始终能保持网络中最新的拓扑结构记录。合适的老化时间可以提高 MAC 地址表项资源的利用率,但过长或过短的老化时间反而影响交换机的性能。如果老化时间过长,交换机中保存的 MAC 地址表项的数量过多,会将地址表资源消耗完,就无法根据网络中的拓扑变化及时更新;如果老化时间过短,有效的 MAC 地址表项会被交换机过早删除,从而降低交换机的转发效率。

还可以通过限制交换机在以太网端口学习 MAC 地址的数量或者禁止指定 VLAN 的MAC 地址学习功能来保证网络、VLAN 中用户的稳定性和安全性,防止非法用户接入网络。

【命令介绍】

1. 在 MAC 地址转发表中添加、修改或删除地址表项

mac - address {static | dynamic | blackhole} mac- address [**interface** interface- type interface-number]**vlan** vlan-id
undo mac- address[mac-address-attribute]

【视图】 系统视图/以太网端口视图

【参数】 static:配置静态 MAC 地址表项。

dynamic:配置动态 MAC 地址表项。

blackhole:配置黑洞 MAC 地址表项。

mac-address:需要配置的 MAC 地址,形式为 H-H-H。在配置时,用户可以省去 MAC地址中每段开头的"0",例如输入"f-e2-1"即表示输入的 MAC 地址为"000f-00e2-0001"。

interface-type interface-number:端口类型和端口编号,表示对应该 MAC 地址的转发端口。

vlan-id:指定的 VLAN ID,取值范围为 1～4094,但该 VLAN 必须已经创建。

mac-address-attribute:表示要删除的 MAC 地址属性的字符串,取值见表 2.7。

表 2.7　*mac-address-attribute* 取值

取　　值	含　　义
{static	dynamic	blackhole} interface *interface-type interface-number*	删除指定端口上的静态、动态或黑洞 MAC 地址
{static	dynamic	blackhole} vlan *vlan-id*	删除指定 VLAN 中的静态、动态或黑洞 MAC 地址
{static	dynamic	blackhole} *mac-address*[interface *interface-type* *interface-number*]vlan *vlan-id*	删除指定的静态、动态或黑洞 MAC 地址

取 值	含 义
interface *interface-type interface-number*	删除指定端口上的所有 MAC 地址表项
vlan *vlan-id*	删除指定 VLAN 中的所有 MAC 地址表项
mac-address[interface *interface-type interface-number*]vlan *vlan-id*	删除指定 MAC 地址的表项

【例 1】 在系统视图下,配置静态 MAC 地址表项,MAC 地址为 000f-e20f-0101,使用端口 Ethernet1/0/1 来转发目的为该地址的报文,端口 Ethernet1/0/1 处于 VLAN 2 中。

```
[H3C]mac-address static 000f-e20f-0101 interface ethernet1/0/1 vlan 2
```

【例 2】 在以太网端口 Ethernet1/0/1 视图下,配置静态 MAC 地址表项,MAC 地址为 000f-e20f-0101,使用该端口来转发目的为该地址的报文,端口处于 VLAN 2 中。

```
[H3C-ethernet1/0/1]mac-address static 000f-e20f-0101 vlan 2
```

2. 设置/取消设置动态 MAC 地址表项的老化时间

mac-address timer{aging age|**no-aging}**
undo mac-address timer aging

【视图】 系统视图

【参数】 aging age:动态 MAC 地址表项的老化时间,age 的取值范围为 10~1 000 000,单位为秒。

no-aging:不老化。

默认情况下,动态 MAC 地址表项的老化时间为 300 秒。

【例】 在系统视图下,设置动态表项的老化时间为 500 秒。

```
[H3C]mac-address timer aging 500
```

3. 设置/取消设置以太网端口最多可以学习到的 MAC 地址数

mac-address max-mac-count count
undo mac-address max-mac-count

【视图】 以太网端口视图

【参数】 *count*:端口可以学习的最大 MAC 地址数,范围为 0~8192,为 0 即表示不允许该端口学习 MAC 地址。

默认情况下,没有配置对端口学习 MAC 地址数量的限制。

【例】 在以太网端口视图下,将以太网端口 Ethernet1/0/1 最多学习到的地址的数目设为 500。

```
[H3C-ethernet1/0/1]mac-address max-mac-count 500
```

4. 禁止/恢复交换机在当前 VLAN 下学习 MAC 地址

mac-address max-mac-count 0

undo mac-address max-mac-count

【视图】　VLAN 视图

默认情况下,允许交换机的所有 VLAN 都可以学习 MAC 地址。

【例】　在 VLAN 视图下,禁止交换机在 VLAN 2 中学习 MAC 地址。

```
[H3C-vlan2]mac-address max-mac-count 0
```

5. 显示 MAC 地址转发表的信息

MAC 地址转发表的信息包括 MAC 地址所对应 VLAN 和以太网端口、地址状态(静态还是动态)、是否处在老化时间内等。

display mac-address[display-option]

【视图】　任意视图

【参数】　*display-option*:表示可以有选择地显示部分 MAC 地址表信息,取值如表 2.8 所示。

表 2.8　*display-option* 取值

取　　　值	含　　　义
mac-address[vlan *vlan-id*]	显示指定的 MAC 地址信息
{static|dynamic|blackhole}[interface *interface-type interface-number*][vlan *vlan-id*][count]	显示动态、静态或黑洞 MAC 地址信息
interface *interface-type interface-number*[vlan *vlan-id*][count]	显示指定端口中的所有 MAC 地址信息
vlan *vlan-id*[count]	显示指定 VLAN 中的所有 MAC 地址信息
count	显示交换机 MAC 地址表项的总数量
statistics	显示交换机 MAC 地址表项的统计数据

mac-address:MAC 地址,形式为 H-H-H。

static:显示静态 MAC 地址表项。

dynamic:显示动态 MAC 地址表项。

blackhole:显示黑洞 MAC 地址表项。

interface-type interface-number:显示指定端口上的 MAC 地址表信息,*interface-type* 和 *interface-number* 分别表示端口类型和端口编号。

vlan-id:显示指定 VLAN 内的 MAC 地址表信息,*vlan-id* 的取值范围为 1~4094。

count:在显示信息中仅显示 MAC 地址表的地址总数。

statistics:以统计数据的形式显示当前交换机中的 MAC 地址表项信息。

【例】　查看本交换机所有 MAC 地址表的信息。

```
[H3C]display mac-address

MAC ADDR            VLAN ID     STATE       PORT INDEX        AGING TIME(s)

000f-e207-f2e0      1           Learned     Ethernet1/0/17    AGING
```

000f-e282-fc5a	1	Learned	Ethernet1/0/15	AGING
000f-e2d6-c031	1	Learned	Ethernet1/0/17	AGING
000f-e2d6-c049	1	Learned	Ethernet1/0/17	AGING

---4 mac address(es)found---

本例显示交换机 MAC 地址表中自动学习到的 4 个 MAC 地址,它们均处在老化时间内。如果配置了静态的 MAC 地址表项,将会显示 NOAGED,即不对该地址进行老化。

【解决方案】

假设案例中学校的网络环境如下:由一台交换机连接网关服务器、网管服务器以及非法接入的计算机。主机 IP 地址、MAC 地址和连接的交换机端口如表 2.9 所示。以太网端口 Ethernet1/0/1、Ethernet1/0/2 和 Ethernet1/0/3 同属于 VLAN 2。

表 2.9　服务器和非法接入 PC 地址

主　　机	MAC 地址	IP 地址	连接端口
网关服务器	0050-8d5b-402f	10.10.1.254/24	Ethernet1/0/1
网管服务器	0024-2305-6a62	10.10.1.1/24	Ethernet1/0/2
非法接入的计算机	0014-222c-aa69	10.10.1.2/24	Ethernet1/0/3

根据需求做以下设置:

(1) 交换机不再转发源地址或目的地址是非法接入计算机 MAC 地址的数据报文,即将该计算机的 MAC 地址设为黑洞 MAC 地址。

(2) 在交换机 MAC 地址表中把网关服务器 MAC 地址添加为静态 MAC 地址表项,实现交换机通过 Ethernet1/0/1 端口单播发送去往网关服务器的报文。

(3) 在交换机 MAC 地址表中把网管服务器 MAC 地址添加为静态 MAC 地址表项,并禁止交换机以太网端口 Ethernet1/0/2 学习新的 MAC 地址,实现端口 Ethernet1/0/2 只允许网管服务器接入。

(4) 为了优化网络传输性能,将交换机的 MAC 地址表项老化时间设为 500 秒。

实验拓扑如图 2.13 所示。

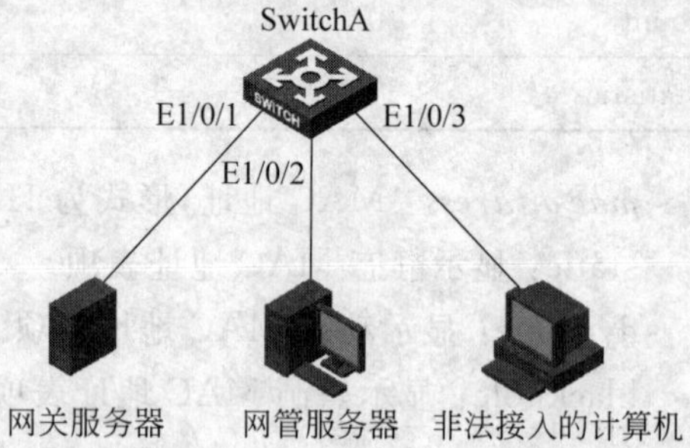

图 2.13　交换机 MAC 表管理实验拓扑

【实验设备】

二层交换机 1 台,PC 4 台,标准网线 3 根。

说明:本实验二层交换机选择 H3C LS-S3100-16C-EI-H3-A。

【实施步骤】

步骤 1:在交换机 SwitchA 上创建 VLAN 2,并将 Ethernet1/0/1、Ethernet1/0/2 和 Ethernet1/0/3 端口加入 VLAN 2。

(1) 进入系统视图。

```
<H3C>system-view
```

```
[H3C]sysname SwitchA
```

（2）创建 VLAN 2。

```
[SwitchA]vlan 2
```

（3）进入 VLAN 2 视图，把交换机端口 Ethernet1/0/1、Ethernet1/0/2 和 Ethernet1/0/3 加入 VLAN 2。

```
[SwitchA-vlan2]port ethernet1/0/1 ethernet1/0/2 ethernet1/0/3
[SwitchA-vlan2]quit
```

步骤 2：将非法接入的计算机 MAC 地址在交换机 MAC 地址表中添加为黑洞 MAC 地址表项，交换机将不再转发源地址或目的地址为该 MAC 地址的数据报文。

```
[SwitchA]mac-address blackhole 0014-222c-aa69 interface ethernet1/0/3 vlan 2
```

步骤 3：在交换机 MAC 地址表中添加网关服务器和网管服务器静态 MAC 地址表项。

```
[SwitchA]mac-address static 0050-8d5b-402f interface ethernet1/0/1 vlan 2
[SwitchA]mac-address static 0024-2305-6a62 interface ethernet1/0/2 vlan 2
```

步骤 4：禁止交换机以太网端口 Ethernet1/0/2 学习 MAC 地址，该端口只允许网管服务器接入。

```
[SwitchA]interface ethernet1/0/2
[SwitchA-ethernet1/0/2]mac-address max-mac-count 0
```

步骤 5：设置交换机上动态 MAC 地址表项的老化时间为 500 秒。

```
[SwitchA]mac-address timer aging 500
```

步骤 6：测试。

（1）在非法接入的计算机上使用 ping 命令测试其与网关服务器的连通性（见表 2.10）。

表 2.10　连通性测试（一）

源　主　机	测试命令	目的主机	结　果
计算机（非法接入）	ping	网关服务器	□连通 ☑不通

实验结果表明，非法接入的计算机的 MAC 地址被列为黑洞 MAC 地址，无法与网络中其他终端互通。

（2）在网管服务器上使用 ping 命令测试其与网关服务器的连通性；换另一台计算机代替网管服务器接入交换机端口 Ethernet1/0/2，再次测试该计算机与网关服务器的连通性（见表 2.11）。

表 2.11　连通性测试（二）

源　主　机	测试命令	目的主机	结　果
网管服务器	ping	网关服务器	☑连通 □不通
另一台计算机	ping	网关服务器	□连通 ☑不通

实验结果表明,网管服务器所连接的交换机端口只允许网管服务器接入,保证了网管服务器的安全。

【实验项目】

某单位有一台网管服务器和一台文件服务器连接到同一部交换机,网管人员为这两台服务器独立设置了一个 VLAN,为了保证 VLAN 内的服务器的稳定性和安全性,不允许其他任何设备占用这两台服务器连接的交换机以太网端口。

2.5　交换机链路聚合配置

【引入案例】

某学校采用两台交换机组成一个局域网,由于数据流量较大,而且绝大部分数据是跨交换机转发的,导致网络带宽超负荷,文件传输速度变慢。现急需提高交换机之间的传输带宽,并实现链路冗余备份。

【案例分析】

对于跨交换机的数据流量过大导致的带宽不足问题,可以通过配置交换机的链路聚合功能来拓展带宽。在两台交换机之间采用两根网线互连,并将相应的两个端口聚合为一个逻辑端口,使交换机间带宽加倍,由聚合的端口共同分担出入交换机的负荷。此外,链路聚合的各端口之间彼此动态备份,能有效提高网络的可靠性。

【基本原理】

1. 链路聚合和 LACP 协议

链路聚合也称端口汇聚,是指将两条或多条物理链路聚合在一起形成一个更高带宽的逻辑链路,实现链路聚合的端口形成一个逻辑上的聚合组。链路聚合使得设备在不需要进行硬件升级的情况下,就可以提升设备间的连接带宽。N 条物理链路进行聚合,聚合后的逻辑链路的带宽约为聚合前一条物理链路的 N 倍。此外,端口聚合组的成员彼此之间可以动态备份,当聚合组中某端口出现故障,导致该链路不能正常通信时,聚合组中的其余成员会自动地承担起该端口的转发任务,保证连接的可靠性。因此,链路聚合经常用于连接一个或多个带宽需求较大的设备。

LACP(Link Aggregation Control Protocol,链路聚合控制协议)是一种实现链路动态聚合的协议,该协议在端口启动后,通过发送 LACPDU(链路聚合控制协议数据单元)与对端交互信息,包括系统优先级、系统 MAC 地址、端口优先级、端口号和操作 Key(操作 Key 是在端口聚合时,系统根据端口的速率、双工和基本配置生成的一个配置组合)。双方端口通过这些信息的比较,协商出哪个端口可以加入或者退出某个聚合组,也就是决定了聚合组的成员端口。

2. 链路聚合的方式

(1) 手工聚合:完全由用户手工配置聚合端口,以手工聚合方式创建的聚合组端口,LACP 必须处于关闭状态,不允许用户手工启用。在手工聚合组中,端口可能处于两种状态:Selected 或 Unselected。只有处于 Selected 状态的端口可以转发用户报文。如果聚合组中端口都处于开启状态,系统按照端口全双工/高速率、全双工/低速率、半双工/高速率、半双工/低速率的优先次序,选择优先次序最高的端口作为该组的主端口。与主端口的操作Key 一致的端口将处于 Selected 状态,其他端口均处于 Unselected 状态。

(2) 静态 LACP 聚合:也是由用户手工配置聚合的端口,但静态聚合的端口的 LACP处于开启状态,并收发处理 LACP 报文,如果静态聚合组被删除,开启 LACP 的这些聚合端口还可以通过 LACP 动态加入其他聚合组。因此,静态聚合组端口的 LACP 是禁止用户关闭的。在静态聚合组中,开启端口可能处于两种状态:Selected 或 Unselected。只有处于Selected 状态的端口可以转发用户报文,Selected 端口和 Unselected 端口都能收发 LACP报文。如果聚合组中端口都处于开启状态,系统按照端口全双工/高速率、全双工/低速率、半双工/高速率、半双工/低速率的优先次序,选择优先次序最高的端口作为该组的主端口。与主端口的操作 Key 一致的端口将处于 Selected 状态,其他端口均处于 Unselected 状态。

(3) 动态 LACP 聚合:完全由系统自动创建或删除的聚合组,LACP 处于开启状态。它依靠 LACP 判断端口是否满足聚合的条件。只有操作 Key 相同,连接到同一个设备,并且对端端口也满足以上条件时才能被动态聚合在一起。在动态聚合组中,开启端口可能处于两种状态:Selected 或 Unselected。只有处于 Selected 状态的端口可以转发用户报文,Selected 端口和 Unselected 端口都能收发 LACP 报文。处于 Selected 状态且端口号最小的端口为聚合组的主端口,其他端口均为聚合组的成员端口。如果当前的成员端口数量超过了聚合组最大端口数的限制,则根据设备和端口优先级别来决定端口的状态。

对于手工聚合和静态聚合方式,用户可以创建相应的聚合组,并把需要聚合的端口加入到所创建的聚合组中,符合聚合条件的端口即可共同分担聚合链路的负荷。而对于动态汇聚方式,只需在端口开启 LACP,使双方可以对端口加入或退出某个动态聚合组达成一致,系统就会自动创建或删除动态聚合组。当然,用户也可以通过配置系统和端口的优先级别来干预动态汇聚组成员的 Selected 或 Unselected 状态。在端口聚合组中,成员端口会自动地继承主端口的配置。

【命令介绍】

1. 创建/删除手工或静态汇聚组

link-aggregation group *agg-id* **mode{manual|static}**
undo link-aggregation group *agg-id*

【视图】　系统视图
【参数】　*agg-id*:汇聚组 ID,取值范围为 1~28。
manual:创建手工汇聚组。
static:创建静态汇聚组。
【例】　在系统视图下,创建汇聚组号为 1 的手工汇聚组。

```
[H3C]link-aggregation group 1 mode manual
```

2. 将以太网端口加入/退出手工或静态汇聚组

port link-aggregation group *agg-id*
undo port link-aggregation group

【视图】　系统视图

【参数】 *agg-id*：汇聚组 ID，取值范围为 1～28。

【例】 在系统视图下，将以太网端口 Ethernet1/0/1 加入汇聚组 1。

```
[H3C-ethernet1/0/1]port link-aggregation group 1
```

3. 开启/关闭当前端口的 LACP

lacp enable
undo lacp enable

【视图】 以太网端口视图

默认情况下，端口的 LACP 处于关闭状态。

【例】 在以太网端口视图下，开启以太网端口 Ethernet1/0/1 的 LACP。

```
[H3C-ethernet1/0/1]lacp enable
```

4. 配置/取消配置端口优先级

lacp port-priority port-priority
undo lacp port-priority

【视图】 以太网端口视图

【参数】 *port-priority*：端口优先级，取值范围为 0～65 535。默认情况下，端口优先级为 32 768。

【例】 在以太网端口视图下，设置端口 Ethernet1/0/1 优先级为 32。

```
[H3C-ethernet1/0/1]lacp port-priority 32
```

5. 配置/取消配置系统优先级

lacp system-priority system-priority
undo lacp system-priority

【视图】 系统视图

【参数】 *system-priority*：系统优先级，取值范围为 0～65 535。默认情况下，系统优先级为 32 768。

【例】 在系统视图下，设置系统优先级为 64。

```
[H3C]lacp system-priority 64
```

6. 显示指定端口的端口汇聚的详细信息

display link-aggregation interface interface- type interface-number[**to** interface
-type interface-number]

【视图】 任意视图

【参数】 *interface-type*：端口类型。

interface-number：端口编号。

to：用来连接两个端口，表示在两个端口之间的所有端口（包含这两个端口），并且终止端口号必须大于起始端口号。

7. 显示指定汇聚组的详细信息

display link-aggregation verbose[agg-id]

【视图】　任意视图

【参数】　*agg-id*：要显示的汇聚组 ID,必须是当前已经存在的汇聚组 ID,取值范围为 1～28。

【**解决方案**】

将案例中的两台交换机用两根网线相连,配置交换机的链路聚合功能,将相应的两个端口聚合为一个逻辑端口,聚合后的交换机间带宽比聚合前增加了一倍,并能实现链路冗余备份。

实验拓扑如图 2.14 所示。

【**实验设备**】

二层交换机 2 台,标准网线 2 根。

SwitchA　　　　　　SwitchB
E1/0/1　　　　　　　E1/0/1

E1/0/2　　　　　　　E1/0/2

图 2.14　交换机链路汇聚实验拓扑

说明:本实验二层交换机选择 H3C LS-S3100-16C-SI-AC 和 S3100-16TP-EI-H3-A。

【**实施步骤**】

分别用手工聚合和静态聚合的方式来实现,并比较两者之间的特点。

步骤 1: 手工聚合。

1) 在 SwitchA 上进行手工聚合

(1) 进入系统视图。

```
<H3C>system-view
[H3C]sysname SwitchA
```

(2) 创建手工聚合组 1。

```
[SwitchA]link-aggregation group 1 mode manual
```

(3) 将以太网端口 Ethernet1/0/1 和 Ethernet1/0/2 加入汇聚组 1。

```
[SwitchA]interface ethernet1/0/1
[SwitchA-ethernet1/0/1]port link-aggregation group 1
[SwitchA-ethernet1/0/1]quit
[SwitchA]interface Ethernet1/0/2
[SwitchA-ethernet1/0/2]port link-aggregation group 1
[SwitchA-ethernet 1/0/2]quit
```

2) 在 SwitchB 上进行手工聚合

(1) 进入系统视图。

```
<H3C>system-view
[H3C]sysname SwitchB
```

(2) 创建手工聚合组 1。

```
[SwitchB]link-aggregation group 1 mode manual
```

（3）将以太网端口 Ethernet1/0/1 和 Ethernet1/0/2 加入聚合组 1。

```
[SwitchB]interface ethernet1/0/1
[SwitchB-ethernet1/0/1]port link-aggregation group 1
[SwitchB-ethernet1/0/1]quit
[SwitchB]interface ethernet1/0/2
[SwitchB-ethernet1/0/2]port link-aggregation group 1
[SwitchB-ethernet1/0/2]quit
```

3）连接及验证

按拓扑图用两条网线分别将 SwitchA 的 Ethernet1/0/1 和 SwitchB 的 Ethernet1/0/1、SwitchA 的 Ethernet1/0/2 和 SwitchB 的 Ethernet1/0/2 连接起来，验证链路的聚合特性。

（1）在 SwitchA 上查看端口 Ethernet1/0/1 的汇聚情况。

```
[SwitchA]display link-aggregation interface ethernet 1/0/1
Ethernet1/0/1:
Selected AggID: 1
Local:
Port-Priority: 32768,Oper-key: 2,Flag: 0x00
Remote:
System ID: 0x0,0000-0000-0000
Port Number: 0,Port-Priority: 0,Oper-key: 0,Flag: 0x00
```

可以看到对端交换机 SwitchB 状态值的 Remote 各项值均为 0，手工聚合方式规定 LACP 是关闭的，不能通过 LACP 来获取对端交换机的状态值，因此这里看到的 Remote 各项值并不代表对端交换机 SwitchB 此时的真实状态。

（2）验证端口聚合组中的成员端口是否能继承主端口的配置。

将主端口 SwitchA 以太网端口 Ethernet1/0/1 的链路状态配置成 Trunk 类型，并允许所有 VLAN 通过。完成后用 display current-configuration interface 命令查看端口。

```
[SwitchA]interface ethernet1/0/1
[SwitchA -ethernet1/0/1]port link-type trunk
[SwitchA -ethernet1/0/1]port trunk permit vlan all
[SwitchA -ethernet1/0/1]display current-configuration interface
[SwitchA -ethernet1/0/1]quit
[SwitchA]display current-configuration interface
...
#
interface Ethernet1/0/1
  port link-type trunk
  port trunk permit vlan all
  port link-aggregation group 1
#
interface Ethernet1/0/2
  port link-type trunk
  port trunk permit vlan all
```

```
    port link-aggregation group 1
 #
 ...
```

可以看到,成员组端口 Ethernet1/0/2 已自动继承了主端口 Ethernet1/0/1 的配置。

(3) 验证链路聚合的备份特性。

交换机 SwitchA 配置管理 IP 地址为 10.1.1.1,掩码为 255.255.255.0;交换机 SwitchB 配置管理 IP 地址为 10.1.1.2,掩码为 255.255.255.0。完成后用 display mac-address 命令查看 MAC 地址表。

① 在 SwitchA 上配置 IP 地址。

```
[SwitchA]interface vlan-interface 1
[SwitchA-vlan-interface1]ip address 10.1.1.1 255.255.255.0
[SwitchA-vlan-interface1]quit
```

② 在 SwitchB 上配置 IP 地址。

```
[SwitchB]interface vlan-interface 1
[SwitchB-vlan-interface1]ip address 10.1.1.2 255.255.255.0
[SwitchB-vlan-interface1]display mac-address
[SwitchB-vlan-interface1]quit
```

③ 在 SwitchB 查看 MAC 地址表。

```
[SwitchB]display mac-address

MAC ADDR            VLAN ID     STATE       PORT INDEX          AGING TIME(s)

000f-e2b8-88ea      1           Learned     Ethernet1/0/1       AGING

---1 mac address(es) found---
```

该信息表明,MAC 地址 000f-e2b8-88ea 是交换机 SwitchB 从本机端口 Ethernet1/0/1 学习到的。

④ 关闭 Ethernet1/0/1 端口,用 ping 命令测试两台交换机之间的连通性,最后再次查看交换机 SwitchB 的 MAC 地址表。

```
[SwitchB]interface ethernet1/0/1
[SwitchB-ethernet1/0/1]shutdown
[SwitchB-ethernet1/0/1]quit
[SwitchB]ping 10.1.1.1
PING 10.1.1.1: 56   data bytes, press CTRL_C to break
Reply from 10.1.1.1: bytes=56 Sequence=1 ttl=255 time=187 ms
Reply from 10.1.1.1: bytes=56 Sequence=2 ttl=255 time=4 ms
Reply from 10.1.1.1: bytes=56 Sequence=3 ttl=255 time=6 ms
Reply from 10.1.1.1: bytes=56 Sequence=4 ttl=255 time=4 ms
Reply from 10.1.1.1: bytes=56 Sequence=5 ttl=255 time=4 ms

---10.1.1.1 ping statistics ---
```

```
5 packet(s) transmitted
5 packet(s) received
0.00% packet loss
round-trip min/avg/max=4/41/187 ms
[SwitchB]display mac-address

MAC ADDR            VLAN ID     STATE        PORT INDEX        AGING TIME(s)

000f-e2b8-88ea      1           Learned      Ethernet1/0/2     AGING

---1 mac address(es) found---
```

由于端口 Ethernet1/0/1 已经被关闭,无法再学习 MAC 地址。此时,MAC 地址 000f-e2b8-88ea 是从端口 Ethernet1/0/2 学习到的,说明 Ethernet1/0/2 代替 Ethernet1/0/1 学习 MAC 地址,实现了链路冗余备份,保证了正常通信。

步骤 2:静态 LACP 聚合。

1) 拆除连接两台交换机的网线,在 SwitchA 配置静态 LACP 聚合组

(1) 关闭手工聚合组。

```
[SwitchA]undo link-aggregation group 1
```

(2) 创建静态聚合组 1。

```
[SwitchA]link-aggregation group 1 mode static
```

(3) 将以太网端口 Ethernet1/0/1 和 Ethernet1/0/2 加入静态聚合组 1。

```
[SwitchA]interface ethernet1/0/1
[SwitchA-ethernet1/0/1]port link-aggregation group 1
[SwitchA-ethernet1/0/1]quit
[SwitchA]interface ethernet1/0/2
[SwitchA-ethernet1/0/2]port link-aggregation group 1
[SwitchA-ethernet1/0/2]quit
```

2) 在 SwitchB 上重新开启以太网端口 Ethernet1/0/1,并配置静态 LACP 聚合组

(1) 关闭手工聚合组。

```
[SwitchB]undo link-aggregation group 1
```

(2) 创建静态聚合组 1。

```
[SwitchB]link-aggregation group 1 mode static
```

(3) 将以太网端口 Ethernet1/0/1 和 Ethernet1/0/2 加入静态聚合组 1。

```
[SwitchB]interface ethernet1/0/1
[SwitchB-ethernet1/0/1]undo shutdown
[SwitchB-ethernet1/0/1]port link-aggregation group 1
[SwitchB-ethernet1/0/1]quit
[SwitchB]interface ethernet1/0/2
[SwitchB-ethernet1/0/2]port link-aggregation group 1
[SwitchB-ethernet1/0/2]quit
```

3）按拓扑图重新连接两根网线，在 SwitchB 上查看端口状态

```
[SwitchB]display current-configuration interface
...
#
interface Ethernet1/0/1
  lacp enable
  port link-aggregation group 1
#
interface Ethernet1/0/2
  lacp enable
  port link-aggregation group 1
...
```

可以看到，静态聚合组创建完成后，聚合组中各端口自动开启了 LACP，并向对端端口发送自己的状态值。

4）在 SwitchA 查看以太网端口 Ethernet1/0/1 的状态值

```
[SwitchB]display link-aggregation interface ethernet1/0/1
Ethernet1/0/1:
Selected AggID: 1
Local:
  Port-Priority: 32768, Oper-key: 1, Flag: 0x3d
Remote:
  System ID: 0x8000, 000f-e2b8-88ea
  Port Number: 1, Port-Priority: 32768, Oper-key: 1, Flag: 0x3d
Received LACP Packets: 12 packet(s), Illegal: 0 packet(s)
Sent LACP Packets: 17 packet(s)
```

此时看到的 Remote 状态值正是通过 LACP 接收到的对端交换机的现状。

5）端口选择方式考察

把两台交换机的端口 Ethernet1/0/3 和 Ethernet1/0/4 也加入到聚合组，确认交换机端口状态。

（1）在 SwitchA 上，将以太网端口 Ethernet1/0/3 和 Ethernet1/0/4 加入聚合组 1。

```
[SwitchA]interface ethernet1/0/3
[SwitchA]-ethernet1/0/3]port link-aggregation group 1
[SwitchA]-ethernet1/0/3]quit
[SwitchA]interface ethernet1/0/4
[SwitchA]-ethernet1/0/4]port link-aggregation group 1
[SwitchA]-ethernet1/0/4]quit
```

（2）在 SwitchB 上，将以太网端口 Ethernet1/0/3 和 Ethernet1/0/4 加入聚合组 1。

```
[SwitchB]-interface ethernet1/0/3
[SwitchB]-ethernet1/0/3]port link-aggregation group 1
```

```
[SwitchB]-ethernet1/0/3]quit
[SwitchB]interface ethernet1/0/4
[SwitchB]-ethernet1/0/4]port link-aggregation group 1
#查看聚合端口状态
[SwitchB]display link-aggregation verbose
Loadsharing Type: Shar--Loadsharing, NonS--Non-Loadsharing
Flags: A--LACP_Activity, B--LACP_timeout, C--Aggregation,
       D--Synchronization, E--Collecting, F--Distributing,
       G--Defaulted, H--Expired
Aggregation ID: 1,AggregationType: Static, Loadsharing Type: Shar
Aggregation Description:
System ID: 0x8000, 000f-e2b8-1f81
Port Status: S--Selected,  U--Unselected
Local:
Port            Status      Priority      Key       Flag
--------------------------------------------------------------
Ethernet1/0/1    S          32768          1        {ACDEF}
Ethernet1/0/2    S          32768          1        {ACDEF}
Ethernet1/0/3    S          32768          1        {ACDEF}
Ethernet1/0/4    S          32768          1        {ACDEF}


Remote:
Actor           Partner     Priority    Key      SystemID             Flag
--------------------------------------------------------------------------------
Ethernet1/0/1    1          32768        1       0x8000,000f-e2b8-88ea   {ACDEF}
Ethernet1/0/2    2          32768        1       0x8000,000f-e2b8-88ea   {ACDEF}
Ethernet1/0/3    3          32768        1       0x8000,000f-e2b8-88ea   {ACDEF}
Ethernet1/0/4    4          32768        1       0x8000,000f-e2b8-88ea   {ACDEF}
```

上面显示 SwitchB 的 4 个端口都处于 S 状态(Selected)。SwitchA 的 4 个端口亦然。

(3) 改变 Ethernet1/0/3 和 Ethernet1/0/4 的速率为 10Mb/s,再次查看聚合端口的状态。

```
[SwitchB-ethernet1/0/4]speed 10
[SwitchB-ethernet1/0/4]quit
[SwitchB]interface ethernet 1/0/3
[SwitchB-ethernet1/0/3]speed 10
[SwitchB-ethernet1/0/3]quit
[SwitchB]display link-aggregation verbose
Loadsharing Type: Shar--Loadsharing, NonS--Non-Loadsharing
Flags: A--LACP_Activity, B--LACP_timeout, C--Aggregation,
       D--Synchronization, E--Collecting, F--Distributing,
       G--Defaulted, H--Expired

Aggregation ID: 1,AggregationType: Static, Loadsharing Type: Shar
```

```
Aggregation Description:
System ID: 0x8000, 000f-e2b8-1f81
Port Status: S--Selected,U--Unselected
Local:
Port            Status      Priority      Key      Flag
-------------------------------------------------------------
Ethernet1/0/1   S           32768         1        {ACDEF}
Ethernet1/0/2   S           32768         1        {ACDEF}
Ethernet1/0/3   U           32768         2        {AC}
Ethernet1/0/4   U           32768         2        {AC}

Remote:
Actor           Partner    Priority    Key     SystemID              Flag
-------------------------------------------------------------------------
Ethernet1/0/1   1          32768       1       0x8000,000f-e2b8-88ea  {ACDEF}
Ethernet1/0/2   2          32768       1       0x8000,000f-e2b8-88ea  {ACDEF}
Ethernet1/0/3   3          32768       2       0x8000,000f-e2b8-88ea  {AC}
Ethernet1/0/4   4          32768       2       0x8000,000f-e2b8-88ea  {AC}
```

可以看到,改变端口的速率后,端口 Ethernet1/0/3 和 Ethernet1/0/4 的状态由原来的 Selected 变成了 Unselected,这是由于这两个端口的速率与聚合组的主端口速率不一致所致。

【实验项目】

在本节实验基础上,使用动态聚合方式实现两台交换机的链路聚合。

【拓展思考】

考虑图 2.14 中的网络环境,如果不配置链路聚合,直接在两台交换机之间连接两根网线,交换机能正常工作吗?会出现什么现象?

2.6　交换机 STP 配置

2.6.1　冗余链路和 STP

【引入案例】

小王为公司办公楼设计网络,楼层之间使用三层交换机连接,初步设计方案如图 2.15 所示。

考虑到一旦中间的网线断了,两层之间就完全不能通信了,因此为保证楼层间通信,增加冗余链路,网络管理员将交换机两两互连,如图 2.16 所示。这样做后却出现了严重的网络故障,网络根本无法正常运行。

【案例分析】

增加冗余链路为网络提供了设备间的连接备份,但是不可避免地使网络产生环路。当网络产生环路时,任何一个物理地址都可以被看成是连接在交换机的两个不同端口上,这会

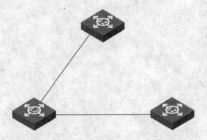

图 2.15　办公楼网络互连初步设计图

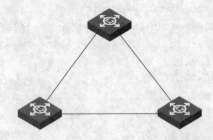

图 2.16　办公楼网络互连冗余链路设计图

引起交换机地址系统失效,也会产生广播风暴。

组建企业网络时,通常会在交换机中实施生成树协议(Spanning Tree Protocol,STP),确保网络不会产生环路而出现广播风暴等传输问题,同时也可以利用生成树协议进行网络链路的冗余备份。另外,实施高级生成树协议时还会进一步提供链路的负载均衡能力。

【基本原理】

1. 冗余拓扑与环路

在信息时代,访问文件服务器、数据库、企业网和 Internet,这些对于商业成功有着关键作用。如果网络瘫痪了,生产就很可能蒙受巨大的损失,因此追求网络的高可用性是所有网络设计者和管理者的一个目标。可靠的设备和可以容忍故障和错误的网络设计可以提高网络的可靠性,为了屏蔽故障,网络应当设计成能够快速收敛。在如今的网络工程设计中,冗余设计是考验一个网络稳定的关键环节,链路冗余使网络具有了容错功能。

很多局域网在早期的建设中,由于成本的原因并未在设计中考虑冗余问题,所以在后期的优化工作中就需要从网络链路和网络设备两方面着手。条件允许的话,最好能够提供不同物理方向的双归属、双路由保护。设备的冗余是指采用冗余配置的单机或多台设备互为热备份,但是一般情况下多台设备互为热备份的方式比较昂贵,因此链路冗余就成为首选。

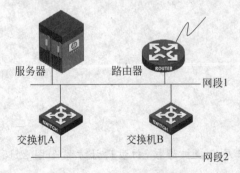

图 2.17　冗余拓扑网络

1) 冗余拓扑

冗余拓扑(redundant topologies)的目标是消除由于单点故障引起的网络中断。这就和人们每天上班途经的公路一样,如果正在进行道路维修的话,同样可以通过绕行来到达目的地。如图 2.17 所示,网段 2 中的所有客户端在交换机出现故障时,网络应用不会受到影响。交换机 A 如果出现故障,网络流量依然可以通过交换机 B 到达服务器和路由器。

容错性通过冗余来实现。冗余指的是多于和大于一般情况和正常情况下所应该有的。冗余设计可以贯穿整个三层结构(核心、汇聚、接入),每个冗余设计都有针对性,可以选择其中一部分或几部分应用到网络中以针对重要的应用系统。万一网络中某条路径失效时,冗余链路可以提供另一条物理路径。2.5 节中介绍的链路聚合(IEEE 802.3ad)技术就实现了"端口级"冗余,可以克服某个端口或线路引起的故障。而采用生成树协议(IEEE 802.1d)提供的是"设备级"的冗余连接。

2）冗余设计与环路冲突

以太网交换机通过"自学习"建立和维护的 MAC 表实际上就是交换机的路由表,在局域网中交换机自己决定路由选择。交换机的端口管理软件周期性地扫描 MAC 表中的条目,根据设置的老化时间删除过时的记录,这样就使得交换机中的 MAC 表能反映当前网络拓扑状态。随着网络规模的扩大与用户结点数的增加,以及交换机自身对 MAC 表的刷新,会不断出现 MAC 表中没有的结点地址信息。当带有这一类目的地址的数据帧出现时,交换机无从决定应该从哪个端口转发,则它唯一的办法就是把数据帧洪泛出去,只要这个结点在互联的局域网中,那么广播的数据帧总有可能到达目的结点。另外,广播帧和多播帧也会被洪泛出去。

交换机转发数据帧时,如果有环路,数据帧将会在环路中来回传递,大量增生数据帧,形成广播风暴。图 2.18 显示了一个核心的数据区域的多环形网络。多环形网络可以实现任何一条链路出现问题时都不影响应用服务,但在环形交换网络中很容易出现"广播风暴"。

出现"广播风暴"主要有两种原因:广播和电缆中断引发环路。

（1）广播环路

图 2.19 说明了广播环路的形成。网络中有两台交换机和两台主机,两台交换机之间环形连接。

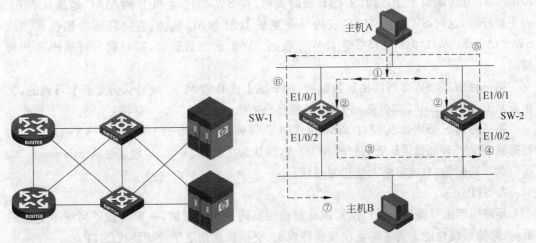

图 2.18　高可靠多冗余网络示意图　　　图 2.19　广播环路产生示意图

假设主机 A 发送 MAC 地址为 FF-FF-FF-FF-FF-FF 的广播帧①,由于以太网是星形或总线形,广播同时发送到 SW-1 和 SW-2②,当广播帧达到 SW-1 的 Ethernet1/0/1 端口时,SW-1 通过 Ethernet1/0/2 将该广播帧发送给 SW-2 的 Ethernet1/0/2③④,SW-2 收到后通过 Ethernet1/0/1 端口又将该广播帧发送给 SW-1 的 Ethernet1/0/1 端口⑤⑥,SW-1 将该数据帧继续通过 Ethernet1/0/2 发送给 SW-2 的 Ethernet1/0/2⑦,这样一个环路形成;另外,第一个广播帧也发送给了 SW-2 的 Ethernet1/0/1,SW-2 也一样将该广播帧发送给 SW-1,这样双向广播形成。

可以想象,一个简单的默认广播帧在环路中以 2 的 N 次方增长,眨眼间就足以将 100Mb/s 的以太网给堵死。

（2）网络链路中断引发环路

常见的环路主要是广播环路引起的，然而，单播也能引发环路。图 2.20 显示了单播的环路引发流程。

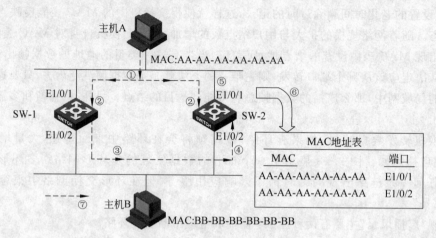

图 2.20　单播引发的环路

假设主机 A 发送一个 ping 单一包给主机 B①，数据包将同时发送到 SW-1 和 SW-2 的 Ethernet1/0/1 端口上②，这时主机 B 临时关机，在 SW-2 上，主机 B 的 MAC 地址从 MAC 表中被释放，这时 SW-1 的 MAC 表内没有主机 B 的 MAC 地址，直接将该数据包发送给 SW-2 的 Ethernet1/0/2 端口③④，SW-2 收到 SW-1 来的数据包，这时就有可能出现两种情况：

第一种情况，SW-2 将广播该数据帧，由于把主机 B 的 MAC 地址认为是新学习到的，又重新从 Ethernet1/0/1 口发送回去⑤，这样环路产生。

第二种情况，SW-2 从端口 Ethernet1/0/2 收到源地址为 AA-AA-AA-AA-AA-AA 的数据帧，这时 SW-2 错误地更新它的 MAC 表，误认为主机 A 的 MAC 地址是从 Ethernet1/0/2 端口学习到的⑥，造成网络无法正常通信。

2. STP

环路的产生可能使交换机反复地复制和转发同一个数据帧，从而增加了网络不必要的负荷，降低系统性能。为了防止出现这种现象，交换机采用了生成树协议（STP）。

生成树协议工作在数据链路层，是根据 IEEE 制定的 IEEE 802.1d 标准建立的，用于在局域网中消除数据链路层物理环路的协议，其应用能够使交换机或者网桥通过构成"生成树"，在网络拓扑中动态执行"环路遍历"，通过逻辑判断网络的链路，阻断网络中存在的冗余链路来消除物理网络中可能存在的环路，并且在当前活动路径发生故障时激活被阻断的冗余备份链路来恢复网络的连通性，保证业务的不间断服务。

也就是说，STP 通过一定算法，使任意两个结点间有且只有一条路径连接，而其他的冗余链路则被自动阻塞，作为备份链路。只有当活动链路失败时，备份链路才会被激活，从而恢复设备之间的连接，保证网络的畅通。

STP 通过对比环路网络中的设备属性的优先级、链路的开销和端口优先级等来判断环路中链路的优先级，从而逻辑上阻断优先级低的网络链路。STP 只能保证在两台设备间拥有一条活动链路,这就好比一棵真实的生长树,从树根开始长起,然后是树干、树枝,最后到树叶,从而保证任意两片树叶间只有一条路,因此,也就无法实现带宽加倍和负载均衡。

1) STP 协议重要的概念

(1) 桥接协议数据单元(BPDU):BPDU 是 STP 在网桥之间传递的一种特殊的协议报文,也叫做"配置消息",STP 通过在设备之间传递 BPDU 来确定网络的拓扑结构。BPDU 是以太网数据帧的格式进行传递的,它采用一个网络上所有网桥都知道的多播 MAC 地址 0x-01-80-c2-00-00-00 作为目的地址,所有网桥收到该地址后都能够判断出该数据报文是 STP 的协议报文。配置消息除了包含源 MAC 地址和目的 MAC 地址等基本信息外,其数据字段还携带了用于生成树计算的所有数据,其中最为密切相关的是根网桥 ID、根路径开销、发送桥 ID 和发送端口 ID。

(2) 根网桥(root bridge):网桥 ID 最小的网桥。网桥 ID(Bridge ID,BID)由网桥的优先级和网桥的 MAC 组成,总共 8B,如图 2.21 所示。低 6B MAC 地址由交换机分配好,高 2B BID 为网桥优先级,范围为 0~65 535,默认为 32 768,值越小优先级越高。

(3) 根路径成本(root path cost):从发送网桥到根网桥的最小路径成本,即最短路径上所有链路开销的和,如图 2.22 所示。

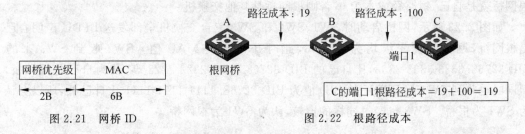

图 2.21　网桥 ID　　　　　　　　图 2.22　根路径成本

(4) 根端口(root port):到达根网桥的路径是该端口所在网桥到达根网桥的最佳路径。

(5) 指定端口(designated port):每一个网段选择到根网桥最近的网桥作为指定网桥,该网桥到这一网段的端口为指定端口。

(6) 阻塞端口(discarding port):STP 为每一个网段建立一个指定端口,一个网段只能有一个指定端口,其他端口都为非指定端口,处于阻塞状态。阻塞端口不转发用户数据帧,不发送 BPDU,但是仍能接收 BPDU。

2) STP 协议工作过程

STP 协议主要的工作包括:

(1) STP 在二层交换网络中选择一个根网桥作为全部二层交换网络的逻辑中心。

(2) STP 为全网中每一个参与 STP 运算的交换机计算到达根网桥的最短距离。

(3) 检测二层交换网络中存在的冗余链路,并把它们置于阻塞/备份状态。

(4) 检测拓扑结构的变化并根据情况计算新的生成树。

当交换机(网桥)全部加电时,所有的网桥向连接端口发送 BPDU 信息,然后立即进入 STP 无环路逻辑拓扑计算。生成树从拓扑初始化到收敛成一个无环路的拓扑结构,可以分成 3 个步骤:

(1) 选择根桥

STP 中,根网桥是具有最小 BID 的网桥。运行 STP 协议的网络中,每个网桥的桥 ID 都是唯一的。STP 计算过程中,每个网桥都定期与其他网桥交换 BPDU 配置消息,BPDU 数据中包含着根网桥 ID 和自身的发送桥 ID。最初,所有网桥都认为自己是根网桥,于是都向外发送配置信息,其中根网桥 ID 和发送网桥 ID 都是自己,根路径开销为 0,发送端口为本端口。所有网桥的各端口同时接收 BPDU,并与自身的 BPDU 进行 BID 的比较,选择最优配置消息。

网桥采取如下原则进行配置消息的比较,从而确定最优配置消息:

① 比较配置消息中的根 BID,根 BID 小的更优。

② 如果根 BID 相等,比较根路径开销,准确地说是根路径开销与接收端口的端口开销之和,小的更优。

③ 如果前两个参数相等,比较发送网桥 ID,发送网桥 ID 值小的更优。

④ 如果前 3 个参数相等,比较发送端口 ID,发送端口 ID 值小的更优。

当某个端口收到的配置消息的 BID 比自身的配置消息的 BID 大时,交换机会将接收到的配置消息丢弃;当端口收到的配置消息的 BID 比自身的配置消息的 BID 小时,交换机就会用接收到的配置消息中的内容替换该端口的配置消息的内容。最后交换机将该端口的配置消息和交换机上的其他端口的配置消息进行比较,选出最优的配置消息,也就是选出了本交换机所认为的根网桥。如果自身的最优配置消息中的根网桥 ID 与发送网桥 ID 相同,则根网桥就是自己,根路径成本为 0;否则根网桥是其他交换机。

如图 2.23 所示,网桥启动时 SW1、SW2 和 SW3 三台交换机全部发送 BPDU 声明自己是根网桥,网桥的优先级均为 32 768,此时开始比较 MAC 值。SW2 收到 SW3 来的 BID 32768.3333-3333-3333,比自己的 BID 32768.2222-2222-2222 高,认为自己是根网桥,但同时也收到 SW1 的 BPDU 的 BID 值为 BID 32768.1111-1111-1111 比自己低,所以会认为 SW1 为根桥。SW3 也经过同样的比较,认为 SW1 为根网桥。

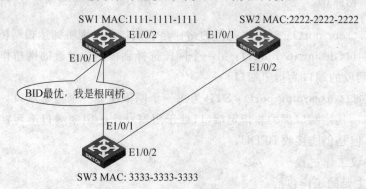

图 2.23　根网桥选举

SW2 的 BPDU 的 Root BID 值变化如下,Root BID 从 SW1 学来,写入到端口 Ethernet1/0/1 上,Sender BID 为自己的桥 BID(注意:Sender BID = Bridge ID)。表 2.12 为 SW2 选择前与选择后的比较。

表 2.12　SW2 如何选择根网桥

BID 项	原值(启动时)	选择根网桥后
Root BID	BID 32768.2222-2222-22-22	BID 32768.1111-1111-1111
Sender BID	BID 32768.2222-2222-2222	BID 32768.2222-2222-2222

（2）选择根端口。

选择根网桥完毕之后，非根网桥交换机必须选择一个根端口，以便确定通信路径。一个网桥的根端口是离根网桥最近的端口，也就是网桥中到达根网桥路径成本最小的端口。图 2.24 显示了根端口的选举过程。

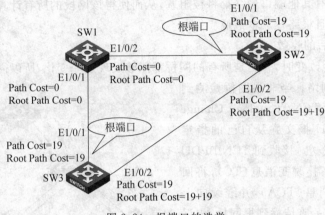

图 2.24　根端口的选举

根端口的所有端口的 Path Cost 值全部为 0，SW2 和 SW3 为非根网桥，它们必须选择一个根端口，SW2 收到从根网桥来的 Cost 值为 0，加上自己的 Cost 值为 19，获得 Ethernet1/0/1 端口的 Cost 值为 19，而 SW2 的 Ethernet1/0/2 端口从 SW3 收到的 Cost 值为 19，加上自己的 Cost 值 19，总共为 38，所以 SW2 的 Ethernet1/0/1 端口为根端口。同理，SW3 的 Ethernet1/0/1 端口为根端口。

（3）选择一个指定端口，用于网段连接。

每一个以太网网段连接的端口必须有一个指定端口，每个以太网网段中的端口比较根网桥路径成本、端口所在的网桥 BID 和端口 ID，最低值的为指定端口，非指定端口将被阻塞。根网桥上的端口全是指定端口。

在图 2.25 所示的网络环境中分为网段 1、网段 2 和网段 3。

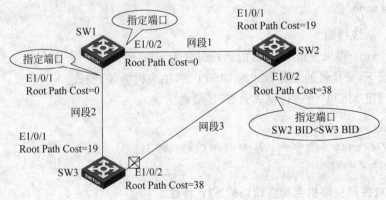

图 2.25　指定端口的选举

SW1 的端口的根网桥路径成本均为 0，所以网段 1 和网段 2 这两个网段的指定端口为 SW1 的 Ethernet1/0/1 和 Ethernet1/0/2；但是网段 3 中 SW2 和 SW3 之间相连的端口的根路径成本均为 38,最后根据 BID 的值来决定谁是指定端口,得到 SW2 的 Ethernet1/0/2 端口为指定端口,它离根网桥最近,该网段中所有其他端口被阻塞,即 SW3 的 Ethernet1/0/2 被阻塞。

实际上,一个网段中保存最优配置消息的端口由于离根网桥最近,因此被选为指定端口,该网段中的所有其他端口最终都将被阻塞,从而使得该网段的所有计算机通过指定端口转发帧到根网桥,且根路径成本最低。

3) 拓扑变化后的收敛

网络拓扑发生改变时,并不是所有的网桥都能够发现这一变化,所以需要把拓扑改变的信息通知到整个网络。当非根网桥检测到拓扑改变时,产生 TCN(Topology Change Notification)BPDU 报文并从自己的指定端口向上级网桥发送。接收到 TCN BPDU 报文的网桥收到拓扑改变消息(TC),将回复拓扑改变确认消息(TCA),并继续向上传播 TCN BPDU,一直传播到根网桥,告诉根网桥拓扑已经改变。根网桥收到 TCN BPDU 后向整个网络发送 TC BPDU,而收到 TC BPDU 的网桥则缩短其 MAC 地址表的老化时间(300 秒为交换机默认的 MAC 老化时间)到指定的转发延迟时间(默认为 15 秒)。拓扑改变消息传播过程如图 2.26 所示。

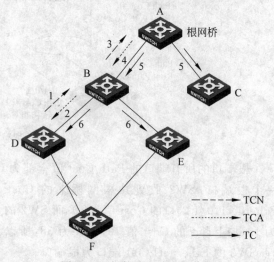

图 2.26　拓扑改变消息的传播

【命令介绍】

1. 设置交换机的 STP 工作模式

stp mode{stp|rstp|mstp}
undo stp mode

【视图】　系统视图

【参数】　stp:用来设定 MSTP 的运行模式为 STP 模式。

默认情况下,交换机的工作模式为 MSTP(多生成树协议)模式。

【例】　设定 MSTP 的运行模式为 STP 模式。

```
<H3C>system-view
System View: return to User View with Ctrl+ Z.
[H3C]stp mode stp
```

2. 启动或关闭交换机全局或端口的 STP 特性

stp{enable|disable}
undo stp

【视图】　系统视图/以太网端口视图

【参数】 enable：用来开启全局或端口的 STP 特性。

disable：用来关闭全局或端口的 STP 特性。

默认情况下，交换机上的 STP 特性处于关闭状态。

启动后，交换机会根据用户配置的协议模式来决定是在 STP 模式、RSTP 模式还是 MSTP 模式下运行。关闭 STP 协议后，交换机将成为透明桥。

【例】 关闭以太网端口 Ethernet1/0/1 上的 STP 特性。

```
#启动全局 STP 特性
<H3C>system-view
System View: return to User View with Ctrl+Z.
[H3C]stp enable
#关闭以太网端口 Ethernet1/0/1 上的 STP 特性
<H3C>system-view
System View: return to User View with Ctrl+Z.
[H3C]interface ethernet1/0/1
[H3C-ethernet1/0/1]stp disable
```

3. 启动或关闭交换机上端口的 STP 特性

stp interface interface-list**{enable|disable}**

【视图】 系统视图

【参数】 *interface-list*：以太网端口列表，表示多个以太网端口，表示方式为 *interface-list* = {*interface-type interface-number* [*to interface-type interface-number*]} & < 1-10 >。& < 1-10 > 表示前面的参数最多可以输入 10 次。

enable：用来开启端口的 STP 特性。

disable：用来关闭端口的 STP 特性。

当交换机上全局 STP 特性处于启动状态时，默认情况下端口上的 MSTP 特性处于启动状态；当交换机上全局 STP 特性处于关闭状态时，默认情况下端口上的 STP 特性处于关闭状态。

用户在端口上禁止 STP 协议时，该端口不参与所有生成树计算，端口状态始终为转发状态。

【例】 在系统视图下启动 Ethernet1/0/1 上的 STP 特性。

```
<H3C>system-view
System View: return to User View with Ctrl+Z.
[H3C]stp interface ethernet1/0/1 enable
```

4. 配置交换机在指定生成树的优先级

stp priority priority

undo stp priority

【视图】 系统视图

【参数】 *priority*：交换机的优先级，取值为 0～61 440，步长为 4096，交换机可以设置 16 个优先级取值，如 0、4096、8192 等。

【例】 在系统视图下,设定以太网交换机在生成树中的 bridge 优先级为 4096。

[H3C]stp priority 4096

5. 指定当前交换机作为生成树的根网桥

stp root primary[**bridge-diameter** bridgenum][**hello-time** centi-seconds]
undo stp root

【视图】 系统视图

【参数】 bridgenum:生成树的网络直径,取值范围为 2~7,默认值为 7。

centi-seconds:生成树的 Hello Time 时间参数,取值范围为 100~1000,单位为厘秒(1 厘秒=0.01 秒)。默认情况下,交换机的 Hello Time 时间参数取值为 200 厘秒。

【例】 在系统视图下,指定当前交换机为生成树的根网桥,同时指定交换网络的网络直径为 3,本交换机的 Hello Time 时间为 200 厘秒。

[H3C]stp root primary bridge-diameter 3 hello-time 200

6. 显示生成树的状态信息与统计信息

display stp[**interface** interface-list|**slot** slot-number][**brief**]

【视图】 任意视图

【参数】 interface-list:以太网端口列表,表示多个以太网端口,表示方式为 interface-list = { interface-type interface-number [**to** interface-type interface-number]} & < 1-10 >。&<1-10>表示前面的参数最多可以输入 10 次。

slot slot-number:表示显示指定槽位的 STP 信息。

brief:表示只显示端口状态及端口的保护类型,其他信息不显示。

7. 显示交换机所在域的根端口的相关信息

display stp root

【视图】 任意视图

【**解决方案**】

利用 STP 解决本案例的广播风暴问题,从逻辑上阻断网络中的环路,并达到链路冗余备份的效果。要达到此目的,在冗余链路上的所有交换机都要运行 STP。考虑设备具体的性能及实际的链路应用情况,网络管理员指定交换机 SwitchB 作为根网桥。实验拓扑图如图 2.27 所示。

【**实验设备**】

三层交换机 3 台,PC 3 台,标准网线 6 根。

说明:本实验三层交换机选择 H3C 系列交换机 S3600-28P-EI。

【**实施步骤**】

步骤 1:按照图 2.28 所示连接设备,并配置 PC 的 IP 地址。

步骤 2:体验广播风暴的产生。

(1)用 ping 命令测试 PC1 和 PC2、PC1 和 PC3 的连通性,发现都不能互通。此时观察

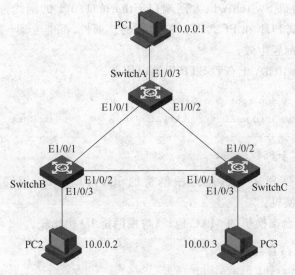

图 2.27　STP 实验拓扑图

3 个交换机的端口指示灯,可以看到所有指示灯均频繁闪烁。这正是由于网络环路引起了广播风暴,造成交换机通信瘫痪。

（2）拔掉交换机 SwitchA 以太网端口 Ethernet1/0/1 的网线,手动解除环路,交换机恢复正常通信。

步骤 3：在 3 台交换机上启动 STP,并配置 SwitchB 为根网桥。

（1）在 SwitchA 上配置 STP。

① 启动全局 STP。

```
<H3C>system-view
[H3C]sysname SwitchA
[SwitchA]stp enable
```

② 配置 STP 模式,S3600-28P-EI 交换机默认 STP 模式为 MSTP。

```
[SwitchA]stp mode stp
[SwitchA]quit
```

（2）分别在 SwitchB 和 SwitchC 上作同样配置。

（3）将 SwtichB 配置为根网桥。

这里有两种方法：一种是将 SwitchB 的根网桥优先级设置为 0;另一种方法是直接将 SwitchB 指定为树根,效果是一样的。

```
#将 SwitchB 的根网桥优先级设置为 0
[SwitchB]stp prioitity 0
#或者直接将 SwitchB 指定为根桥
[SwitchB]stp root primary
[SwitchB]quit
```

步骤 4：验证 STP 配置。

（1）重新把交换机 SwitchA 以太网端口 Ethernet1/0/1 的网线连上，恢复网络环路。再次用 ping 命令测试 PC1 和 PC2、PC1 和 PC3 的连通性，都能互通，交换机在冗余链路下也能正常通信，STP 配置生效。

（2）在交换机 SwitchA 上查看 STP 根端口信息。

```
<SwitchA>display stp root
MSTID        Root Bridge ID      ExtPathCost      IntPathCost      Root Port
----         --------------      -----------      -----------      -------
0            0.0023-8942-ab6d    200              0                Ethernet1/0/1
```

Root Bridge ID 字段表示的就是根网桥的 ID，可以看出，根网桥是 MAC 地址为 0023-8942-ab6d 的交换机。

（3）分别查看 3 台交换机的 MAC 地址，与根网桥 ID 相比较。

```
<SwitchB>display interface
Ethernet1/0/1 current state: UP
IP Sending Frames' Format is PKTFMT_ETHNT_2,Hardware address is 0023-8942-ab6d
...
```

以上信息表明，SwitchB 的 MAC 地址为 0023-8942-ab6d。

将查看到的交换机的 MAC 地址与根网桥 ID 相比较，发现根网桥 ID 正是 SwitchB 的 MAC 地址，即 SwitchB 就是根网桥。

（4）查看 3 台交换机参与 STP 计算的各端口的角色。

```
<SwitchA>display stp brief
MSTID        Port            Role      STP State      Protection
0            Ethernet1/0/1   ROOT      FORWARDING     NONE
0            Ethernet1/0/2   DESI      FORWARDING     NONE
<SwitchB>display stp brief
MSTID        Port            Role      STP State      Protection
0            Ethernet1/0/1   DESI      FORWARDING     NONE
0            Ethernet1/0/2   DESI      FORWARDING     NONE
<SwitchC>display stp brief
MSTID        Port            Role      STP State      Protection
0            Ethernet1/0/1   ALTE      DISCARDING     NONE
0            Ethernet1/0/2   ROOT      FORWARDING     NONE
```

端口角色字段描述为 Alternate（可选端口）、Root（根端口）和 Designated（指定端口），而可选端口 SwitchC 的 Ethernet1/0/1 被交换机逻辑阻塞，从而将网络修剪成一棵没有环路的生成树。

（5）根据以上信息，可以画出 STP 生成树，如图 2.28 所示。

【拓展思考】

以太网交换机 SwitchD 所处网络需备份冗余链路，网管人员在 SwitchD 上启动了全局生成树协议，这样，交换机 SwitchD 所有的端口都将参与生成树计算。实际上，SwitchD 只有 2 个端口需要参与生成树计算。其余端口均属于边缘端口（直接与终端连接），可以确定

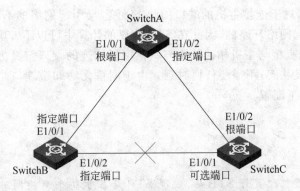

图 2.28　STP 生成树及各端口角色

不会产生环路。为了降低交换机的运算负荷,应如何启动生成树协议?

2.6.2　RSTP

当网络故障或拓扑结构发生变化时,生成树将重新计算,但新的配置消息要经过一定的时延才能传播到整个网络,在所有网桥收到这个拓扑变化消息之前,在旧的拓扑结构中某些处于转发的端口可能还没有发现自己在新的拓扑结构中应停止转发,因此仍继续转发消息,从而形成临时环路,并有可能会产生网络风暴。为了解决这个问题,STP 提供了定时器策略。STP 规定,端口由阻塞状态进入转发状态时,需要经过一定时延,时延时间一般是配置消息传播到整个网络所需时间的两倍。假设配置消息传播到整个网络的最大时延为 Forward Delay,当拓扑发生改变时,原处于阻塞状态的端口经过 Forward Delay 时延后要进入侦听状态(Listening),处于侦听状态的端口只能学习站点地址信息,不能转发数据。从侦听状态再经过 Forward Delay 时延后才能进入转发状态,所以 STP 规定端口共有以下 4 种状态:

(1) Blocking:接收 BPDU,不学习 MAC 地址,不转发数据帧。

(2) Listening:接收 BPDU,不学习 MAC 地址,不转发数据帧,但交换机向其他交换机通告该端口,参与选举根端口或指定端口。

(3) Learning:接收和发送 BPDU,学习 MAC 地址,不转发数据帧。

(4) Forwarding:正常转发数据帧。

定时策略虽然解决了临时环路问题,却也带来了至少两倍的 Forward Delay 的收敛时间,如果网络中的拓扑结构变化频繁,网络会频繁地失去连通性。

为了解决 STP 的这个缺陷,IEEE 推出了 IEEE 802.1W 标准,定义了快速生成树协议(Rapid Spanning Tree Protocal,RSTP)。RSTP 在 STP 的基础上做了 3 点重要改进,减少了收敛时间:

(1) 为根端口和指定端口设置了快速切换用的替换端口(alternate port)和备份端口(backup port)两种角色,当根端口/指定端口失效的情况下,替换端口/备份端口就会无时延地进入转发状态。替换端口定义了到根网桥的替换路径,用于替换当前的根端口。

(2) 在只连接了两个交换机的点到点链路中,指定端口向下游网桥发送一个握手请求报文,如果下游网桥发送了一个同意报文,则这个指定端口就可以无时延地进入转发状态。如果是连接 3 个以上网桥的共享链路,下游网桥是不会响应上游指定端口发出的握手请求的,只能等待两倍 Forward Delay 时间进入转发状态。

（3）在STP中，对于连接主机的端口的状态改变，会引起网络的不稳定，实际上连接主机的端口是不会引起网络环路的，因此在STP协议的计算中可以不考虑这种端口状态的变化。在RSTP中，把直接与主机相连而不与其他网桥相连的端口定义为边缘端口。边缘端口可以直接进入转发状态，不需要任何时延。由于网桥无法知道端口是否是直接与主机相连，因此一般需要人工配置。

2.6.3 MSTP

【引入案例】

网管小王为交换机配置好STP后，发现STP是基于整个交换网络产生一个树型拓扑结构，但是公司网络是划分了VLAN的，那么所有的VLAN只能共享一棵生成树。

如图2.29所示，交换机之间配置的Trunk链路上实际上担负着多个VLAN的数据传输，起着均衡负载的作用。但是经过STP计算后，所有VLAN共用一棵生成树，交换机SW1和SW3之间的链路就会被断开，这样就使得交换机SW2非常繁忙，也无法实现不同VLAN的流量在多条Trunk链路上的负载分担。那么，如何解决这个问题呢？

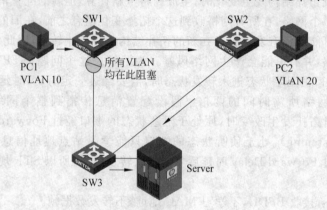

图 2.29 标准 STP 不考虑 VLAN

【案例分析】

构建企业内网通常需要根据部门职能划分VLAN，但是传统的STP是单生成树协议，并没有考虑到VLAN的情况，不能形成基于VLAN的多生成树，不能实现链路的分担。因此实际环境中要解决网络链路冗余和避免环路问题，需要更高级的生成树协议，如多生成树协议（MSTP）。

【基本原理】

RSTP与STP相比有了巨大的进步，解决了交换网络的快速收敛问题。但是RSTP和STP还存在一个共同的不足，就是这两种协议都是单生成树协议，没有考虑到VLAN的情况，不能形成基于VLAN的多生成树，不能实现链路的分担。

为弥补STP和RSTP的缺陷，IEEE制定了IEEE 802.1s标准——MSTP，它可以针对不同的VLAN群组生成互不相关的生成树，既可以快速收敛，也能使不同VLAN的流量沿各自的路径转发，从而为冗余链路提供了更好的负载分担机制。

1. MSTP的特点

MSTP的特点如下：

（1）MSTP 设置 VLAN 映射表（即 VLAN 和生成树的对应关系表），把 VLAN 和生成树联系起来。通过增加"实例"（将多个 VLAN 整合到一个集合中）这个概念，将多个 VLAN 捆绑到一个实例中，以节省通信开销和资源占用率。

（2）MSTP 把一个交换网络划分成多个域，每个域内形成多棵生成树，生成树之间彼此独立。

（3）MSTP 将环路网络修剪成为一个无环的树型网络，避免报文在环路网络中的增生和无限循环，同时还提供了数据转发的多个冗余路径，在数据转发过程中实现 VLAN 数据的负载分担。

（4）MSTP 兼容 STP 和 RSTP。

2. MSTP 的基本概念

1）MST 域

MST 域（Multiple Spanning Tree Regions，多生成树域）是由交换网络中的多台设备以及它们之间的网段所构成。这些设备具有下列特点：

（1）都启动了 MSTP。

（2）域名相同。

（3）VLAN 与 MSTI 间映射关系的配置相同。

（4）MSTP 修订级别的配置相同。

（5）这些设备之间有物理链路连通。

一个交换网络中可以存在多个 MST 域，用户可以通过配置将多台设备划分在一个 MST 域内。如在图 2.30 所示的网络中就有 MST 域 1～MST 域 4 这 4 个 MST 域，每个域内的所有设备都具有相同的 MST 域配置。

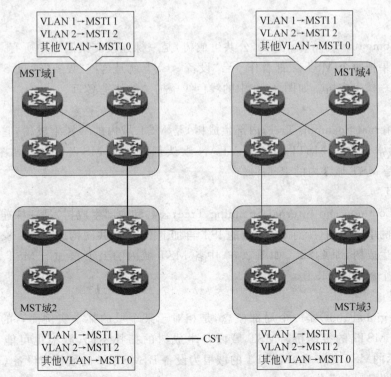

图 2.30　MSTP 的基本概念示意图

2) MSTI

一个 MST 域内可以通过 MSTP 生成多棵生成树,各生成树之间彼此独立并分别与相应的 VLAN 对应,每棵生成树都称为一个 MSTI(Multiple Spanning Tree Instance,多生成树实例)。如在图 2.31 所示的 MST 域 3 中包含有 3 个 MSTI:MSTI 1、MSTI 2 和 MSTI 0。

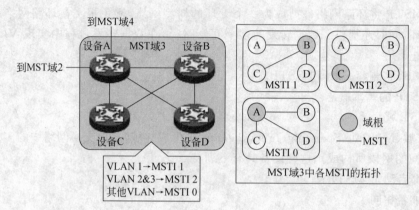

图 2.31 MST 域 3

3) VLAN 映射表

VLAN 映射表是 MST 域的一个属性,用来描述 VLAN 与 MSTI 间的映射关系。如图 2.31 中MST 域 3 的 VLAN 映射表就是:VLAN 1 映射到 MSTI 1,VLAN 2 和 VLAN 3 映射到 MSTI 2,其余 VLAN 映射到 MSTI 0。MSTP 就是根据 VLAN 映射表来实现负载分担的。

4) CST

CST(Common Spanning Tree,公共生成树)是一棵连接交换网络中所有 MST 域的单生成树。如果把每个 MST 域都看作一台"设备",CST 就是这些"设备"通过 STP 和 RSTP 计算生成的一棵生成树。如图 2.30 中的浅色线条描绘的就是 CST。

5) IST

IST(Internal Spanning Tree,内部生成树)是 MST 域内的一棵生成树,它是一个特殊的 MSTI,通常也称为 MSTI 0,所有 VLAN 默认都映射到 MSTI 0 上。如图 2.31 中的 MSTI 0 就是 MST 域 3 内的 IST。

6) CIST

CIST(Common and Internal Spanning Tree,公共和内部生成树)是一棵连接交换网络内所有设备的单生成树,所有 MST 域的 IST 再加上 CST 就共同构成了整个交换网络的一棵完整的单生成树,即 CIST。如图 2.30 中各 MST 域内的 IST 再加上 MST 域间的 CST 就构成了整个网络的 CIST。

7) 域根

域根(regional root)是一个局部概念,是相对于某个域的某个实例而言的,就是 MST 域内 IST 或 MSTI 的根网桥。MST 域内各生成树的拓扑不同,域根也可能不同。如在图 2.31 所示的MST 域 3 中,MSTI 1 的域根为设备 B,MSTI 2 的域根为设备 C,而 MSTI 0(即 IST)的域根则为设备 A。

8）总根

总根（common root bridge）是一个全局概念，对于所有互连的运行 STP/RSTP/MSTP 的交换机只能有一个总根，就是 CIST 的根网桥。如图 2.30 中 CIST 的总根就是 MST 域 1 中的某台设备。

9）端口角色

端口在不同的 MSTI 中可以担任不同的角色。如图 2.32 所示，在由设备 A、设备 B、设备 C 和设备 D 共同构成的 MST 域中，设备 A 的端口 A1 和 A2 连向总根方向，设备 B 的端口 B2 和 B3 相连而构成环路，设备 C 的端口 C3 和 C4 连向其他 MST 域，设备 D 的端口 D3 直接连接用户主机。

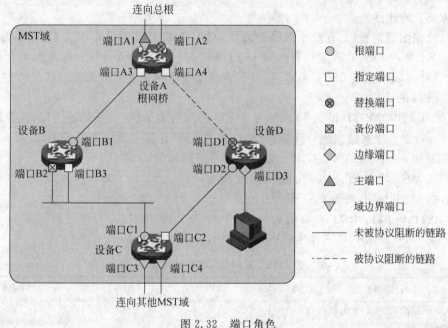

图 2.32　端口角色

如图 2.32 所示，MSTP 计算过程中涉及的主要端口角色有以下几种：

（1）根端口（root port）：在非根网桥上负责向根网桥方向转发数据的端口。根桥上没有根端口。

（2）指定端口（designated port）：负责向下游网段或设备转发数据的端口。

（3）替换端口（alternate port）：是根端口和主端口的备份端口。当根端口或主端口被阻塞后，替换端口将成为新的根端口或主端口。

（4）备份端口（backup port）：是指定端口的备份端口。当指定端口失效后，备份端口将转换为新的指定端口。当启动了 MSTP 的同一台设备上的两个端口互相连接而形成环路时，设备会将其中一个端口阻塞，该端口就是备份端口。

（5）边缘端口（edge port）：不与其他设备或网段连接的端口。边缘端口一般与用户终端设备直接相连。

（6）主端口（master port）：是将 MST 域连接到总根的端口，位于整个域到总根的最短路径上。主端口是 MST 域中的报文去往总根的必经之路。主端口在 IST/CIST 上的角色是根端口,而在其他 MSTI 上的角色则是主端口。

(7) 域边界端口(boundary port):是位于 MST 域的边缘、并连接其他 MST 域或 MST 域与运行 STP/RSTP 的区域的端口。主端口同时也是域边界端口。在进行 MSTP 计算时,域边界端口在 MSTI 上的角色与 CIST 的角色一致,但主端口除外——主端口在 CIST 上的角色为根端口,在其他 MSTI 上的角色才是主端口。

3. MSTP 的基本工作原理

MSTP 将整个二层网络划分为多个 MST 域,各域之间通过计算生成 CST;域内则通过计算生成多棵生成树,每棵生成树都被称为是一个 MSTI,其中的 MSTI 0 也称为 IST。MSTP 同 STP 一样,使用配置消息进行生成树的计算,只是配置消息中携带的是设备上 MSTP 的配置信息。

1) CIST 的计算

通过比较配置消息后,在整个网络中选择一个优先级最高的设备作为 CIST 的根网桥。在每个 MST 域内 MSTP 通过计算生成 IST;同时 MSTP 将每个 MST 域作为单台设备对待,通过计算在域间生成 CST。CST 和 IST 构成了整个网络的 CIST。

2) MSTI 的计算

在 MST 域内,MSTP 根据 VLAN 与 MSTI 的映射关系,针对不同的 VLAN 生成不同的 MSTI。每棵生成树独立进行计算,计算过程与 STP 计算生成树的过程类似。

MSTP 中,一个 VLAN 报文将沿着如下路径进行转发:

(1) 在 MST 域内,沿着其对应的 MSTI 转发。

(2) 在 MST 域间,沿着 CST 转发。

4. MSTP 与 STP/RSTP 一脉相承

MSTP 与 STP/RSTP 三种生成树的特性比较如表 2.13 所示。

表 2.13　三种生成树特性比较

特 性 列 表	STP	RSTP	MSTP
解决环路故障并实现冗余备份	Y	Y	Y
快速收敛	N	Y	Y
形成多棵生成树实现负载分担	N	N	Y

MSTP 与 STP/RSTP 一脉相承,三者有很好的兼容性。在同一个域内的交换机将互相传播和接收不同生成树实例的配置消息,保证所有生成树实例的计算在全域内进行;而不同域的交换机仅仅互相传播和接收 CIST 的配置消息,MSTP 协议利用 CIST 保证全网络拓扑结构的无环路存在,也是利用 CIST 保持了同 STP/RSTP 的向上兼容,因此从外部来看,一个 MSTP 域就相当于一个交换机,对不同的域、STP、RSTP 交换机是透明的。

与 STP 和 RSTP 相比,MSTP 具有 VLAN 认知能力,可以实现负载均衡,可以实现类似 RSTP 的端口状态快速切换;MSTP 可以捆绑多个 VLAN 到一个实例中以降低资源占用率,并且可以很好地向下兼容 STP/RSTP 协议。

【命令介绍】

1. 配置交换机在指定生成树实例中的优先级

stp[instance instance-id]**priority** priority
undo stp[instance instance-id]**priority**

【视图】　系统视图

【参数】　*instance-id*：生成树实例 ID，取值范围为 0～16，取值为 0 表示的是 CIST。

priority：交换机的优先级，取值为 0～61 440，步长为 4096，交换机可以设置 16 个优先级取值，如 0、4096、8192 等。

【例】　在系统视图下，设定以太网交换机在生成树实例 1 中的 bridge 优先级为 4096。

```
[H3C]stp instance 1 priority 4096
```

2. 进入 MST 域视图

```
stp region-configuration
undo stp region-configuration
```

【视图】　系统视图

【例】　在系统视图下，进入 MST 域视图。

```
[H3C]stp region-configuration
[H3C-mst-region]
```

3. 将所指定的 VLAN 列表映射到指定的生成树实例上

```
instance instance-id vlan vlan-list
undo instance instance-id[vlan vlan-list]
```

【视图】　MST 域视图

【参数】　*instance-id*：生成树实例 ID，取值范围为 0～16，取值为 0 表示的是 CIST。

vlan-list：VLAN 列表，表示形式为 $vlan\text{-}list = \{vlan\text{-}id\,[\,\textbf{to}\ vlan\text{-}id\,]\}\,\&\,<1\text{-}10>$。$\&<1\text{-}10>$ 表示前面的参数最多可以输入 10 次。*vlan-id* 取值范围为 1～4094。

用户不能将同一个 VLAN 映射到多个不同的实例上，如果将一个已经映射的 VLAN 再次映射到一个不同的实例上时，原来的映射关系会自动取消。默认情况下，所有 VLAN 均对应到 CIST，即实例 0 上。

【例】　在系统视图下，将 VLAN 2 映射到生成树实例 1 上。

```
[H3C]stp region-configuration
[H3C-mst-region]instance 1 vlan 2
```

4. 设置交换机的 MST 域名

```
region-name name
undo region-name
```

【视图】　MST 域视图

【参数】　*name*：交换机的 MST 域名，为 1～32 位字符串。

注意：交换机的域名是确定该交换机可以属于哪个 MST 域的因素之一，设置域名时，属于同一个域的交换机域名的大小写必须一致，否则系统会认为交换机属于不同的域。默认情况下，交换机的 MST 域名为交换机的 MAC 地址。

【例】　在 MST 域视图下，设置交换机的 MST 域名为 H3C。

[H3C-mst-region]region-name H3C

5. 激活 MST 域的配置

active region-configuration

【视图】 MST 域视图

【例】 在 MST 域视图下,激活 MST 域的配置。

[H3C-mst-region]active region-configuration

【解决方案】

为了解决多 VLAN 网络中因链路冗余产生的环路问题,并有效实现链路负载均衡,需要开启交换机的 MSTP 特性,将公司内部的 VLAN 映射到相应的生成树实例上。同时,可以根据需要分别配置交换机对应实例的优先级,使得每台交换机均能被选为指定实例的域根。

实验拓扑如图 2.33 所示。

假设网络中设置的 VLAN 有 VLAN 1(默认)、VLAN 10 和 VLAN 20。3 台交换机同属一个 MSTP 域,VLAN 10 映射到生成树实例 1,VLAN 20 映射到生成树实例 2,其余 VLAN 映射到生成树实例 0。并且指定交换机 SwitchA 为实例 0 的域根,SwitchB 为实例 1 的域根,SwitchC 为实例 2 的域根。

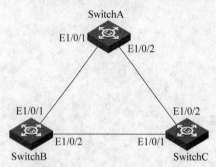

图 2.33 单域 MSTP 实验拓扑图

【实验设备】

三层交换机 3 台,标准网线 3 根。

说明:本实验三层交换机选择 H3C 系列交换机 S3600-28P-EI。

【实施步骤】

步骤 1:配置 SwitchA。

(1) 创建 VLAN 10、VLAN 20(VLAN 1 是默认存在的),配置 SwitchA 与其他交换机相连的 Trunk 主干链路。

```
<SwitchA>system-view
[SwitchA]vlan 10
[SwitchA-vlan10]vlan 20
[SwitchA-vlan20]quit
[SwitchA]interface ethernet1/0/1
[SwitchA-ethernet1/0/1]port link-type trunk
[SwitchA-ethernet1/0/1]port trunk permit vlan 10 20
Please wait............ Done.
[SwitchA-ethernet1/0/1]interface ethernet1/0/2
[SwitchA-ethernet1/0/2]port link-type trunk
[SwitchA-ethernet1/0/2]port trunk permit vlan 10 20
Please wait............ Done.
[SwitchA-ethernet1/0/2]quit
```

（2）配置 SwitchA 为实例 0 的域根。

```
[SwitchA]stp instance 0 priority 0
```

（3）开启 MSTP。

```
[SwitchA]stp enable
```

（4）配置 MSTP 域，将 VLAN 10 映射到实例 1，VLAN 20 映射到实例 2（其余 VLAN 默认映射到实例 0）。

```
[SwitchA]stp region-configuration
[SwitchA-nst-region]region-name mstp1
[SwitchA-nst-region]instance 1 vlan 10
[SwitchA-nst-region]instance 2 vlan 20
[SwitchA-nst-region]active region-configuration
[SwitchA-nst-region]quit
```

步骤 2：配置 SwitchB。

（1）创建 VLAN 10、VLAN 20（VLAN 1 是默认存在的），配置 SwitchB 与其他交换机相连的 Trunk 主干链路。

```
<SwitchB>system-view
[SwitchB]vlan 10
[SwitchB-vlan10]vlan 20
[SwitchB-vlan20]quit
[SwitchB]interface ethernet1/0/1
[SwitchB-ethernet1/0/1]port link-type trunk
[SwitchB-ethernet1/0/1]port trunk permit vlan 10 20
Please wait............. Done.
[SwitchB-ethernet1/0/1]interface ethernet1/0/2
[SwitchB-ethernet1/0/2]port link-type trunk
[SwitchB-ethernet1/0/2]port trunk permit vlan 10 20
Please wait............. Done.
[SwitchB-ethernet1/0/2]quit
```

（2）配置 SwitchB 为实例 1 的域根。

```
[SwitchA]stp instance 1 priority 0
```

（3）开启 MSTP。

```
[SwitchB]stp enable
```

（4）配置 MSTP 域，将 VLAN 10 映射到实例 1，VLAN 20 映射到实例 2（其余 VLAN 默认映射到实例 0）。

```
[SwitchB]stp region-configuration
[SwitchB-nst-region]region-name mstp1
[SwitchB-nst-region]instance 1 vlan 10
[SwitchB-nst-region]instance 2 vlan 20
```

```
[SwitchB-nst-region]active region-configuration
[SwitchB-nst-region]quit
```

步骤 3：配置 SwitchC。

（1）创建 VLAN 10、VLAN 20（VLAN 1 是默认存在的），配置 SwitchC 与其他交换机相连的 Trunk 主干链路。

```
<SwitchC>system-view
[SwitchC]vlan 10
[SwitchC-vlan10]vlan 20
[SwitchC-vlan20]quit
[SwitchC]interface ethernet1/0/1
[SwitchC-ethernet1/0/1]port link-type trunk
[SwitchC-ethernet1/0/1]port trunk permit vlan 10 20
Please wait............. Done.
[SwitchC-ethernet1/0/1]interface ethernet1/0/2
[SwitchC-ethernet1/0/2]port link-type trunk
[SwitchC-ethernet1/0/2]port trunk permit vlan 10 20
Please wait............. Done.
[SwitchC-ethernet1/0/2]quit
```

（2）配置 SwitchC 为实例 2 的域根。

```
[SwitchC]stp instance 2 priority 0
```

（3）开启 MSTP。

```
[SwitchC]stp enable
```

（4）配置 MSTP 域，将 VLAN 10 映射到实例 1，VLAN 20 映射到实例 2（其余 VLAN 默认映射到实例 0）。

```
[SwitchC]stp region-configuration
[SwitchC-nst-region]region-name mstp1
[SwitchC-nst-region]instance 1 vlan 10
[SwitchC-nst-region]instance 2 vlan 20
[SwitchC-nst-region]active region-configuration
[SwitchC-nst-region]quit
```

步骤 4：按图 2.33 将 3 台交换机互连。由于事先已经配置好 MSTP，观察交换机的指示灯可得知没有产生广播风暴。

步骤 5：查看各交换机端口角色，验证 MSTP 中的实例与 VLAN 的映射关系。

（1）查看 SwitchA 各端口在 3 个实例中的角色。

```
<SwitchA>display stp brief
MSTID         Port           Role      STP State      Protection
  0         Ethernet1/0/1    DESI      FORWARDING       NONE
  0         Ethernet1/0/2    DESI      FORWARDING       NONE
  1         Ethernet1/0/1    ROOT      FORWARDING       NONE
  1         Ethernet1/0/2    DESI      FORWARDING       NONE
```

| 2 | Ethernet1/0/1 | ALTE | DISCARDING | NONE |
| 2 | Ethernet1/0/2 | ROOT | FORWARDING | NONE |

（2）查看 SwitchB 各端口在 3 个实例中的角色。

```
<SwitchB>display stp brief
```

MSTID	Port	Role	STP State	Protection
0	Ethernet1/0/1	ROOT	FORWARDING	NONE
0	Ethernet1/0/2	DESI	FORWARDING	NONE
1	Ethernet1/0/1	DESI	FORWARDING	NONE
1	Ethernet1/0/2	DESI	FORWARDING	NONE
2	Ethernet1/0/1	DESI	FORWARDING	NONE
2	Ethernet1/0/2	ROOT	FORWARDING	NONE

（3）查看 SwitchC 各端口在 3 个实例中的角色。

```
<SwitchC>display stp brief
```

MSTID	Port	Role	STP State	Protection
0	Ethernet1/0/1	ALTE	DISCARDING	NONE
0	Ethernet1/0/2	ROOT	FORWARDING	NONE
1	Ethernet1/0/1	ROOT	FORWARDING	NONE
1	Ethernet1/0/2	ALTE	DISCARDING	NONE
2	Ethernet1/0/1	DESI	FORWARDING	NONE
2	Ethernet1/0/2	DESI	FORWARDING	NONE

（4）根据以上信息可以得出各 VLAN 对应的生成树，如图 2.34 所示。

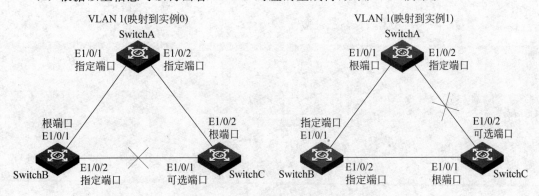

图 2.34　单域 MSTP 多实例生成树负载分担

由于 SwitchA 的实例 0 的优先级最高,所以 SwitchA 既是实例 0 的域根,也是全网的总根;SwitchB 是实例 1 的域根;SwitchC 是实例 2 的域根。

【实验项目】

某学校网络有 4 台交换机相互连接形成如图 2.35 所示的冗余链路,网络划分了 6 个 VLAN,分别是 VLAN 10、VLAN 20、VLAN 30、VLAN 40、VLAN 50 和 VLAN 60,其中,VLAN 10、VLAN 20 和 VLAN 30 的数据流量以 SwitchA 为根网桥,VLAN 40、VLAN 50 和 VLAN 60 的数据流量以 SwitchB 为根网桥,要求交换机运行 MSTP 阻断网络中的环路,并能达到数据转发过程中 VLAN 数据的冗余备份以及负载分担效果(所有设备均属于同一个 MST 域)。

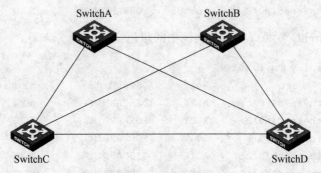

图 2.35   MSTP 实验项目拓扑图

第 3 章　局域网接入 Internet

所谓路由，就是指通过相互连接的网络把信息从源主机转发到目的主机的活动。路由器是互联网的主要结点设备，提供了将异构网互联的机制，实现将数据包从一个网络转发到另一个网络，转发策略称为路由选择（routing），这也是路由器名称的由来。

互联网各种级别的网络中随处都可见到路由器。不同接入点对路由器有不同的要求。从路由器在网络结点中的重要性来分，大致可以分为骨干级路由器、企业级路由器和接入路由器。

互联网的快速发展无论是对骨干网、企业网还是接入网都带来了不同的挑战。骨干网要求路由器能对少数链路进行高速路由转发。企业级路由器不但要求端口数目多、价格低廉，而且要求配置起来简单方便。接入路由器使家庭和小型企业可以连接到 ISP（互联网服务提供商），要求支持多种协议，配置简单，甚至是"傻瓜"型。

1. 骨干级路由器

骨干级路由器也称作核心路由器，用于实现企业级网络的互联。对它的要求是速度和可靠性，而价格则处于次要地位。硬件可靠性可以采用电话交换网中使用的技术，如热备份、双电源、双数据通路等来获得。这些技术对所有骨干路由器来说是必需的。骨干网上的路由器终端系统通常是不能直接访问的，它们连接长距离骨干网上的 ISP 和企业网络。骨干 IP 路由器的主要性能瓶颈是在转发表中查找某个路由所耗费的时间。

2. 企业级路由器

企业级路由器用于连接多个逻辑上分开的网络。逻辑网络就是代表一个单独的网络或者一个子网。常用的企业路由器一般具有三层交换功能，提供千/万兆端口的速率、服务质量（QoS）、多点广播、强大的 VPN、流量控制、支持 IPv6、组播以及 MPLS 等特性的支持能力，满足企业用户对安全性、稳定性和可靠性等的要求。

企业路由器最重要的作用是路由选择。选择通畅快捷的近路，能大大提高通信速度，减轻企业网络系统通信负荷，节约网络系统资源，提高网络系统畅通率，从而让企业网络系统发挥出更大的效益。因此它的优点就是适用于大规模的企业网络连接，可以采用复杂的网络拓扑结构，负载共享和最优路径，能更好地处理多媒体，安全性高，节省局域网的带宽，隔离不需要的通信量，减轻主机负担。它的缺点是不支持非路由协议、安装复杂以及价格比较高等。

3. 接入路由器

接入路由器连接家庭或 ISP 内的小型企业客户。接入路由器不只是提供 SLIP 或 PPP 连接，还支持诸如 PPTP 等虚拟专用网络协议，这些协议要能在每个端口上运行。xDSL 等技术可以很快提高家庭的可用带宽，这将进一步增加接入路由器的负担。由于这些趋势，接入路由器将来会支持许多异构和高速端口，并在各个端口能够运行多种协议。

本章介绍中小型企业网络接入 Internet 所涉及的一些技术。

3.1　路由器的基本配置

3.1.1　路由器的登录方式

【引入案例】

　　小王第一次配置路由器,他根据前面学习交换机的经验,用配置电缆连接路由器的 Console 口和 PC 的串口,按以前连接交换机的方式配置超级终端,登录成功! 当他再接再厉,开始配置路由器的 Telnet 登录方式时,就不知道路由器的管理 IP 应该在哪里配置了。

【案例分析】

　　路由器和交换机在网络中的分工不同,路由器属于 OSI 网络协议参考模型的第 3 层——网络层的互连设备,很明显,它的端口比交换机的端口要少得多,但是它的端口类型更多,技术也比交换机复杂得多。路由器的配置模式与交换机的配置模式大体相同,但细节上不同,比如,路由器的 IP 是可以在物理接口上直接进行设置的,而二层交换机则需要在 VLAN 接口上设置。

【基本原理】

　　通过 Telnet 配置路由器,不论是搭建本地配置环境还是远程配制环境,都有两个前提:第一,必须能与路由器建立 Telnet 连接,即运行 Telnet 客户端程序的 PC 与路由器有路由可达;第二,必须拥有合法的用户名和口令。H3C 路由器上默认的 Telnet 登录用户名为 admin,口令为 admin。

　　以通过局域网搭建本地配置环境为例,如图 3.1 所示。

　　在互连网络中路由器转发 IP 分组的物理传输过程与数据报转发交付机制称为分组交付。分组交付可以分为直接交付和间接交付两类,路由器会根据分组的目的 IP 地址与源 IP 地址是否属于同一个网络来判断。图 3.1 中,路由器连接

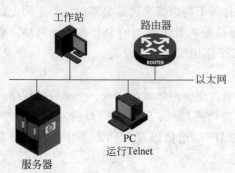

图 3.1　通过局域网搭建本地配置环境

以太网的接口与运行 Telnet 客户端程序的 PC 处于同一个网络,PC 与路由器之间的分组交付是直接交付的方式,也就是说路由器连接以太网的接口的 IP 地址与 PC 的 IP 地址是在同一个网段,并且该路由器接口的 IP 地址应是 PC 的默认网关地址。

　　默认网关又称默认 IP 路由,是通向远程网络接口的 IP 地址。在不同的网络之间进行通信时,源主机的分组可以使用默认网关(即路由器)将数据间接交付给目的主机,如图 3.2 所示。由于默认网关就是向远程网络(目的主机)转发数据分组的地方,因此,如果在配置 PC 的 IP 地址的时候没有指明默认网关,则通信仅局限于本地网络。

　　在开始配置前,比较一下路由器和交换机的基础配置,有一些地方需要注意:

　　(1)和交换机的带内、带外管理模式相似,用户通常也可以使用 Console 口、Telnet 和 Web 等方式来登录路由器进行配置,具体要看设备和 Comware 系统版本。路由器还可以

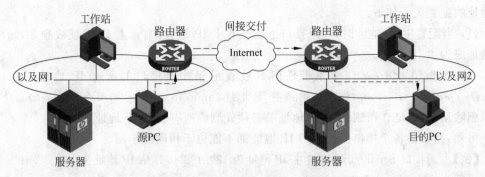

图 3.2　路由器的间接交付

通过拨号线路和 Modem 进行远程配置，或者利用异步专线连接异步串口，通过哑终端进行配置。此外，路由器也提供 FTP 服务器功能，FTP 客户均可以连接到路由器上，通过用户验证后，进行配置文件或程序主体的上传下载。

（2）路由器的管理 IP 地址可以在物理接口上进行设置，而交换机的管理 IP 地址是在逻辑的 VLAN 接口上设置的。路由器的物理接口连接着不同的网络（不同的广播域，拥有不同的网络地址），而交换机的物理接口连接的是不同的物理网段（不同的冲突域）。

（3）以前的老设备规定路由器的以太网接口与 PC 网卡之间使用交叉线互连，而交换机与路由器、交换机与 PC 进行局域网的连接使用直通线，也可以使用交叉线。现在的许多设备都添加了线序自动检测功能，都能直接使用直通线。

（4）一般来说，路由器的 Telnet 方式管理在默认情况下是不需要授权验证的，而交换机在没有配置使用用户的时候一般不可以通过带内方式进行管理。

（5）路由器的配置模式与交换机的相似，但路由器有些版本不支持 Tab 键补全命令的功能。

【命令介绍】

1. 配置接口 IP 地址

ip address *ip-address net-mask*[sub]
undo ip address[*ip-address net-mask*[sub]]

【视图】　接口视图

【参数】　*ip-address*：接口 IP 地址，为点分十进制格式。

net-mask：相应的子网掩码，为点分十进制格式或指定掩码长度。

sub：为了使不同的子网之间进行通信，需要使用配置的从 IP 地址。

默认情况下，接口无 IP 地址。用户可以根据实际情况选择合适的 IP 子网，另外主机地址部分全为 0 表示网络地址，全为 1 表示广播地址，不能作为一般的 IP 地址使用。通过子网掩码来标识 IP 地址包含的网络号，例如，路由器以太网接口的 IP 地址是 129.9.30.42，掩码是 255.255.0.0，将 IP 地址与掩码相"与"，可知路由器以太网接口所在的网络号为 129.9.0.0。

在一般情况下，一个接口配置一个 IP 地址即可，为了使路由器的一个接口可以与多个子网相连，在一个接口可以配置多个 IP 地址，其中一个为主 IP 地址，其余为从 IP 地址。主从地址的配置关系如下：

（1）当配置主 IP 地址时，如果接口上已经有主 IP 地址，则原主 IP 地址被删除，新配置的地址成为主 IP 地址。

（2）undo ip address 命令不带任何参数表示删除该接口的所有 IP 地址。undo ip address *ip-address net-mask* 表示删除主 IP 地址，undo ip address *ip-address net-mask sub* 表示删除从 IP 地址。在删除主 IP 地址前必须先删除所有的从 IP 地址。

另外，路由器各个接口上配置的 IP 地址都不能位于相同的子网。

【例】 为接口 Serial0/0/0 配置主 IP 地址为 129.102.0.1，从 IP 地址为 202.38.160.1，子网掩码都为 255.255.255.0。

```
[H3C-serial0/0/0]ip address 129.102.0.1 255.255.255.0
[H3C-serial0/0/0]ip address 202.38.160.1 255.255.255.0 sub
```

2. 启动 Telnet 服务

telnet server enable
undo telnet server enable

【视图】 系统视图

3. 设置用户的认证方式

authentication-mode{none|password|scheme}

【视图】 用户界面视图

【参数】 none：不需要认证。

password：进行口令认证。

scheme：进行本地或远端用户名和口令认证。

4. 添加本地用户并进入本地用户视图

local-user user-name
undo local-user{user-name|**all**}

【视图】 系统视图

【参数】 *user-name*：本地用户名。为不超过 80 个字符的字符串，字符串中不能包括/、:、*、?、<以及>等字符，并且@出现的次数不能多于 1 次，纯用户名(@以前的部分，即用户标识)不能超过 55 个字符。用户名不区分大小写，输入 UserA 和 usera，系统视为同一用户。用户名不能以"P"开头。

all：所有的用户。

undo local-user 命令可以用来删除指定的本地用户。默认情况下，无本地用户。

【例】 添加名称为 h3c1 的本地用户

```
[H3C]local-user h3c1
[H3C-luser-h3c1]
```

5. 设置用户可以使用的服务类型

service-type{dvpn|telnet|ssh|terminal|pad}

undo service-type{dvpn|telnet|ssh|terminal|pad}

【视图】 本地用户视图

【参数】 dvpn：授权用户可以使用 DVPN 服务。

telent：授权用户可以使用 Telnet 服务。

ssh：授权用户可以使用 SSH 服务。

terminal：授权用户可以使用 Terminal 服务（即从 Console 口、AUX 口和 Asyn 口登录）。

pad：授权用户可以使用 PAD 服务。

默认情况下，系统不对用户授权任何服务。

【例】 设置用户可以使用 Telnet 服务。

```
[H3C-luser-h3c1]service-type telnet
```

6. 设置用户的优先级

level level
undo level

【视图】 本地用户视图

【参数】 level：指定用户的优先级。level 为整数，取值范围为 0～3。

默认情况下，用户的优先级为 0。

如果配置的认证方式为不认证或采用 password 认证，则用户登录到系统后所能访问的命令级别由用户界面的优先级确定。如果配置的认证方式需要用户名和口令，则用户登录系统后所能访问的命令级别由用户的优先级确定。

7. 设置本地用户的密码

password{{simple|cipher}password|**sha-256** shapassword}
undo password

【视图】 本地用户视图

【参数】 simple：表示密码为明文。

cipher：表示密码为密文。

sha-256：表示密码为 sha-256 摘要。

simple password：配置明文密码。长度为 1～48 个字符的字符串。

cipher password：配置密文密码。如果以明文形式输入，长度为 1～48 个字符的字符串；如果以密文形式输入，长度必须为 24 或 64 个字符。由于验证时需要输入明文密码，故建议用户以明文形式输入。

shapassword：本地用户的密码。长度为 1～256 个字符的字符串。

【例】 设置名称为 h3c1 的用户采用明文加密方式，密码为 20040422。

```
[H3C-luser-h3c1]password simple 20040422
```

【**解决方案**】

利用 Console 口配置路由器的 Telnet 登录方式。为增加登录访问的安全性，采用本地用户数据库认证的方式，设置一个新的管理用户，用户名为 H3C1，口令为明文的 123456，优

先级为 3 级。使用标准网线连接 PC 网卡和路由器
以太网接口，实验拓扑图如图 3.3 所示，验证 Telnet
登录方式。

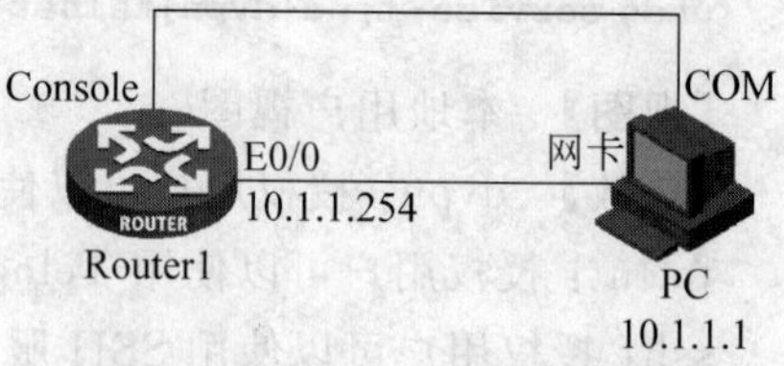

【实验设备】

路由器 1 台，PC 1 台，配置电缆 1 根，标准网
线 1 根。

说明：本实验路由器选择 RT-MSR2021-AC-H3。

图 3.3　Telnet 登录实验拓扑图

【实施步骤】

步骤 1：路由器通过 Console 口进行本地登录。

（1）使用配置电缆连接 PC 的串口和路由器的 Console 口。

（2）在 PC 上运行终端仿真程序（如 Windows XP/Windows 2000 的超级终端等），选择
与设备相连的串口，设置终端通信参数：传输速率为 9600b/s、8 位数据位、无校验、1 位停
止位、无流控。

（3）路由器上电，超级终端上显示设备自检信息，自检结束后提示用户按回车键，之后
将出现命令行提示符"<H3C>"。

步骤 2：更改路由器的名称。

```
<H3C>system-view
[H3C]sysname Router1
```

步骤 3：设置路由器以太网接口的 IP 地址。

```
[Router1]interface ethernet0/0
[Router1-ethernet0/0]ip address 192.168.1.1 255.255.255.0
[Router1-ethernet0/0]quit
```

步骤 4：启动 Telnet 服务。

```
[Router1]telnet server enable
```

步骤 5：设置 VTY 用户登录认证方式为本地用户名和口令认证。

```
[Router1]user-interface vty 0 4
[Router1-ui-vty0-4]authentication- mode scheme
[Router1-ui-vty0-4]quit
```

步骤 6：创建本地用户 H3C1，口令为 123456，服务类型为 Telnet，用户优先级为 3。

```
[Router1]local-user H3C1
[Router1-luser-h3c1]password simple 123456
[Router1-luser-h3c1]service-type telnet
[Router1-luser-h3c1]level 3
[Router1-luser-h3c1]quit
```

步骤 7：设置 PC 的 IP 地址为 192.168.1.2，掩码为 255.255.255.0，默认网关为
192.168.1.1，使其与路由器 Ethernet0/0 口处于同一个 IP 网段。

步骤 8：在 PC 上运行命令"telnet 192.168.1.1"，测试 Telnet 登录。

3.1.2　获得路由器的基本信息

【引入案例】

如果路由器出现了问题，当小王向售后服务的技术人员寻求帮助时，他们往往要求运行一些 display 和测试命令，提供相关的信息，并能够从中发现问题。

【案例分析】

通过执行一些 display 命令，能够获得路由器的一些基本信息，其中包括当前系统本身的软硬件信息、系统当前配置以及系统当前的运行状态等。

【基本原理】

1. 路由器的版本信息

系统的版本信息包含了当前系统的软硬件信息。因为不同的版本有不同的特征，实现的功能也不完全相同，所以查看版本信息是解决问题的第一步。

1) 路由器的硬件

路由器的硬件组件主要包括以下几种：

(1) 中央处理单元(CPU)

CPU 负责执行路由器操作系统的指令，执行登录用户输入的用户命令。路由器的处理能力与其采用的 CPU 的处理能力直接相关。

(2) 同步动态随机存储器(SDRAM)

SDRAM 存储正在运行的配置或活动配置文件，进行报文缓存等。

(3) 闪存(Flash)

Flash 负责保存 OS 的影像和路由器的微码，是一种可擦写的、可编程类型的 ROM。

(4) 只读内存(ROM)

路由器在启动时，首先使用 ROM 里的影像，并执行加电检测，与 PC 加电自检相似。ROM 中的启动程序还负责加载 OS 软件。

2) 路由器的软件

H3C 路由器的软件主要包括 BootROM 软件和 Comware 通用操作系统平台。

(1) BootROM 软件在路由器加电后完成有关初始化工作，并负责加载操作系统。

(2) Comware 是 H3C 公司数据通信产品的通用操作系统平台，它以 IP 业务为核心，实现组件化的体系结构。Comware 以 TCP/IP 协议栈为核心，在操作系统中集成了路由技术、QoS 技术、VPN 技术、安全技术和 IP 语音技术等数据通信技术，并提供了出色的数据转发能力。

下面是路由器 H3C MSR-2020-AC-H3 的版本信息：

```
<H3C>display version
H3C Comware Platform Software
Comware Software, Version 5.20, Release 1618P13, Standard
Copyright (c) 2004-2008 Hangzhou H3C Tech. Co., Ltd. All rights reserved.
H3C MSR20-20 uptime is 0 week, 0 day, 0 hour, 16 minutes
```

Last reboot 2011/08/26 08：50：27

System returned to ROM By Power-up.

CPU type: FREESCALE PowerPC 8248 400MHz

256M bytes SDRAM Memory

4M bytes Flash Memory

Pcb		Version: 3.0
Logic		Version: 3.0
Basic	BootROM	Version: 2.11
Extended	BootROM	Version: 2.14

[SLOT	0]CON	(Hardware)3.0,	(Driver)1.0,	(Cpld)3.0
[SLOT	0]AUX	(Hardware)3.0,	(Driver)1.0,	(Cpld)3.0
[SLOT	0]ETH0/0	(Hardware)3.0,	(Driver)1.0,	(Cpld)3.0
[SLOT	0]ETH0/1	(Hardware)3.0,	(Driver)1.0,	(Cpld)3.0
[SLOT	2]SIC-1SAE	(Hardware)2.0,	(Driver)1.0,	(Cpld)1.0

2. 路由器的当前配置信息

通过使用 display current-configuration 命令查看当前配置信息。观察下面的当前配置信息：

```
<H3C>display current-configuration
#
sysname R1
#
super password level 3 simple 123456
#
tcp window 8
#
undo multicast igmp-all-enable
#
interface Aux0
link-protocol ppp
#
interface Ethernet0/0/0
#
interface Serial0/0/0
link-protocol ppp
#
interface NULL0
#
bgp 15535
undo synchronization
#
#
ospf 2 router-id 1.1.1.1
```

```
#
rip
#
user-interface con 0
    set authentication password simple 123456
    history-command max-size 30
user-interface aux 0
user-interface vty 0 4
#
return
```

从上面的配置信息中，可以观察到这台名为 R1 的路由器有一个 AUX 口（备份口）、一个 Serial 口（同/异步串口，也称固定 WAN 口）和一个 Ethernet 口（固定 LAN 口），AUX 口和同/异步串口的默认封装协议为 PPP 协议。

在配置信息的结尾部分还显示了 Comware 支持的 Null 接口和 3 种用户界面类型接口：con 0、aux 0 和 vty 0 4。

其他信息还包括了从 Console 口登录的口令、用户切换的密码、路由器运行的路由协议 bgp、ospf 和 rip 等信息。

配置文件是一个文本文件，以命令格式保存，并且只保存非默认的常数命令，其组织以命令视图为基本框架，同一命令视图的命令组织在一起，形成一节，节与节之间用空行或注释行隔开。节的顺序安排为：系统配置、物理接口配置、逻辑接口配置和路由协议配置等。

注意：和交换机一样，只有使用了 save 命令，才能将改动了的配置保存到 display saved-configuration 中，在路由器下次启动时自动执行。

3. 路由器的接口信息

从上面的例子中可以发现路由器的接口种类比交换机丰富得多。路由器上的接口分为物理接口和逻辑接口。

物理接口是真实的存在的、有对应元件支持的接口，如以太网接口、同/异步串口等。物理接口又分为两种，一种是局域网接口，主要是指以太网接口，路由器通过它与本地局域网中的网络设备交换数据；另一种是广域网接口，包括同步串口、异步串口、AUX 接口、ISDN BRI 接口和 CE1/PRI 接口等。

逻辑接口是指能够实现数据交换功能，但物理上不存在，需要通过配置来建立的接口，包括 Dialer 接口、子接口、Loopback 接口、Null 接口、备份中心逻辑通道以及虚拟接口模板等。

对于以太网接口我们已经比较熟悉了，下面仅介绍其他一些常见的接口。

Comware 中有两种异步串口，一种是将同/异步串口的工作方式设置为异步方式，接口名称为 Serial；另一种是专用异步串口，接口名称为 Async。异步串口可以设为专线方式和拨号方式。在拨号方式下，异步串口外接 Modem 或 ISDN 终端适配器，可以作为拨号接口使用，可封装链路层协议 PPP，支持 IP 协议。

当 Seiral 接口工作在同步方式下，同步串口可以 DTE 和 DCE 两种方式工作。一般情况下，路由器的同步串口的工作在 DTE 方式，接受 DCE 设备提供的时钟信号。同步串口可以外接多种类型电缆,如 V.24 和 V.35 等。Comware 可以自动检测同步串口外接电缆类型,并完成电气特性选择,一般情况下,不需要手工配置。同步串口可以封装的链路层协议包括 PPP、帧中继和 X.25 等。

通常,AUX 接口是路由器提供的一个固定端口,它可以作为普通的异步串口使用。利用 AUX 接口,可以实现对路由器的远程配置、线路备份等功能。

TCP/IP 规定 127.0.0.0 网段的地址属于环回地址。包含这类地址的接口属于环回接口。路由器上定义了接口 Loopback 为环回接口,环回接口可以用来接收所有发送给本机的数据包。Loopback 接口是应用最广泛的一种逻辑接口,一经创建,将保持 Up 状态,直到被删除,不容易出现物理上的线路故障。因此可以在该端口上指定一个 IP 地址(32 位掩码,可节约地址资源)作为管理地址,方便管理员远程登录(Telnet),能够避免路由器由于某个接口故障而不能正常实现登录的现象。Loopback 接口也可以配上路由器的非直连网段地址,方便在设备间测试路由,检查设备的连通性。另外,在路由器执行动态路由协议 OSPF 和 BGP 的过程中,Loopback 接口也有非常重要的作用。

Null 接口也是一种比较有用的逻辑接口,永远保持 Up 状态,但不能转发数据包,也不能配置 IP 地址或配置其他链路层协议,任何送到该接口的数据包都会被丢弃,可视为回收站。

display interface 命令能显示接口的状态,从中能得到关于该接口的状态信息。例如,观察下面的输出:

```
[H3C]display interface serial0/0/0
Serial0/0/0 is up, line protocol is up
Description: Serial0/0/0 Interface
Virtual baud rate is 300 bps
The Maximum Transmit Unit is 1500, The keepalive is 10(sec)
Internet protocol processing: disabled
Link layer protocol is PPP
LCP opened, MPLSCP stopped
FIFO queuing: (Outbound queue: Size/Length/Discards)
FIFO: 0/75/0
Physical layer is synchronous,Baud rate is 64000 bps
Interface is DCE, Cable type is V35
    5 minutes input rate 0.56 bytes/sec, 0.04 packets/sec
    5 minutes output rate 0.66 bytes/sec, 0.05 packets/sec
    51 packets input,640 bytes, 0 no buffers
    55 packets output, 700 bytes, 0 no buffers
    0 input errors, 0 CRC, 0 frame errors
    0 overrunners, 0 aborted sequences, 0 input no buffers
    DCD=UP  DTR=UP  DSR=UP  RTS=UP  CTS=UP
```

Serial0/0/0 的部分运行状态和相关信息如表 3.1 所示。

表 3.1　部分接口显示信息说明

域	意　义
Serial0/0/0 is up	接口的物理层状态已激活
line protocol is up	接口的链路层状态已激活
5 minutes input rate	最近五分钟时间内接口的输入速率
5 minutes output rate	最近五分钟时间内接口的输出速率
FIFO queuing：FIFO	接口输出队列的类型
51 packets input，640 bytes，0 no buffers	该接口接收的数据报文个数、字节数，以及由于没有发送缓冲而被丢弃的报文个数
55 packets output，700 bytes，0 no buffers	该接口发送的数据报文个数、字节数，以及由于没有发送缓冲而被丢弃的报文个数
Input errors：0，CRC：0，frame errors：0	接口接收错误的报文数，其中包括 CRC 错误和帧错误
DCD=UP　DTR=UP　DSR=UP RTS=UP　CTS=UP	物理电信号 DCD、DTR、DSR、RTS 和 CTS 的状态，物理连通正常

4. 其他部分运行状态信息

路由器的命令行视图也较交换机复杂，其中包括以下几种视图：

（1）用户视图。

（2）系统视图。

（3）路由协议视图：包括 OSPF 协议视图、RIP 协议视图、BGP 协议视图和 IS-IS 协议视图等；

（4）接口视图：包括快速以太网接口视图、千兆以太网接口（GE）视图、同步串口视图、CE1 接口视图、E3 接口视图、CT1 接口视图、T3 接口视图、ATM 接口视图、POS 接口视图、CPOS 接口视图、虚拟接口模板视图、虚拟以太网接口视图、Loopback 接口视图、Null 接口视图、Tunnel 接口视图和 Dialer 接口视图等。

（5）用户界面视图。

（6）L2TP 组视图。

（7）路由策略视图。

进入各种视图的命令与交换机的操作类似，在线帮助的"?"也和交换机的操作一致。在任意视图都可以执行 display 命令，针对系统、接口和用户等对象查看具体信息。

在此仅简单介绍查看 ARP 表和路由表信息的方法。

1）ARP 表

ARP 表即网络设备执行 ARP 协议（地址解析协议）获得的 IP 地址与设备 MAC 地址的映射关系。为了让报文在物理网路上传送，必须知道目的主机的物理地址，因此必须把 IP 地址转换成相应的物理地址，这就是 ARP 协议的作用。设置静态的 ARP 表，经常地检查 ARP 表，是检查用户设备真实性的一种简单办法，能够防范 ARP 欺骗。

下面是一个 ARP 表项的示例：

```
<H3C>display arp
Type: S-Static  D-Dynamic
```

```
IP Address           MAC Address          Type     Vpn-instance Name Interface
1.1.1.1              0012-0012-0012       S
10.153.72.2          00e0-fc00-0007       D                         Eth0/0/1
```

可以观察到 MAC 地址是 00e0-fc00-0007 的设备对应的 IP 地址是 10.153.72.2，它发送的数据包从以太网接口 Ethernet0/0/1 进入路由器。

2）路由表

路由表是路由器根据静态或动态路由协议建立并维护的路由信息。路由器依据路由表来为报文寻径。路由表的条目为多元组，其主要信息包括目的网络地址、子网掩码和下一站地址等。

下面是一个路由表项的示例：

```
<H3C>display ip routing-table
Routing Table: public net
Destination/Mask     Proto      Pre Cost       Nexthop        Interface
1.1.1.0/24           DIRECT     0   0          1.1.1.1        Interface Serial1/0/0
1.1.1.1/32           DIRECT     0   0          127.0.0.1      InLoopBack0
2.2.2.0/24           DIRECT     0   0          2.2.2.1        Interface Serial2/0/0
2.2.2.1/32           DIRECT     0   0          127.0.0.1      InLoopBack0
3.3.3.0/24           DIRECT     0   0          3.3.3.1        Interface ethernet1/
0/0
3.3.3.1/32           DIRECT     0   0          127.0.0.1      InLoopBack0
4.4.4.0/24           DIRECT     0   0          4.4.4.1        Interface Ethernet2/
0/0
```

可以观察到该路由器通过 4 个物理接口 Serial1/0/0、Serial2/0/0、Ethernet1/0/0 和 Ethernet2/0/0 分别直接连接 1.1.1.0、2.2.2.0、3.3.3.0 和 4.4.4.0 这 4 个网络。

注意：如果路由器通过多个接口连接不同的网络，就必须为路由器的各个接口分配不同的 IP 地址，使接口地址与所连接的网络属于同一个 IP 网段。

【命令介绍】

1. 显示系统版本信息

display version

【视图】 任意视图

通过查看版本信息，可以获知系统当前使用的软件版本、机架类型、主控板及接口板的相关信息。

2. 显示路由器当前运行的配置

display current-configuration[interface interface-type[interface-number]|
configuration[isp|luser|radius-template|system|user-interface]]

【视图】 任意视图

【参数】 interface：显示接口的配置。

interface-type：接口类型。

interface-number：接口编号。

configuration：显示指定的配置。

isp：服务提供商类型。

luser：本地用户类型。

radius-template：radius 模板类型。

system：显示系统配置。

user-interface：显示用户接口的配置。

对于某些当前配置的参数，如果与默认参数相同，则不显示。当用户完成一组配置之后，需要验证是否配置正确，则可以执行 display current-configuration 命令来查看当前生效的参数。对于某些参数，虽然用户已经配置，但如果这些参数所在的功能没有生效，则不予显示。

3. 显示 ARP 表项

display arp[static|dynamic|all]

【视图】 任意视图

【参数】 static：显示静态 ARP 项。

dynamic：显示动态 ARP 项。

all：显示所有的 ARP 项。

4. 查看路由表的摘要信息

display ip routing-table

【视图】 任意视图

以摘要形式显示路由表信息，每一行代表一条路由，内容包括目的地址/掩码长度、协议、优先级、度量值、下一跳和输出接口。使用 display ip routing-table 命令仅能查看到当前被使用的路由，即最佳路由。

【解决方案】

假设路由器的以太网接口连接两个子网 10.1.1.0/24 和 10.1.2.0/24，通过执行 display 命令获得路由器的版本、当前配置信息、端口状态信息、ARP 表和路由表信息等。实验拓扑如图 3.4 所示。

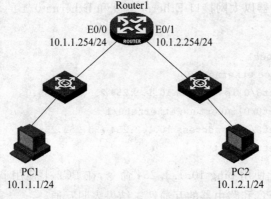

图 3.4　路由器 display 实验拓扑

【实验设备】

路由器 1 台,二层交换机 2 台,PC 2 台,标准网线 4 根。

说明:本实验路由器选择 RT-MSR2021-AC-H3,二层交换机选择 LS-S3100-16C-SI-AC 和 LS-3100-16TP-EI-H3-A。

【实施步骤】

步骤 1:按照图 3.4 所示连接好设备。

步骤 2:获得路由器的版本信息。

```
<H3C>display version
H3C Comware Platform Software
Comware Software, Version 5.20, Release 1618P13, Standard
Copyright (c) 2004-2008 Hangzhou H3C Tech. Co., Ltd. All rights reserved.
H3C MSR20-20 uptime is 0 week, 0 day, 0 hour, 48 minutes
Last reboot 2011/08/26 14: 08: 33
System returned to ROM By Power-up.


CPU type: FREESCALE PowerPC 8248 400MHz
256M bytes SDRAM Memory
4M bytes Flash Memory
Pcb                 Version: 3.0
Logic               Version: 3.0
Basic     BootROM   Version: 2.11
Extended  BootROM   Version: 2.14
[SLOT  0]CON      (Hardware)3.0,   (Driver)1.0,   (Cpld)3.0
[SLOT  0]AUX      (Hardware)3.0,   (Driver)1.0,   (Cpld)3.0
[SLOT  0]ETH0/0   (Hardware)3.0,   (Driver)1.0,   (Cpld)3.0
[SLOT  0]ETH0/1   (Hardware)3.0,   (Driver)1.0,   (Cpld)3.0
[SLOT  2]SIC-1SAE (Hardware)2.0,   (Driver)1.0,   (Cpld)1.0
```

步骤 3:配置 PC1 的 IP 地址为 10.1.1.1,掩码为 255.255.255.0,默认网关为 10.1.1.254。配置 PC2 的 IP 地址为 10.1.2.1,掩码为 255.255.255.0,默认网关为 10.1.2.254。

步骤 4:配置路由器以太网接口 Ethernet0/0 和 Ethernet0/1 的 IP 地址。

```
<H3C>system-view
[H3C]sysname Router1
[Router1]interface ethernet0/0
[Router1-ethernet0/0]ip address 10.1.1.254 255.255.255.0
[Router1-ethernet0/0]interface ethernet0/1
[Router1-ethernet0/1]ip address 10.1.2.254 255.255.255.0
[Router1-ethernet0/1]quit
```

步骤 5:在 PC1 上使用 ping 10.1.1.254 命令,在 PC2 上使用 ping 10.1.2.254 命令,分别测试两个子网的 PC 和路由器的互通性。结果表明互通。

步骤 6：获得路由器以太网接口的信息。

```
[Router1]display interface ethernet0/0
```
Ethernet0/0 current state: UP
Line protocol current state: UP
Description: Ethernet0/0 Interface
The Maximum Transmit Unit is 1500, Hold timer is 10(sec)
Internet Address is 10.1.1.254/24 Primary
IP Packet Frame Type: PKTFMT_ETHNT_2, **Hardware Address: 000f-e2e4-5918**
IPv6 Packet Frame Type: PKTFMT_ETHNT_2, Hardware Address: 000f-e2e4-5918
Media type is twisted pair, loopback not set, promiscuous mode not set
100Mb/s, Full-duplex, link type is autonegotiation
Output flow-control is disabled, input flow-control is disabled
Output queue: (Urgent queuing: Size/Length/Discards)　0/100/0
Output queue: (Protocol queuing: Size/Length/Discards)　0/500/0
Output queue: (FIFO queuing: Size/Length/Discards)　0/75/0
Last clearing of counters: Never
　　Last 300 seconds input rate 16.18 bytes/sec, 129 bits/sec, 0.10 packets/sec
　　Last 300 seconds output rate 1.78 bytes/sec, 14 bits/sec, 0.02 packets/sec
　　Input: 391 packets, 35410 bytes, 391 buffers
　　　　　　110 broadcasts, 15 multicasts, 0 pauses
　　　　　　0 errors, 0 runts, 0 giants
　　　　　　0 crc, 0 align errors, 0 overruns
　　　　　　0 dribbles, 0 drops, 0 no buffers
　　Output: 279 packets, 21124 bytes, 279 buffers
　　　　　　14 broadcasts, 0 multicasts, 0 pauses
　　　　　　0 errors, 0 underruns, 0 collisions
　　　　　　0 deferred, 0 lost carriers


```
[Router1]display interface ethernet0/1
```
Ethernet0/1 current state: UP
Line protocol current state: UP
Description: Ethernet0/1 Interface
The Maximum Transmit Unit is 1500, Hold timer is 10(sec)
Internet Address is 10.1.2.254/24 Primary
IP Packet Frame Type: PKTFMT_ETHNT_2, **Hardware Address: 000f-e2e4-5919**
IPv6 Packet Frame Type: PKTFMT_ETHNT_2, Hardware Address: 000f-e2e4-5919
Media type is twisted pair, loopback not set, promiscuous mode not set
100Mb/s, Full-duplex, link type is autonegotiation
Output flow-control is disabled, input flow-control is disabled
Output queue: (Urgent queuing: Size/Length/Discards)　0/100/0
Output queue: (Protocol queuing: Size/Length/Discards)　0/500/0
Output queue: (FIFO queuing: Size/Length/Discards)　0/75/0
Last clearing of counters: Never
　　Last 300 seconds input rate 44.97 bytes/sec, 359 bits/sec, 0.29 packets/sec
　　Last 300 seconds output rate 0.80 bytes/sec, 6 bits/sec, 0.01 packets/sec

        Input: 371 packets, 38913 bytes, 371 buffers
            95 broadcasts, 6 multicasts, 0 pauses
            0 errors, 0 runts, 0 giants
            0 crc, 0 align errors, 0 overruns
            0 dribbles, 0 drops, 0 no buffers
        Output: 11 packets, 716 bytes, 11 buffers
            5 broadcasts, 0 multicasts, 0 pauses
            0 errors, 0 underruns, 0 collisions
            0 deferred, 0 lost carriers

步骤 7：获得路由器当前配置信息。

```
[Router1]display current-configuration
#
 version 5.20, Release 1618P13, Standard
#
 sysname H3C
#
 domain default enable system
#
 telnet server enable
#
vlan 1
#
domain system
 access-limit disable
 state active
 idle-cut disable
 self-service-url disable
#
local-user H3C1
 password simple 123456
 service-type telnet
 level 3
local-user admin
 password cipher .]@ USE=B,53Q=^Q`MAF4<1!!
service-type telnet
 level 3
#
interface Aux0
 async mode flow
 link-protocol ppp
#
interface Ethernet0/0
 port link-mode route
 ip address 10.1.1.254 255.255.255.0
```

```
#
interface ethernet0/1
 port link-mode route
 ip address 10.1.2.254 255.255.255.0
#
interface Serial2/0
 link-protocol ppp
#
interface NULL0
#
user-interface con 0
user-interface aux 0
user-interface vty 0 4
authentication-mode scheme
#
return
```

步骤 8：获得路由器 ARP 表信息。

```
[Router1]display arp all
              Type: S-Static      D-Dynamic      A-Authorized
IP Address    MAC Address         VLAN ID        Interface      Aging    Type
10.1.1.1      0015-1785-6550      N/A            Eth0/0         9        D
10.1.2.1      0015-1785-50ae      N/A            Eth0/1         12       D
```

步骤 9：获得路由器路由表信息。

```
[Router1]display ip routing-table
Routing Tables: Public
        Destinations: 6       Routes: 6
Destination/Mask     Proto     Pre    Cost      NextHop        Interface
10.1.1.0/24          Direct    0      0         10.1.1.254     Eth0/0
10.1.1.254/32        Direct    0      0         127.0.0.1      InLoop0
10.1.2.0/24          Direct    0      0         10.1.2.254     Eth0/1
10.1.2.254/32        Direct    0      0         127.0.0.1      InLoop0
127.0.0.0/8          Direct    0      0         127.0.0.1      InLoop0
127.0.0.1/32         Direct    0      0         127.0.0.1      InLoop0
```

【拓展思考】

路由器的以太网接口连接两个子网 10.1.1.0/24 和 10.1.2.0/24，如图 3.4 所示。在 10.1.2.0 子网内的交换机上能查看到 PC1 的 MAC 地址吗？如何查看？能确定 MAC 地址映射表上与 PC1 的 IP 地址对应的 MAC 地址的所有者是谁吗？

3.2　路由器实现 VLAN 之间互通

【引入案例】

在 2.2.1 节的案例中，企业内网中市场部和研发部分别被划分为 VLAN 2 和 VLAN 3，如果希望市场部和研发部之间实现互通,可以使用三层交换机来解决这个问题。但是如果企业网络非常简单,只有二层交换机和路由器,目前又没有打算购买三层交换机的话,那么有没有什么办法在利用现有设备的基础上实现 VLAN 间的互通呢?

【案例分析】

在企业内网划分 VLAN,能够有效隔离网络,保证主机的安全,并且由于分割内部广播包而提高网络传输速度。但是对于那些既希望隔离又希望对某些 PC 进行互通的公司来说,划分 VLAN 的同时为不同 VLAN 建立互相访问的通道也是必要的。使用三层交换机是解决 VLAN 间互联最常用的办法。但是如果网络中没有三层交换机存在,也可以在路由器上配置单臂路由实现 VLAN 之间的数据通信。

【基本原理】

1. 路由器与交换机的连接方式

传统网络中所有关于 IP 寻址和多个网段之间的通信都是通过路由器来实现的,直到三层交换机出现。理论上讲,一台三层交换机可以看作是"一个二层交换机+一个路由模块",

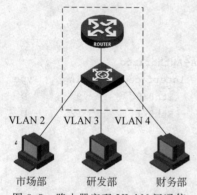

实际使用中各个厂商也是通过将路由模块内置于交换机中实现三层功能的,在传输数据包时先发向这个路由模块,由路由模块提供路由选择,然后再由交换机转发相应的数据包。和三层交换机部署的位置比较,路由器相当于三层交换机的路由模块,只是将其放到了交换机的外部,路由器实现 VLAN 间通信的拓扑如图 3.5 所示。

图 3.5　路由器实现 VLAN 间通信

使用路由器实现 VLAN 间通信时,路由器与交换机的连接方式有两种。

(1)通过路由器的不同物理接口与交换机的每个 VLAN 分别连接。

连接方式如图 3.6 所示,VLAN 2 和 VLAN 3 分别对应一个物理接口。虽然这样可以实现负载分担,但是由于路由器上的接口比较少,在现实里一般不采用这种传统连接方式。

(2)通过路由器的逻辑子接口与交换机的各个 VLAN 连接。

连接方式如图 3.7 所示,与上面的传统路由器有明显的不同,在路由器与交换机之间的

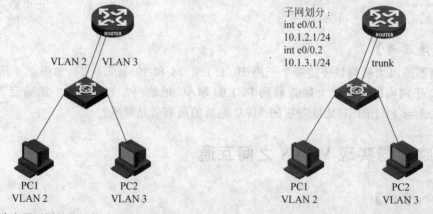

图 3.6　路由器不同的物理接口连接不同的 VLAN　　图 3.7　路由器的逻辑子接口连接不同的 VLAN

物理线路只有一条,但是它在逻辑上是分开的,需要路由的数据包会通过这个线路到达路由器,经过路由后再通过此线路返回交换机进行转发,也就是说,不管有多少 VLAN,在路由器里只要一个接口就可以实现不同 VLAN 的通信。所以这种拓扑连接方式有一个形象的名字——单臂路由(Router-on-a-Stick)。简单地说,单臂路由就是数据包从单个接口进出,而不像传统网络拓扑中数据包从某个接口进入路由器又从另一个接口离开路由器。

2. 子接口与 VLAN 终结

从技术上分析,只要路由器的以太网接口支持 VLAN Trunking 功能,就可以把路由器与交换机之间的链路设置成 Trunk,传递所有 VLAN 的数据流,因此路由器本身需要支持 IEEE 802.1Q。

需要注意的是,传统的三层以太网接口并不支持 VLAN 报文,当它收到 VLAN 报文时,会将 VLAN 报文当成是非法报文而丢弃。为了实现 VLAN 间的互通,在三层以太网接口上开发了三层以太网子接口。也就是说,三层以太网接口本身不能处理 VLAN 报文,但是在三层以太网接口(即主接口)创建子接口后,子接口能处理 VLAN 报文。路由器的子接口是一种逻辑上的接口,与物理接口相比,它能容纳多个 VLAN,适用于有多个 VLAN 的大型网络环境。要实现 VLAN 间通信,则要将路由器的以太网接口划分成与 VLAN 数量相等的逻辑子接口,每个子接口连接一个 VLAN,并在子接口上配置 IP 地址作为相应的 VLAN 的网关。

另外,在子接口上还需要配置 VLAN 终结。VLAN 终结的实质是:

(1) 对收到的 VLAN 报文去除 VLAN Tag 后进行三层转发或其他处理。转发出去的报文是否带有 Tag 由出接口决定。

(2) 对将发送的报文,将相应的 VLAN 信息添加到报文中再发送。

IEEE 802.1Q 协议规定在以太网报文的目的 MAC 地址和源 MAC 地址之后封装了 4B 的 VLAN Tag,用以标识 VLAN 的相关信息。以 Ethernet II 型封装为例,帧格式如图 3.8 所示。

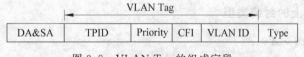

图 3.8　VLAN Tag 的组成字段

VLAN Tag 包含 4 个字段,分别是 TPID(Tag Protocol Identifier,标签协议标识符)、Priority、CFI(Canonical Format Indicator,标准格式指示位)和 VLAN ID。其中 TPID 用来判断本以太网报文是否带有 VLAN Tag(即是否为 VLAN 报文),长度为 16b,默认取值为 0x8100,表示是 Dot1q 报文,但在实际应用中,各个厂商可以自定义该字段的值。

根据 VLAN 报文携带的 Tag 层数可以将 VLAN 报文分为 Dot1q 报文和 QinQ 报文。相应地,VLAN 终结可以分为两类:

(1) Dot1q 终结:用来终结 Dot1q 报文,指在收到 Dot1q 报文时,先将 VLAN Tag 去掉再继续处理。

(2) QinQ 终结:用来终结 QinQ 报文,指在收到 QinQ 报文时,先将两层的 VLAN Tag 去掉再继续处理。

以 Dot1q 终结为例,根据每个子接口所能终结的 VLAN 报文中的 VLAN ID 范围的不

同,Dot1q 终结可分为以下两种:

(1) 明确的 Dot1q 终结:只能终结一个 VLAN 的报文。子接口只能接受 VLAN ID 和指定值一致的 VLAN 报文通过。

(2) 模糊地 Dot1q 终结:可以终结多个 VLAN 的报文,只有属于该范围的 VLAN 报文允许通过子接口。

子接口上配置 VLAN 终结功能后,对收到的 VLAN 报文去除 VLAN Tag,保证了正常的 VLAN 报文转发,在发送报文时,会给报文添加一层 VLAN Tag,加上指定的 VLAN ID 信息,从而实现 VLAN 间的通信。

VLAN 终结也适用于实现局域网和广域网的互联。局域网内的报文大多数都带有 VLAN Tag,但一些广域网协议并不能识别 VLAN 报文,比如 ATM、FR 和 PPP 等,这种情况下,如果要将局域网的 VLAN 报文转发到广域网,则需要在本地记录报文的 VLAN 信息,去掉该信息后再转发。

【命令介绍】

1. 进入相应接口视图或创建逻辑接口和子接口

interface type number [.sub-number]
undo interface type number [.sub-number]

【视图】 系统视图

【参数】 *type*:接口类型。

number:接口编号。

sub-number:子接口编号,与主接口编号之间用符号"."隔开。

【例】 在系统视图下,创建以太网端口 Ethernet0/0 的子接口 Ethernet0/0.1。

```
[H3C]interface ethernet0/0.1
[H3C-ethernet 0/0.1]
```

2. 设置子接口上的封装类型

vlan-type dot1q vid vid
undo vlan-type dot1q vid vid

【视图】 接口视图

【参数】 *vid*:VLAN ID,用来标识一个 VLAN,支持的配置范围因产品不同而不同。

【例】 设置以太网子接口 Ethernet0/0.1 与 VLAN ID 60 相关联,以太网子接口 Ethernet0/0.1 的封装格式为 dot1q。

```
[H3C-ethernet0/0.1]vlan-type dot1q vid 60
```

【解决方案】

根据案例需求,利用路由器连接不同的 VLAN,实现不同的 VLAN 间的互通。在二层交换机上划分 VLAN,市场部划分为 VLAN 2,研发部划分为 VLAN 3,财务部划分为 VLAN 4。在路由器连接交换机的端口上划分子接口 Ethernet0/0.1 和 Ethernet0/0.2,分别连接 VLAN 2 和 VLAN 3,实现市场部和研发部的互通。拓扑图如图 3.9 所示。

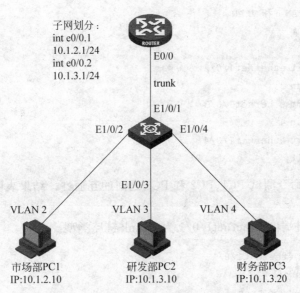

子网划分:
int e0/0.1
10.1.2.1/24
int e0/0.2
10.1.3.1/24

E0/0

trunk

E1/0/1

E1/0/2　　　E1/0/4

E1/0/3

VLAN 2　　　VLAN 3　　　VLAN 4

市场部PC1　　　研发部PC2　　　财务部PC3
IP:10.1.2.10　　　IP:10.1.3.10　　　IP:10.1.3.20

图 3.9　路由器连接 VLAN 实验拓扑

【实验设备】

二层交换机 1 台,路由器 1 台,PC 3 台,标准网线 4 根。

说明:本实验路由器选择 RT-MSR2021-AC-H3,二层交换机选择 LS-S3100-16C-SI-AC。

【实施步骤】

步骤 1:按照图 3.9 所示连接好设备。检查设备的软件版本,确保设备软件版本符合要求,配置设备恢复出厂设置。

(1)检查设备软件版本。

```
<H3C>display version
```

(2)在用户模式下擦除设备配置文件,重启设备使系统恢复默认配置。

```
<H3C>reset saved-configuration
<H3C>reboot
```

步骤 2:配置 PC 的 IP 地址,如表 3.2 所示。

表 3.2　PC IP 地址规划

设备	IP	掩　码	默认网关	设备	IP	掩　码	默认网关
PC1	10.1.2.10	255.255.255.0	10.1.2.1	PC3	10.1.3.20	255.255.255.0	10.1.3.1
PC2	10.1.3.10	255.255.255.0	10.1.3.1				

步骤 3:配置交换机。

(1)创建 VLAN 2、VLAN 3 和 VLAN 4,并把端口 Ethernet1/0/2、Ethernet1/0/3 和 Ethernet1/0/4 分别加入 VLAN 2、VLAN 3 和 VLAN 4。

```
<H3C>system-view
```

```
#创建 VLAN 2、VLAN 3 和 VLAN 4
[H3C]vlan 2 to 4
[H3C]vlan 2
[H3C-vlan2]port ethernet1/0/2
[H3C-vlan2]vlan 3
[H3C-vlan3]port ethernet1/0/3
[H3C-vlan3]vlan 4
[H3C-vlan4]port ethernet1/0/4
[H3C-vlan4]quit
```

（2）使用 ping 命令测试 PC1、PC2 和 PC3 之间的互通性。结果表明 3 台 PC 之间无法互通。

（3）配置交换机端口 Ethernet1/0/1 为 Trunk 链路类型。

```
[H3C]interface ethernet1/0/1
#将端口设为 Trunk 口
[H3C]port link-type trunk
#允许所有 VLAN 流量通过
[H3C-ethernet1/0/1]port trunk permit vlan all
```

步骤 4：配置路由器。

（1）创建以太网子接口 Ethernet0/0.1 和 Ethernet0/0.2，并分别配置 IP 地址为 10.1. 2.1 和 10.1.3.1。

```
<H3C>system-view
#创建子接口
[H3C]interface ethernet0/0.1
#为子接口分配 IP
[H3C-ethernet0/0.1]ip address 10.1.2.1 255.255.255.0
[H3C-ethernet0/0.1]interface ethernet0/0.2
[H3C-ethernet0/0.2]ip address 10.1.3.1 255.255.255.0
```

（2）配置 VLAN 终结。

```
[H3C-ethernet0/0.2]interface ethernet0/0.1
#使能 Dot1q 终结 VALN 2 报文
[H3C-ethernet0/0.1]vlan-type dot1q vid 2
[H3C-ethernet0/0.1]interface ethernet 0/0.2
#使能 Dot1q 终结 VALN 3 报文
[H3C-ethernet0/0.2]vlan-type dot1q vid 3
[H3C-ethernet0/0.2]quit
```

步骤 5：测试 VLAN 间的互通性。

（1）使用 ping 命令测试 PC1 和 PC2 的互通性。结果表示能够互通，成功实现 VLAN 2 和 VLAN 3 间的互通。

（2）使用 ping 命令测试 PC1 和 PC3 的互通性。结果表示无法互通，表明路由器并没有对去往 VLAN 4 的报文进行正常转发。

（3）在路由器上查看路由表。

```
[H3C]display ip routing-table
Routing Tables: Public
          Destinations: 6        Routes: 6
Destination/Mask    Proto    Pre    Cost      NextHop        Interface
10.1.2.0/24         Direct   0      0         10.1.2.1       Eth0/0.1
10.1.2.1/32         Direct   0      0         127.0.0.1      InLoop0
10.1.3.0/24         Direct   0      0         10.1.3.1       Eth0/0.2
10.1.3.1/32         Direct   0      0         127.0.0.1      InLoop0
127.0.0.0/8         Direct   0      0         127.0.0.1      InLoop0
127.0.0.1/32        Direct   0      0         127.0.0.1      InLoop0
```

可以发现，由于 10.1.2.0 和 10.1.3.0 是直连路由，不需启用路由协议或静态路由即能实现 VLAN 之间的通信。

【实验项目】

根据 2.2.3 案例需求，按部门划分 VLAN，现要求以路由器替代原有三层交换机实现市场部与研发部之间的互通，拓扑如图 3.10 所示。

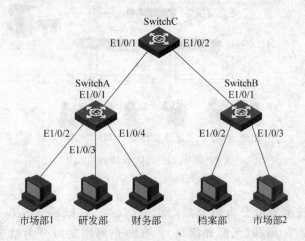

图 3.10　实验项目拓扑

3.3　内网访问 Internet

3.3.1　接入方式与 HDLC 配置

【引入案例】

某公司网络原来规模较小，只租用电信的一根 2Mb/s 的 ADSL 线路连接互联网。现在公司已经扩大规模，达到了上百个信息点，而且要在外网上发布信息以造势，2Mb/s 带宽的 ADSL 已经远远不能满足上网的要求，因此公司必须考虑向电信部门申请新的出口线路。

【案例分析】

企业网络使用路由器的根本目的在于实现内网和外网的连通。目前的企业环境中常用

3 种方式接入 Internet,一种是 ADSL 宽带方式接入,一种是光纤接入,还有一种是申请数字专线来完成接入。企业必须根据自身情况考虑采用哪一种接入方式。但是对于路由器而言,它需要知道的信息仅仅是如何去往它的下一跳(next hop)地址。

【基本原理】

1. 接入方式

1) ADSL 接入

ADSL 接入相对比较简单,通常使用带路由功能的 ADSL Modem 完成接入。ADSL 有较高的带宽和稳定性,能在现有的铜质普通电话线上提供 8Mb/s 下载速率和 1Mb/s 上行速率,上网时不占用电话信号,用户无须另装一条电话线,即可打电话上网同时套用,价格也比较低廉,是 SOHO 网络首选的接入方式。ADSL 接入的一种典型的组网方案如图 3.11 所示。

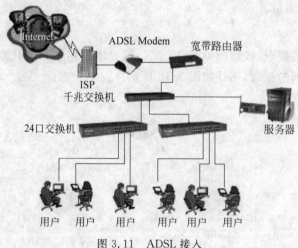

图 3.11 ADSL 接入

2) 光纤接入

光纤接入网从技术上可分为两大类:即 AON(Active Optical Network,有源光网络)和 PON(Passive Optica Network,无源光网络)。有源光网络又可分为基于 SDH(Synchronous Digital Hierarchy,同步数字体系)的 AON 和基于 PDH(Plesiochronous Digital Hierarchy,准同步数字体系)的 AON。

光纤接入可根据光纤深入用户群的程度分为 FTTC(光纤到路边)、FTTZ(光纤到小区)、FTTB(光纤到大楼)、FTTO(光纤到办公室)和 FTTH(光纤到户),它们统称 FTTx。FTTx 并非具体的接入技术,而是光纤在接入网中的推进程度或使用策略。以"千兆到小区、百兆到大楼、十兆到用户"为实现基础的"光纤+5 类线"的接入方式是目前最常见的方式。大企事业单位可以采用光纤直接接入方式独享光纤高速上网,传输带宽从 2Mb/s 到 155Mb/s 不等,可拥有固定 IP,但是价格目前仍然比较昂贵。光纤接入方式如图 3.12 所示。

3) 数字专线接入

ISP 提供的数字专线接入主要有 DDN(Digital Data Network,数字数据网)接入、PCM(Pulse Code Modulation,脉冲编码调制)接入、帧中继和 X.25 接入等。

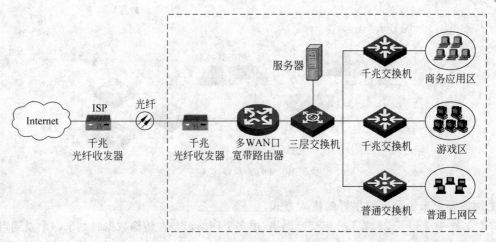

图 3.12　光纤接入方式

（1）DDN 是利用数字通道（光纤、数字微波、卫星）和数字交叉复用结点组成的数字数据传输网络，向用户提供永久性和半永久性连接的数字数据传输信道，可提供速率为 $N \times 64\text{kb/s}(N=1,2,\cdots,31)$ 和 $N \times 2\text{Mb/s}$ 的全透明的高质量数字专用电路和其他新业务，以满足客户多媒体通信和组建中高速通信网的需要。DDN 区别于传统的模拟电话专线，其显著特点是采用数字电路，实现一对多点通信业务，可双向数据同步传输，上下行通道带宽一致，传输质量高，时延小，通信速率可根据客户需要进行选择；电路可以自动迂回，可靠性高，不会出现线路繁忙、中途断线等现象；一线可以多用，可通话、传真、传送数据，还可组建会议电视系统，开放帧中继业务，做多媒体服务或组建自己的虚拟专网（VPN），设立网管中心，管理自己的网络等。

对用户而言，DDN 提供了一条固定的，由用户独自完全占有的数字电路物理通道，无论用户是否在传送数据，该通道始终为用户独享，除非网管删除此条用户电路，并且 DDN 操作简便，无须拨号，24 小时在线，开机即可直接进入信息高速公路。

DDN 可提供的数据业务接口包括 V. 35、RS232、RS449、RS530、X. 21、G. 703 和 X. 50 等。DDN 接入方式方式有以下几种：

① 通过 Modem 接入 DDN；

② 通过 DDN 的数据终端设备接入 DDN；

③ 通过用户集中器接入 DDN；

④ 通过模拟电路接入 DDN；

⑤ 通过 2Mb/s 数字电路接入 DDN。

图 3.13 是使用 Modem 的联网环境。

（2）PCM 数字电路是比 DDN 还要先进的宽带专线电路，提供 2~155Mb/s 速率的点到点通信业务，可提供话音、图像转送和远程教学等其他业务，传输质量高，网络时延小，信道固定分配，充分保证了通信的可靠性，保证用户的带宽不会受其他用户的影响，并且通信保密性强，特别适用于对数据传输速率要求较高，需要高带宽以及金融、保险等有保密性要求的客户需要。PCM 由 PCM 电端机编码产生数字信号，经过对光源的通断调制，利用光纤通道传输光脉冲，能够充分利用 SDH 网络的可靠、简单、高效、延时小的特点，对专线接

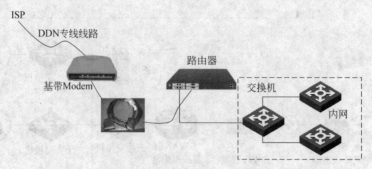

图 3.13　DDN 专线接入方式

入上网的客户来说是一种很好的接入方式。

（3）帧中继和 X.25 属于分组交换网络，由多个网络设备在传输数据时共享一个点到点的连接，在传输数据时使用"虚电路 VC"来提供端到端的连接。这种线路由电信运营商提供，费用比 DDN 方式低，传输质量与 DDN 相当，一般的帧中继用户的接入速率为 64kb/s～2Mb/s。另外，由于线路在多数时间并不会满负载使用，当客户发生突发性的大流量时，他们还可以提供给客户及时的服务。X.25 网络的设计比帧中继更关注错误检测与恢复，效率稍低，帧中继更关注数据传输过程本身的效率。

申请数字专线的价格目前也比较昂贵，那么在光纤接入占据主导地位的背景下，数字专线接入还有存在的必要吗？目前专线数字电路主要面向金融、公安等大型企事业专业用户，既要保障重要数据传送时的实时性，更要保障传输的安全性。数字专线接入，从组网上可以做到与互联网的物理隔离，或者协议上的隔离。互联网传输的基本单位数据报是基于TCP/IP 协议的，而数字电路传输的基本单位是时隙，不是明文数据；从组网上，数字电路接入是点到点或者一点到多点方式；从数据受众范围上，仅限于终端用户与运营商，从这些角度来看，相比于大众化的 ADSL 接入和光纤接入服务，数字专线接入的安全性更高一些，并且专线上还能再组 VPN，因此目前数字专线接入还是有它自己的优势。

2. 实验环境模拟

向电信部门申请一条数字专线是很昂贵的，在实验室环境中可以使用一些办法模拟电信线路的一些参数信号，从而完成对路由器广域网链路的配置。

具体做法是使用另一台路由器来模拟电信线路，拓扑结构如图 3.14 所示。

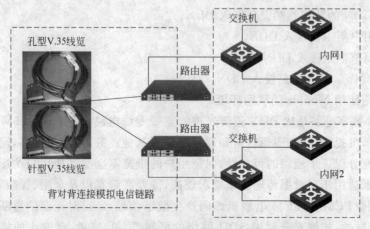

图 3.14　路由器背对背连接模拟电信连接方式

将图 3.14 实际环境中路由器串行接口连接基带 Modem 设备省去,而使用专门的模拟电缆——孔型 V.35 电缆进行模拟电信链路端设备。在这种实验环境中,对于两台路由器而言,其广域网链路配置与实际环境基本一致。简化的连接示意图如图 3.15 所示。

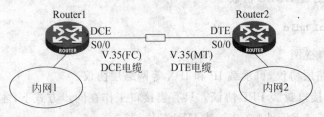

图 3.15　背对背电缆连接

在专线接入方式中,路由器通常通过串行端口连接广域网络,实现点到点连接。DCE(数据通信设备)代表的是电信线路端设备,DTE(数据终端设备)代表的是用户端设备,DTE 通过 DCE 连接到一个数据网络上,并且由 DCE 提供一个和 DTE 同步的时钟信号。DTE 和 DCE 的区分事实上只是针对串行端口。串行 V.35 是路由器采用的一个通信接口标准,V.35MT 电缆是用户终端通常用来连接基带 Modem 从而接入电信线路的,而V.35FC 电缆则通常用来连接模拟电信端的设备,与 V.35MT 电缆形成一对一的连接。对于标准的串行端口,通常从外观就能判断是 DTE 还是 DCE,DTE 是针型(俗称公头),DCE 是孔型(俗称母头),这样两种接口才能接在一起。在实验中,通常根据背对背连接的路由器串行端口连接的电缆类型来判断哪一端为 DCE,哪一端为 DTC。V.35FC 电缆(孔型)连接的路由器是 DCE 设备,V.35MT 电缆(针型)连接的路由器是 DTE 设备。有些路由器在配置上需要在 DCE 一端设置同步时钟频率。

同步串行端口支持的链路层协议包括 PPP、帧中继和 X.25 等,而数字专线接入的点到点连接的线路上链路层封装的协议主要有两种:PPP 和 HDLC。PPP 协议是 H3C 路由器上的默认封装。

3. HDLC

HDLC(High-level Data Link Control,高级数据链路控制)是一种面向比特的链路层协议,其最大特点是对任何一种比特流,均可以实现透明的传输。

(1) HDLC 协议只支持点到点链路,不支持点到多点。

(2) HDLC 不支持 IP 地址协商,不支持认证。协议内部通过 Keepalive 报文来检测链路状态。

(3) HDLC 协议只能封装在同步链路上,如 DDN。如果是同/异步串口的话,只有当同/异步串口工作在同步模式下才可以应用 HDLC 协议。

目前应用的接口为工作在同步模式下的 Serial 接口和 POS 接口。

4. 路由器的默认网关

路由器提供了将异构网互联的机制,实现一个数据包从一个网络发送到另一个网络。路由就是指导 IP 数据包发送的路径信息。

内网接入过程中,企业出口路由器担负的工作就是把来自内网的数据包转发到外网。通常电信运营商都会给客户提供一个往外网的路由信息——下一跳(next hop)地址,也称为路由器的默认网关地址,在专线接入中即串行链路对端的 IP 地址。这样,当有数据需要去往外地时,路由器就会将数据通过广域网链路发送给它的网关。

【命令介绍】

1. 配置接口封装 HDLC 协议

link-protocol hdlc

【视图】 接口视图

HDLC 为链路层协议,可承载 IP 和 IPX 等网络层协议。

默认情况下,接口封装 PPP 协议。只有当接口工作在同步方式下,才能封装 HDLC。

【例】 配置接口 Serial0/0/0 封装 HDLC 协议。

```
[H3C-serial0/0/0]link-protocol hdlc
```

2. 设置/取消轮询时间间隔

timer hold seconds
undo timer hold

【视图】 接口视图

【参数】 *seconds*:为轮询时间间隔,范围为 0~32 767,单位为秒,设置为 0 表示禁止链路检测功能。

默认情况下,接口的链路层协议轮询时间间隔为 10 秒。链路两端设备的轮询时间应设为相同的值。如果将两端的轮询时间间隔都设为 0,则禁止链路检测功能。

【例】 将接口 Serial0/0 的轮询时间间隔值设置为 100 秒。

```
[H3C-serial0/0]timer hold 100
```

3. 设置串口的波特率

baudrate baudrate

【视图】 串口视图

【参数】 *baudrate*:串口的波特率,单位为 b/s。对于异步串口取值范围为 300~115 200,对于同步串口取值范围为 1200~2 048 000。

异步串口的默认波特率为 9600b/s,同步串口的默认波特率为 64 000b/s。异步串口支持的波特率有 300b/s、600b/s、1200b/s、2400b/s、4800b/s、9600b/s、19 200b/s、38 400b/s、57 600b/s 和 115 200b/s。

同步串口支持的波特率有 1200b/s、2400b/s、4800b/s、9600b/s、19 200b/s、38 400b/s、56 000b/s、57 600b/s、64 000b/s、72 000b/s、115 200b/s、128 000b/s、192 000b/s、256 000b/s、384 000b/s、512 000b/s、768 000b/s、1 024 000b/s、1 536 000b/s 和 2 048 000b/s。

192 000b/s、256 000b/s、512 000b/s、1 024 000b/s 和 2 048 000b/s 仅有部分串口支持,以终端提示信息为准。

另外,对于不同的物理电气规程,同步串口所支持的波特率范围有所不同。

(1) V. 24 DTE/DCE:1200~64 000b/s

(2) V. 35 DCE/DCE、X. 21 DTE/DCE、EIA/TIA-449 DTE/DCE 以及 EIA-530

DTE/DCE：1200～2 048 000b/s

当同/异步串口进行同异步切换时，接口的波特率将恢复为新工作方式下的默认波特率。

在设置串口波特率时，要注意串口的同/异步方式以及外接电缆的电气规程等因素。另外要注意异步串口的波特率只在路由器与 Modem 之间起作用，两台 Modem 之间的波特率则由它们互相协商确定，因此，在异步方式下，两端路由器的波特率设置可以不一致；在同步方式下，由 DCE 侧路由器决定线路传输的波特率，只需在 DCE 侧设定即可。

【例】　设置 DCE 设备的异步串口的波特率为 115 200b/s。

```
[H3C-serial0/0/0]baudrate 115200
```

4. 关闭/启用一个接口

shutdown
undo shutdown

【视图】　接口视图

shutdown 命令用来关闭一个接口，undo shutdown 命令则用于启用一个接口。本命令除在物理接口上有效之外，对于 LoopBack 接口、Tunnel 接口和 MFR 接口也有效。

在某些特殊情况下，如修改接口的工作参数时，改动不能立即生效，需要关闭和重启接口后，才能生效。

【例】　关闭接口 Ethernet0/0/0。

```
[H3C-ethernet0/0/0]shutdown
%Dec 15 13:48:39:630 2005 28-31 PHY/2/PHY:Ethernet0/0: change status to down
%Dec 15 13:48:39:730 2005 28-31 IFNET/5/UPDOWN: Line protocol on the interface
Ethernet0/0 is DOWN
```

5. 显示接口当前的运行状态和相关信息

display interface type number[.sub-number]

【视图】　任意视图
【参数】　*type*：接口类型，与 *number* 一起指定了一个接口。

number：接口号，与 *type* 一起指定了一个接口。

sub-number：子接口编号。

使用本命令能显示的信息包括：

- 接口的物理状态和协议状态；
- 接口的物理特性（同异步、DTE/DCE、时钟选择和外接电缆等）；
- 接口的 IP 地址；
- 接口的链路层协议以及链路层协议运行状态和统计信息等；
- 接口的输入输出报文统计信息。

【例】　查看接口 Serial0/0/0 的运行状态和相关信息。

```
[H3C]display interface serial0/0/0
Serial0/0/0 is up,line protocol is up
Description: Serial0/0/0 Interface
```

```
Virtualbaudrate is 300 bps
The Maximum Transmit Unit is 1500, The keepalive is 10(sec)
Internet protocol processing: disabled
Link layer protocol is PPP
LCP opened, MPLSCP stopped
FIFO queuing: (Outbound queue: Size/Length/Discards)
FIFO: 0/75/0
Physical layer is synchronous,Baudrate is 64000 bps
Interface is DCE, Cable type is V35
     5 minutes input rate 0.56 bytes/sec, 0.04 packets/sec
     5 minutes output rate 0.66 bytes/sec, 0.05 packets/sec
     51 packets input,640 bytes, 0 no buffers
     55 packets output, 700 bytes, 0 no buffers
     0 input errors, 0 CRC, 0 frame errors
     0 overrunners, 0 aborted sequences, 0 input no buffers
     DCD=UP   DTR=UP   DSR=UP   RTS=UP   CTS=UP
```

上面显示的串口当前状态中,"Serial0/0/0 is up"表示物理层状态正常,串口已经启用;"line protocol is up"表示链路层状态正常。链路层封装的协议为 PPP;链路层协议轮询时间间隔为 10 秒;端口为同步串口,速率为 64kb/s;本设备为 DCE,电缆为 V.35 电缆。

端口状态中的第一行显示信息"Serial0/0/0 is up/down,line protocol is up/down"非常重要,前面部分代表物理连接是否完成,后面部分代表逻辑配置是否正确完成。如果出现"Serial0/0/0 is down",则需要查看线缆是否正确连接,有没有把端口接反等。如果出现"Serial0/0/0 is up,line protocol is down",则表示物理连接和端口本身一般不会有故障,应该检查配置上是否有问题,如检查端口封装协议以及相应的验证过程等。

6. 配置静态路由

ip route- static *ip- address*{*mask*|*mask- length*}[*interface- type interface- number*]
[*nexthop- address*]
undo ip route- static *ip- address*{*mask*|*mask- length*}[*interface- type interface- number*|*nexthop- address*]

【**视图**】 系统视图

【**参数**】 *ip-address*:目的 IP 地址,用点分十进制格式表示。

mask:掩码。

mask-length:掩码长度。由于要求 32 位掩码中的"1"必须是连续的,因此点分十进制格式的掩码也可以用掩码长度 *mask-length* 来代替(掩码长度是掩码中连续"1"的位数)。

interface-type interface-number:指定该静态路由的出接口类型及接口号。可以指定公网或者其他 vpn-instance 下面的接口作为该静态路由的出接口。

nexthop-address:指定该静态路由的下一跳 IP 地址(点分十进制格式)。

默认情况下,系统可以获取去往与路由器直连的子网路由。

配置静态路由时有以下注意事项:当目的 IP 地址和掩码均为 0.0.0.0 时,就是默认路由。当查找路由表失败后,根据默认路由进行包的转发。在配置静态路由时,可指定发送接口,也可指定下一跳地址,具体采用哪种方法,需要根据实际情况而定。

【例 1】　配置默认路由的下一跳为 129.102.0.2。

```
[H3C]ip route-static 0.0.0.0 0.0.0.0 129.102.0.2
```

【例 2】　配置静态路由,该静态路由的目的地址为 100.1.1.1,下一跳地址为 1.1.1.2。

```
[H3C]ip route-static 100.1.1.1 16 1.1.1.2
```

【解决方案】

公司向电信租用了 2Mb/s DDN 专线,独占带宽,并且拥有了自己的固定 IP 地址,可以搭建自己的 Web 服务器,发布信息变得非常方便。

设公司获得的 IP 地址为 200.1.1.0/24,采用路由器背对背连接的方式模拟电信线路,外网 IP 地址段为 200.3.1.0/24,两个路由器间的串行链路所在的 IP 地址段为 200.2.1.0/24,拓扑如图 3.16 所示,并在二层链路上封装 HDLC 协议,实现内网对外网的访问。

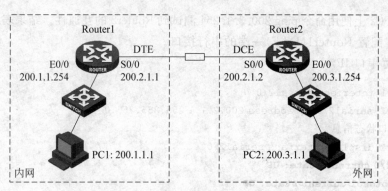

图 3.16　数字专线接入实验拓扑

【实验设备】

路由器 2 台,二层交换机 2 台,PC 2 台,V.35 背对背电缆 1 对,标准网线 4 根。

说明:本实验路由器选择 RT-MSR2021-AC-H3,二层交换机选择 LS-S3100-16C-SI-AC。

【实施步骤】

步骤 1:按照图 3.16 所示连接好设备,检查设备的软件版本,确保设备软件版本符合要求,配置设备恢复出厂设置。

(1) 检查设备软件版本。

```
<H3C>display version
```

(2) 在用户模式下擦除设备配置文件,重启设备,使系统恢复默认配置。

```
<H3C>reset saved-configuration
<H3C>reboot
```

步骤 2:分别完成内网、外网两端局域网的配置。

(1) 设置 PC1 的 IP 地址为 200.1.1.1,掩码为 255.255.255.0,默认网关为 200.1.1.254。

(2) 配置 Router1 局域网接口地址。

```
<H3C>system-view
[H3C]sysname router1
[Router1]interface ethernet0/0
[Router1-ethernet0/0]ip address 200.1.1.254 255.255.255.0
[Router1-ethernet0/0]quit
```

（3）在 PC1 上使用命令 ping 200.1.1.254 测试到 Router1 的互通性。结果表示能够互通。

（4）设置 PC2 的 IP 地址为 200.3.1.1，掩码为 255.255.255.0，默认网关为 200.3.1.254。

（5）配置 Router2 局域网接口地址。

```
<H3C>system-view
[H3C]sysname router2
[Router2]interface ethernet0/0
[Router2-ethernet0/0]ip address 200.3.1.254 255.255.255.0
[Router2-ethernet0/0]quit
```

（6）在 PC2 上使用命令 ping 200.3.1.254 测试到 Router2 的互通性。结果表示能够互通。

步骤 3：配置 Router1(DTE)一端的串行接口。

（1）配置串口 IP。

```
[Router1]interface serial2/0
[Router1-serial2/0]ip address 200.2.1.1 255.255.255.0
#查看串口状态信息
[Router1]display interface serial2/0
```

Serial2/0 current state: UP

Line protocol current state: UP

Description: Serial2/0 Interface

The Maximum Transmit Unit is 1500, Hold timer is 10(sec)

Internet Address is 200.2.1.1/24 Primary

Link layer protocol is PPP

LCP opened, IPCP stopped

Output queue: (Urgent queuing: Size/Length/Discards)   0/100/0

Output queue: (Protocol queuing: Size/Length/Discards)   0/500/0

Output queue: (FIFO queuing: Size/Length/Discards)   0/75/0

Physical layer is synchronous, **Virtual baudrate is 64000 bps**

Interface is DTE, Cable type is V35, Clock mode is DTECLK1

Last clearing of counters: Never

    Last 300 seconds input rate 2.40 bytes/sec, 19 bits/sec, 0.20 packets/sec

    Last 300 seconds output rate 2.40 bytes/sec, 19 bits/sec, 0.20 packets/sec

    Input: 145 packets, 1750 bytes

        0 broadcasts, 0 multicasts

        0 errors, 0 runts, 0 giants

        0 CRC, 0 align errors, 0 overruns

        0 dribbles, 0 aborts, 0 no buffers

        0 frame errors

    Output: 145 packets, 1754 bytes

```
      0 errors, 0 underruns, 0 collisions
      0 deferred
  DCD=UP   DTR=UP   DSR=UP   RTS=UP   CTS=UP
```

（2）封装 HDLC 协议。

```
[Router1-serial2/0]link-protocol hdlc
%Aug 30 15: 15: 17: 144 2011 H3C DRVMSG/1/DRVMSG: Serial2/0: change status to down
%Aug 30 15: 15: 17: 144 2011 H3C IFNET/4/UPDOWN:
Line protocol on the interface Serial2/0 is DOWN
[Router1-serial2/0]
%Aug 30 15: 15: 18: 553 2011 H3C DRVMSG/1/DRVMSG: Serial2/0: change status to up
%Aug 30 15: 15: 18: 553 2011 H3C IFNET/4/UPDOWN:
Line protocol on the interface Serial2/0 is UP
%Aug 30 15: 16: 18: 570 2011 H3C IFNET/4/UPDOWN:
Line protocol on the interface Serial2/0 is DOWN
```

（3）设置波特率。

```
[Router1-serial2/0]baudrate 2048000
%Aug 30 15: 17: 12: 455 2011 H3C DRVMSG/1/DRVMSG: Serial2/0: Baudrate can only be set
on the DCE.
```

注意：

（1）只能在 DCE 一方设置串口波特率。

（2）修改封装协议和波特率的操作将会引起端口重启，命令行界面上会显示如下提示：

```
%Aug 29 14: 53: 29: 299 2011 H3C DRVMSG/1/DRVMSG: Serial2/0: change status to down
%Aug 29 14: 53: 29: 300 2011 H3C IFNET/4/UPDOWN: Line protocol on the interface
Serial2/0 is DOWN
%Aug 29 14: 53: 30: 961 2011 H3C DRVMSG/1/DRVMSG: Serial2/0: change status to up
```

（3）配置过程中需要注意观察物理端口的 Up/Down 状态，更要注意观察协议 Line protocol 的 Up/Down 状态，可以有效地帮助判断网络问题是出于端口的硬件问题，比如接触不良，还是配置操作上的错误。

```
[Router1-serial2/0]quit
#查看串口状态信息
[Router1-serial2/0]display interface serial2/0
Serial2/0 current state: UP
Line protocol current state: DOWN
Description: Serial2/0 Interface
The Maximum Transmit Unit is 1500, Hold timer is 10(sec)
Internet Address is 200.2.1.1/24 Primary
Link layer protocol is HDLC
Output queue: (Urgent queuing: Size/Length/Discards)   0/100/0
Output queue: (Protocol queuing: Size/Length/Discards)   0/500/0
Output queue: (FIFO queuing: Size/Length/Discards)   0/75/0
```

Physical layer is synchronous, Virtual baudrate is 64000 bps

Interface is DTE, Cable type is V35, Clock mode is DTECLK1

Last clearing of counters: Never

Last 300 seconds input rate 2.38 bytes/sec, 19 bits/sec, 0.20 packets/sec

Last 300 seconds output rate 2.35 bytes/sec, 18 bits/sec, 0.19 packets/sec

Input: 199 packets, 2436 bytes

0 broadcasts, 0 multicasts

0 errors, 0 runts, 0 giants

0 CRC, 0 align errors, 0 overruns

0 dribbles, 0 aborts, 0 no buffers

0 frame errors

Output: 192 packets, 2488 bytes

0 errors, 0 underruns, 0 collisions

0 deferred

由于对端 DCE 的封装协议还没有修改(默认协议是 PPP),因此串口状态信息显示 "Line protocol current state:DOWN",即逻辑连接上处于 Down 状态。

步骤 4:配置 Router2(DCE)一端的串行接口。

(1) 配置串口 IP。

```
[Router2]interface serial2/0
[Router2-serial2/0]ip address 200.2.1.2 255.255.255.0
#显示串口状态信息
[Router2]display interface serial 2/0
```

Serial2/0 current state: UP

Line protocol current state: DOWN

Description: Serial2/0 Interface

The Maximum Transmit Unit is 1500, Hold timer is 10(sec)

Internet Address is 200.2.1.2/24 Primary

Link layer protocol is PPP

LCP reqsent

Output queue: (Urgent queuing: Size/Length/Discards)   0/100/0

Output queue: (Protocol queuing: Size/Length/Discards)   0/500/0

Output queue: (FIFO queuing: Size/Length/Discards)   0/75/0

Physical layer is synchronous, Baudrate is 64000 bps

Interface is DCE, Cable type is V35, Clock mode is DCECLK

Last clearing of counters: Never

Last 300 seconds input rate 2.20 bytes/sec, 17 bits/sec, 0.10 packets/sec

Last 300 seconds output rate 1.98 bytes/sec, 15 bits/sec, 0.12 packets/sec

Input: 215 packets, 2994 bytes

0 broadcasts, 0 multicasts

0 errors, 0 runts, 0 giants

0 CRC, 0 align errors, 0 overruns

0 dribbles, 0 aborts, 0 no buffers

0 frame errors

Output: 226 packets, 2922 bytes

```
        0 errors, 0 underruns, 0 collisions
        0 deferred
    DCD=UP  DTR=UP  DSR=UP  RTS=UP  CTS=UP
```

（2）封装 HDLC 协议。

```
[Router2-serial2/0]link-protocol hdlc
%Aug 30 14: 50: 33: 176 2011 H3C DRVMSG/1/DRVMSG: Serial2/0: change status to down
[Router2-Serial2/0]
%Aug 30 14: 50: 36: 565 2011 H3C DRVMSG/1/DRVMSG: Serial2/0: change status to up
%Aug 30 14: 50: 36: 565 2011 H3C IFNET/4/UPDOWN:
```
Line protocol on the interface Serial2/0 is UP

（3）设置波特率。

```
[Router2-serial2/0]baudrate 2048000
[Router2-serial2/0]
%Aug 30 14: 51: 34: 404 2011 H3C DRVMSG/1/DRVMSG: Serial2/0: change status to down
%Aug 30 14: 51: 34: 405 2011 H3C IFNET/4/UPDOWN:
Line protocol on the interface Serial2/0 is DOWN
%Aug 30 14: 51: 36: 580 2011 H3C DRVMSG/1/DRVMSG: Serial2/0: change status to up
%Aug 30 14: 51: 36: 581 2011 H3C IFNET/4/UPDOWN:
```
Line protocol on the interface Serial2/0 is UP
\# 显示串口状态信息
```
[Router2]display interface serial 2/0
```
Serial2/0 current state: UP
Line protocol current state: UP
```
Description: Serial2/0 Interface
The Maximum Transmit Unit is 1500, Hold timer is 10(sec)
Internet Address is 200.2.1.2/24 Primary
```
Link layer protocol is HDLC
```
Output queue: (Urgent queuing: Size/Length/Discards)   0/100/0
Output queue: (Protocol queuing: Size/Length/Discards)   0/500/0
Output queue: (FIFO queuing: Size/Length/Discards)   0/75/0
```
Physical layer is synchronous, Baudrate is 2048000 bps
```
Interface is DCE, Cable type is V35, Clock mode is DCECLK
Last clearing of counters: Never
    Last 300 seconds input rate 2.20 bytes/sec, 17 bits/sec, 0.10 packets/sec
    Last 300 seconds output rate 1.91 bytes/sec, 15 bits/sec, 0.09 packets/sec
    Input: 242 packets, 3588 bytes
        0 broadcasts, 0 multicasts
        2 errors, 0 runts, 0 giants
        0 CRC, 2 align errors, 0 overruns
        0 dribbles, 0 aborts, 0 no buffers
        0 frame errors
    Output: 252 packets, 3462 bytes
        0 errors, 0 underruns, 0 collisions
```

0 deferred

DCD=UP DTR=UP DSR=UP RTS=UP CTS=UP

Line protocol 当前状态是 Up，表示逻辑上 DEC 和 DTE 已经成功连接，实现同步。

步骤 5：配置 Router1 的默认网关并查看路由表。

（1）配置 Router1 的默认网关（默认路由），使路由器可以将内网数据传输到外网。

［Router1］ip route-static 0. 0. 0. 0 0. 0. 0. 0 200. 2. 1. 2

（2）在 Router1 上查看路由表。

[Router1]display ip routing-table
Routing Tables: Public
  Destinations: 7   Routes: 7

Destination/Mask	Proto	Pre	Cost	NextHop	Interface
0.0.0.0/0	**Static**	**60**	**0**	**200.2.1.2**	**S2/0**
127.0.0.0/8	Direct	0	0	127.0.0.1	InLoop0
127.0.0.1/32	Direct	0	0	127.0.0.1	InLoop0
200.1.1.0/24	Direct	0	0	200.1.1.254	Eth0/0
200.1.1.254/32	Direct	0	0	127.0.0.1	InLoop0
200.2.1.0/24	Direct	0	0	200.2.1.1	S2/0
200.2.1.1/32	Direct	0	0	127.0.0.1	InLoop0

路由器直接连接的网络为 200. 1. 1. 0/24 和 200. 2. 1. 0/24。从 200. 1. 1. 0/24 去往 200. 3. 1. 0/24 网络的下一跳是 200. 2. 1. 2（即 Router2）。

步骤 6：配置 Router2 的默认网关并查看路由表。

（1）配置 Router2 的默认网关（默认路由），使路由器可以将外网数据传输回内网。

［Router2］ip route-static 0. 0. 0. 0 0. 0. 0. 0 200. 2. 1. 1

（2）在 Router2 上查看路由表。

[Router2]display ip routing-table
Routing Tables: Public
  Destinations: 7   Routes: 7

Destination/Mask	Proto	Pre	Cost	NextHop	Interface
0.0.0.0/0	**Static**	**60**	**0**	**200.2.1.1**	**S2/0**
127.0.0.0/8	Direct	0	0	127.0.0.1	InLoop0
127.0.0.1/32	Direct	0	0	127.0.0.1	InLoop0
200.2.1.0/24	Direct	0	0	200.2.1.2	S2/0
200.2.1.2/32	Direct	0	0	127.0.0.1	InLoop0
200.3.1.0/24	Direct	0	0	200.3.1.254	Eth0/0
200.3.1.254/32	Direct	0	0	127.0.0.1	InLoop0

步骤 7：在 PC1 上使用 ping 命令测试 PC1 到 PC2 的互通性。结果表示能够互通。

【实验总结】

路由器的不同端口连接不同的网络，本实验两个路由器 4 个端口一共连接了 3 个网络：200. 1. 1. 0/24、200. 2. 1. 0/24 和 200. 3. 1. 0/24，其中两个路由器的串行端口连接同一个网络 200. 3. 1. 0/24。

通常按照下面的步骤进行配置操作：分段配置检测，即分段配置检测内网、外网和互连网络。例如本实验，首先配置内网，完成内网的互通，可以检测 PC1 和路由器 Router1 的互通性。然后配置外网，完成外网的互通，可以检测 PC3 和路由器 Router2 的互通性。最后配置中间互连网络，完成两台路由器串口之间的连接，可以检测路由器 Router1 和 Router2 的互通性。这样逐段操作，思路清晰，可以减少配置上的失误，出现问题也能有效地帮助确定问题所在。

【拓展思考】

上面案例实施步骤中，步骤 5 和步骤 6 中设置路由器的默认路由操作可以省略吗？为什么？

3.3.2　PPP 配置

【引入案例】

在 3.3.1 节的案例中，假设公司采用了 DDN 专线接入的方式，并在数据链路层上采用 HDCL 封装。如果公司希望能够更好地保证网络的安全性，比如提供网络验证机制，那么 HDLC 还能胜任吗？

【案例分析】

HDLC 最大的特点是不需要数据必须是规定的字符集，对于任何一种比特流均可以实现透明传输。它的控制字段只有 8b，用来实现协议的各种控制信息，所能提供的服务是比较简单的，并且在单一链路上只能承载单一的网络协议，并不能提供网络验证机制。因此可以考虑在链路上采用 PPP 协议。

【基本原理】

1. PPP 简介

PPP(Point-to-Point Protocol)是在点到点链路上承载网络层数据包的一种数据链路层协议，由于它能够提供用户验证，易于扩充，并且支持全双工的同异步通信，因而获得广泛应用。

PPP 的特点包括：

(1) 支持点到点的连接。

(2) 物理层可以是同步电路(如 ISDN 或同步 DDN)，也可以是异步电路(如基于拨号的 PSTN 网络)。

(3) 具有各种网络层控制协议(NCP)，如 IPCP 和 IPXCP，能够更好地支持网络层协议。

(4) 具有验证协议 PAP(Password Authentication Protocol)和 CHAP(Challenge Handshake Authentication Protocol)，更好地保证了网络的安全。

为了增加带宽，可以将多个 PPP 链路捆绑使用，称为 Multilink PPP，简称 MP。MP 会将报文分片(也可以不分片)后，从 MP 链路下的多个 PPP 通道发送到 PPP 对端，对端再将这些分片重组并向上传递给网络层。

MP 的作用主要有：

(1) 增加带宽，甚至可以做到动态增加或减小带宽。

（2）负载分担。

（3）备份。

（4）利用分片降低时延。

MP 能在任何支持 PPP 封装的接口下工作,如串口、ISDN 的 BRI/PRI 接口等,也包括 PPPoX(PPPoE、PPPoA 和 PPPoFR 等)这类虚拟接口,但是要求尽可能将同一类的接口捆绑使用,不要将不同类的接口捆绑使用。

2. PPP 的组成

PPP 定义了一整套的协议,包括链路控制协议(LCP)、网络层控制协议(NCP)和验证协议(PAP 和 CHAP)等。其中:

（1）链路控制协议(Link Control Protocol,LCP)主要用来建立、拆除和监控数据链路,完成 MTU、质量协议和验证协议等参数的协商。

（2）网络控制协议(Network Control Protocol,NCP)主要用来协商在该数据链路上所传输的数据包的格式与类型,可以建立和配置不同的网络层协议。

（3）用于网络安全方面的验证协议族。

3. PPP 的工作流程

PPP 的工作流程如下:

（1）在开始建立 PPP 链路时,先进入到 Establish 阶段。

（2）在 Establish 阶段 PPP 链路进行 LCP 协商,协商内容包括工作方式(是单链路 PPP,简称 SP,还是多链路捆绑 PPP,简称 MP)、验证方式和最大接收单元(Maximum-Receive-Unit,MRU)等。LCP 在协商成功后进入 Opened 状态,表示底层链路已经建立。

（3）如果配置了验证(远端验证本地或者本地验证远端),则进入 Authenticate 阶段,开始 CHAP 或 PAP 验证。

（4）如果验证失败进入 Terminate 阶段,拆除链路,LCP 状态转为 Down;如果验证成功就进入 Network 协商阶段(NCP),此时 LCP 状态仍为 Opened,而 IPCP 状态从 Initial 转到 Request。

（5）NCP 协商支持 IPCP 协商,IPCP 协商主要包括双方的 IP 地址。通过 NCP 协商来选择和配置一个网络层协议。只有相应的网络层协议协商成功后,该网络层协议才可以通过这条 PPP 链路发送报文。

（6）PPP 链路将一直保持通信,直至有明确的 LCP 或 NCP 帧关闭这条链路,或发生了某些外部事件(例如,用户的干预)。

PPP 的一个简化的工作流程如图 3.17 所示。

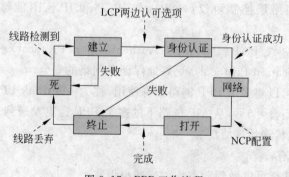

图 3.17 PPP 工作流程

4. PPP 验证

PPP 提供的身份验证方式包括 PAP 和 CHAP 两种。

1）PAP 验证

PAP 验证为两次握手验证，验证过程如下：

（1）被验证方发送用户名和口令到验证方。

（2）验证方根据本端用户表查看是否有此用户以及口令是否正确，然后返回不同的响应（Acknowledge or Not Acknowledge）。

2）CHAP 验证

CHAP 验证为三次握手验证，验证过程如下：

（1）验证方主动发起验证请求，验证方向被验证方发送一些随机产生的报文（Challenge），并同时将本端的用户名附带上一起发送给被验证方。

（2）被验证方接到验证方的验证请求后，根据此报文中验证方的用户名查找用户口令字，如找到用户表中与验证方用户名相同的用户，就利用报文 ID、此用户的密钥（口令字）和 MD5 算法对该随机报文进行加密，将生成的密文和自己的用户名发回验证方（Response）；如果被验证方没有在本端用户表中找到匹配的用户名，则检查本端接口上是否配置了"ppp chap password"命令，如果配置了该命令，则被验证方利用报文 ID、此用户的密钥（口令字）和 MD5 算法对该随机报文进行加密，将生成的密文和自己的用户名发回验证方（Response）。

（3）验证方接收到该报文后，根据此报文中被验证方的用户名，在自己的本地用户数据库（local-user）中查找被验证方用户名对应的被验证方口令字，利用该口令和 MD5 算法对原随机报文加密，比较二者的密文，根据比较结果返回不同的响应（Acknowledge or Not Acknowledge）。

【命令介绍】

1. 配置接口封装 PPP 协议

`link-protocol ppp`

【视图】　接口视图

默认情况下，串口、Dialer 口及虚拟模板接口封装的链路层协议即为 PPP。

2. 设置/取消设置本端路由器 PPP 对对端路由器的验证方式

`ppp authentication-mode{chap|pap}[[call-in]|domain isp-name]`
`undo ppp authentication-mode`

【视图】　接口视图或虚拟模板接口视图

【参数】　chap 和 pap 二者必选其一，也只能选一种。

call-in：表示只在远端用户呼入时才验证对方。

domain：表示用户认证采用的域名。

当配置 ppp authentication-mode{pap|chap}后不加 domain 时，默认使用的域是系统默认的域 system，认证方式是本地验证，必须使用在该域中配置的地址池。

如果在该命令加了 domain，则必须在对应的域中配置地址池。

如果用户名中带有域名,则以用户名中的域名为准(若该域名不存在,则认证被拒绝),否则应使用为 PPP 认证配置的域名。

如果用户名中不带域名,而为 PPP 认证配置的域名又不存在,则认证被拒绝。

默认情况下,不验证。

PPP 有两种验证方式:

(1) PAP 为两次握手验证,口令为明文。

(2) CHAP 为三次握手验证,口令为密文。

3. 设置/取消设置 PPP 用户的回呼及主叫号码属性

service-type ppp[callback-number callback-number|**call-number** call-number[: subcall-number]]

undo service-type ppp[callback-number|call-number]

【视图】 本地用户视图

【参数】 callback-number *callback-number*:回呼号码。

call-number *call-number*:对 ISDN 用户认证的主叫号码,主叫号码的最大长度不能大于 64B。

[:*subcall-number*]:为子主叫号码。如果包含子主叫号码,则主叫号码与子主叫号码的总长不能大于 62B。

默认情况下,系统不对用户授权任何服务;若授权 PPP 服务,默认设置为不设置用户回呼号码,不对 ISDN 用户进行主叫号码认证。

4. 配置/取消设置本地路由器在 PAP 方式验证时发送的 PAP 用户名和口令

ppp pap local-user username **password{simple|cipher}**password

undo ppp pap local-user

【视图】 接口视图

【参数】 *username*:发送的用户名,为长度为 1~80 的字符串。

password:发送的口令。

simple:不加密显示口令。

cipher:加密显示口令。

默认情况下,被对端以 PAP 方式验证时,本地路由器发送的用户名和口令均为空。当本地路由器被对端以 PAP 方式验证时,本地路由器发送的用户名 *username* 和口令 *password* 应与对端路由器的 *username* 和 *password* 一致。

5. 配置/取消配置采用 CHAP 认证时的用户名称

ppp chap user username

undo ppp chap user

【视图】 接口视图

【参数】 *username*:CHAP 验证用户名,为长度为 1~80 的字符串,该名称是发送到对端设备进行 CHAP 验证的用户名。

默认情况下,CHAP 认证的用户名为"H3C"。

当使用 CHAP 认证方式时,通过 local-user 命令配置的非域用户名与通过 ppp chap user 配置的用户名的长度必须完全一致,否则会由于在服务器端找不到相应的用户而导致客户端认证失败。

配置 CHAP 验证时,要将各自的用户名配置为对端的 local-user,而且对应的口令要一致。

【例】　配置接口 Serial0/0/0 进行 CHAP 验证时的本地用户名为 Root。

```
[H3C-serial0/0/0]ppp chap user Root
```

6. 配置/取消配置进行 CHAP 验证时采用的口令

ppp chap password{simple|cipher}password
undo ppp chap password

【视图】　接口视图

【参数】　password:发送的口令。

simple:不加密显示口令。

cipher:加密显示口令。

配置 CHAP 验证时,要将本端的口令配置为对端相应用户的口令。

被验证端加密随机报文时,优先使用 ppp chap password 命令配置的口令;如果没有配置 ppp chap password 命令,才会使用本地用户数据库(local-user)中查到的用户口令。

【例】　设置本地路由器以 CHAP 方式被验证时,用户口令为 H3C 且为明文显示。

```
[H3C-serial0/0/0]ppp chap password simple H3C
```

【解决方案】

方案 1:根据上一节的案例,假设公司向电信租用了 2Mb/s DDN 专线,并在二层链路上封装 PPP 协议,启用单边 PAP 验证,公司内部路由器必须使用对端提供的用户名和口令进行验证,用户名为 authr1,口令为 hello。

方案 2:在二层链路上封装 PPP 协议,启用双边 CHAP 验证,公司与 ISP 协商用户名和口令,主验证方和被验证方的用户名为对方的名字,双方的口令一致为 hello。

设公司获得的 IP 地址为 200.1.1.0/24,采用路由器背对背连接的方式模拟电信线路,外网 IP 地址段为 200.3.1.0/24,两个路由器间的串行链路所在的 IP 地址段为 200.2.1.0/24,拓扑如图 3.18 所示。

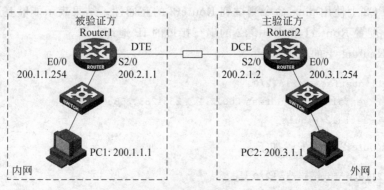

图 3.18　PAP 验证实验拓扑

【实验设备】

路由器 2 台,二层交换机 2 台,PC 2 台,V.35 背对背电缆 1 对,标准网线 4 根。

说明:本实验路由器选择 RT-MSR2021-AC-H3,二层交换机选择 LS-S3100-16C-SI-AC。

【实施步骤】

步骤 1:按照图 3.18 所示连接好设备,检查设备的软件版本,确保设备软件版本符合要求,配置设备恢复出厂设置。

(1) 检查设备软件版本。

```
<H3C>display version
```

(2) 在用户模式下擦除设备配置文件,重启设备使系统恢复默认配置。

```
<H3C>reset saved-configuration
<H3C>reboot
```

步骤 2:分别完成内网、外网两端局域网的配置。

(1) 设置 PC1 的 IP 地址为 200.1.1.1,掩码为 255.255.255.0,默认网关为 200.1.1.254。

(2) 配置 Router1 局域网接口地址。

```
<H3C>system-view
[H3C]sysname router1
[Router1]interface ethernet0/0
[Router1-ethernet0/0]ip address 200.1.1.254 255.255.255.0
[Router1-ethernet0/0]quit
```

(3) 在 PC1 上使用 ping 命令测试到 Router1 的互通性。结果表示能够互通。

(4) 设置 PC2 的 IP 地址为 200.3.1.1,掩码为 255.255.255.0,默认网关为 200.3.1.254。

(5) 配置 Router2 局域网接口地址。

```
<H3C>system-view
[H3C]sysname router2
[Router2]interface ethernet0/0
[Router2-ethernet0/0]ip address 200.3.1.254 255.255.255.0
[Router2-ethernet0/0]quit
```

(6) 在 PC2 上使用 ping 命令测试到 Router2 的互通性。结果表示能够互通。

步骤 3:配置 Router1 和 Router2 的串行接口的 IP 地址。

(1) 在 Router1 上的配置如下:

```
[Router1]interface serial2/0
[Router1-serial2/0]ip address 200.2.1.1 255.255.255.0
[Router1-serial2/0]quit
```

(2) 在 Router2 上的配置如下:

```
[Router2]interface serial2/0
[Router2-serial2/0]ip address 200.2.1.2 255.255.255.0
```

步骤 4：实施上述方案 1，实现二层 PPP 封装，并采用单边 PAP 验证方式。

1）配置主验证方（Router2）的 PAP 验证方式以及用户名和口令

（1）设置本地用户名 authr1 和口令 hello。

```
[Router2]local authr1
New local user added.
[Router2-luser-authr1]password simple hello
#授权本地用户 authr1 PPP 服务
[Router2-luser-authr1]service-type ppp
```

（2）串口封装 PPP。

```
#PPP 为串口默认封装的链路层协议,该命令可不写
[Router2-serial2/0]link-protocol ppp
```

（3）设置主验证方路由器 PPP 协议对被验证方路由器的验证方式为 PAP，默认为本地验证方式。

```
[Router2-serial2/0]ppp authentication-mode pap
```

（4）重新启动接口（使端口及时响应配置，可不写）。

```
[Router2-serial2/0]shutdown
[Router2-serial2/0]undo shutdown
[Router2-serial2/0]quit
```

2）配置被验证方（Router1）的用户名和口令

（1）串口封装 PPP。

```
#PPP 为串口默认封装的链路层协议,命令可不写.
[Router1]interface serial2/0
[Router1-serial2/0]link-protocol ppp
```

（2）配置被验证方路由器（Router1）被主验证方路由器（Router2）以 PAP 方式验证时本地发送的 PAP 用户名和口令。

```
#用户名和口令必须与主验证方路由器的用户名和口令一致
[Router1-serial2/0]ppp pap local-user authr1 password simple hello
```

（3）重新启动接口（使端口及时响应配置，可不写）。

```
[Router1-serial2/0]shutdown
[Router1-serial2/0]undo shutdown
[Router1-serial2/0]quit
```

步骤 5：配置 Router1 的默认网关，使路由器可以将内网数据传输到外网。

```
[Router1]ip route-static 0.0.0.0 0.0.0.0 200.2.1.2
```

步骤 6：配置 Router2 的默认网关，使路由器可以将外网数据传输回内网。

```
[Router2]ip route-static 0.0.0.0 0.0.0.0 200.2.1.1
```

步骤7：在 PC1 上使用 ping 命令测试 PC1 到 PC2 的互通性。结果表示能够互通。

步骤8：验证 PAP。

（1）修改 PAP 验证本地发送的 PAP 口令为错误口令 mmm。

```
[Router1-serial2/0]ppp pap local- user authr1 password sim mmm
```

（2）重新启动接口。

```
[Router1-serial2/0]shutdown
%Aug 30 16: 24: 12: 191 2011 H3C DRVMSG/1/DRVMSG: Serial2/0: change status to down
%Aug 30 16: 24: 12: 191 2011 H3C IFNET/4/UPDOWN:
Line protocol on the interface Serial2/0 is DOWN
%Aug 30 16: 24: 12: 192 2011 H3C IFNET/4/UPDOWN:
Protocol PPP IPCP on the interface Serial2/0 is DOWN
[Router1-serial2/0]unshutdown
%Aug 30 16: 25: 44: 698 2011 H3C DRVMSG/1/DRVMSG: Serial2/0: change status to up
%Aug 30 16: 25: 44: 191 2011 H3C IFNET/4/UPDOWN:
```
Line protocol on the interface Serial2/0 is DOWN
```
%Aug 30 16: 25: 46: 294 2011 H3C IFNET/4/UPDOWN:
```
Protocol PPP IPCP on the interface Serial2/0 is DOWN

从上面的系统反馈可以观察到，验证口令错误时，PPP IPCP（网络层协议）协商失败。

（3）恢复正确验证口令。

```
[Router1-serial2/0]undo ppp pap local-user
[Router1-serial2/0]ppp pap local-user authr1 password simple hello
[Router1-serial2/0]shutdown
[Router1-serial2/0]undo shutdown
%Aug 30 16: 34: 44: 833 2011 H3C DRVMSG/1/DRVMSG: Serial2/0: change status to up
%Aug 30 16: 36: 47: 855 2011 H3C IFNET/4/UPDOWN:
```
Line protocol on the interface Serial2/0 is UP
```
%Aug 30 16: 25: 47: 856 2011 H3C IFNET/4/UPDOWN:
```
Protocol PPP IPCP on the interface Serial2/0 is UP

步骤9：实施上述方案 2，采用双边 CHAP 验证方式。

1）配置主验证方（Router2）的 CHAP 验证方式以及用户名和口令

（1）删除 PAP 验证方式。

```
[Router2]interface serial2/0
[Router2-serial2/0]undo ppp authentication-mode
```

（2）设置主验证方路由器 PPP 协议对被验证方路由器的验证方式为 CHAP，默认为本地验证方式。

```
[Router2-serial2/0]ppp authentication-mode chap
```

（3）设置 CHAP 验证的用户名，用户名由对端提供，是 Router1 本地用户名 authr2。

```
[Router2-serial2/0]ppp chap user authr2
```

（4）重新启动接口。

```
[Router2-serial2/0]shutdown
[Router2-serial2/0]undo shutdown
[Router2-serial2/0]quit
```

2）配置被验证方（Router1）的用户名和口令

（1）设置本地用户名 authr2 和口令 hello。

```
[Router1]local user authr2
[Router1-luser-authr2]password simple hello
#授权本地用户 authr1 PPP 服务
[Router1-luser-authr2]service-type ppp
[Router1-luser-authr2]quit
```

（2）删除 PAP 验证。

```
[Router1]interface serial2/0
[Router1-serial2/0]undo ppp pap local-user
```

（3）配置采用 CHAP 认证时的用户名，用户名由对端提供，是 Router2 本地用户名 authr1。

```
[Router1-serial2/0]ppp chap user authr1
```

（4）重新启动接口。

```
[Router1-serial2/0]shutdown
[Router1-serial2/0]undo shutdown
[Router1-serial0/0]quit
```

步骤 10：在 PC1 上使用 ping 命令测试 PC1 到 PC2 的互通性。结果表示能够互通。

【实验项目】

某公司有两个分公司，租用了电信的 DDN 专线进行互联，从而实现公司内部的数据传送等服务，并在专线上采用 PPP 封装加强网间传输的安全性。现要求采用路由器背对背连接的方式模拟专线连接，并使用 CHAP 验证方式进行 PPP 封装配置。

3.4　DHCP——动态主机配置

3.4.1　DHCP 基本配置

【引入案例】

某公司组建企业网，由于便携机的使用较多，而且部分员工对网络操作不是很熟悉，所以公司领导要求网络管理员实现计算机即插即用，即用户不需要对计算机做太多配置就可以上网。

【案例分析】

目前的企业内网和园区网，用户上网很少甚至不需要在计算机上配置任何信息。这是否表示这些用户计算机不需要 IP 就能上网了呢？答案自然是否定的。我们也可以观察到，在家里使用 ADSL 接入电信网的时候，在网络连接设置里，Internet 协议（TCP/IP）属性配置中系统默认是自动获得 IP 地址。那么具体的 IP、子网掩码和默认网关是多少呢？这些配置信息又是如何获得的呢？

随着网络规模的不断扩大和网络复杂度的不断提高，网络配置也变得越来越复杂，在计算机经常移动（如便携机或无线网络）和计算机的数量超过可分配的 IP 地址等情况下，手动为局域网中大量主机配置 IP 地址、掩码和网关等参数的工作显得非常烦琐，并容易出错。为方便用户快速地接入和退出网络，提高 IP 地址资源的利用率，IETF 设计了 DHCP（Dynamic Host Configuration Protocol，动态主机配置协议），它是一种客户端向服务器提出配置申请，服务器返回 IP 地址等相应的配置信息的协议，自动为局域网中主机完成 TCP/IP 协议配置。现在绝大部分的上网主机都采用了这种动态获取 IP 地址的方式，DHCP 在大大方便用户操作的同时，也可以有效避免 IP 地址冲突的问题。

【基本原理】

1. DHCP 的特点

DHCP 采用客户/服务器的通信模式。所有的 IP 网络配置参数都由 DHCP 服务器集中管理，并负责处理客户端的 DHCP 请求；而客户端则会使用服务器分配的 IP 网络参数进行通信。DHCP 报文采用 UDP 封装。服务器侦听的端口号是 67，客户端的端口号是 68。

DHCP 具有以下特点：

（1）即插即用性。客户端无须配置即能获得 IP 地址及相关参数。因此可以简化客户端网络配置，降低维护成本。

（2）统一管理。所有 IP 地址及相关参数信息由 DHCP 服务器统一管理，统一分配。

（3）使用效率高。通过 IP 地址租期管理，可以提高 IP 地址的使用效率。

（4）可跨网段实现。通过使用 DHCP 中继，可使处于不同子网中的客户端和 DHCP 服务器之间实现协议报文交互。

2. DHCP 的地址分配策略

针对客户端的不同需求，DHCP 提供 3 种 IP 地址分配策略：

（1）手工分配地址。由管理员为少数特定客户端（如 WWW 服务器等）静态绑定固定的 IP 地址，通过 DHCP 将配置的固定 IP 地址发给客户端。

（2）自动分配地址。DHCP 为客户端分配租期为无限长的 IP 地址。

（3）动态分配地址。DHCP 为客户端分配有使用期限的 IP 地址，到达使用期限后，客户端需要重新申请地址。

管理员可以选择 DHCP 采用哪种策略响应每个网络或每台主机。

3. DHCP 系统组成

1）DHCP 服务器

DHCP 服务器是 DHCP 服务的提供者，是能提供 DHCP 功能的服务器或具有 DHCP 功能的网络设备，通过 DHCP 报文与 DHCP 客户端交互，为各种类型的客户端分配合适的 IP 地址，并可以根据需要为客户端分配其他网络参数。

2）DHCP 客户端

DHCP 客户端是整个 DHCP 过程的触发者和驱动者，一般指需要动态获得 IP 地址的主机,通过 DHCP 报文和 DHCP 服务器交互,得到 IP 地址和其他网络参数。

3) DHCP 中继

DHCP 中继是 DHCP 报文的中继转发者,一般为路由器或三层交换机等网络设备。它在处于不同网段间的 DHCP 客户端和服务器之间承担中继服务,解决了 DHCP 客户端和 DHCP 服务器必须位于同一网段的问题。

4. DHCP 协议工作过程

由于在 IP 地址动态获取过程中采用广播方式发送报文,因此要求 DHCP 客户端和服务器位于同一个网段内。如果 DHCP 客户端和 DHCP 服务器位于不同的网段,则需要通过 DHCP 中继来中继转发 DHCP 报文。

下面介绍 DHCP 客户端与 DHCP 服务器在同一网段的情况下的 DHCP 协议的工作过程。

1) 动态获取 IP 地址

IP 地址的动态获取过程如图 3.19 所示。

为了动态获取并使用一个合法的 IP 地址,需要经历以下几个阶段:

(1) 发现阶段: 即 DHCP 客户端寻找 DHCP 服务器的阶段。

图 3.19　IP 地址动态获取过程

在发现阶段,DHCP 客户端以广播方式发送 DHCP-DISCOVER 报文来寻找 DHCP 服务器。所有收到 DHCP-DISCOVER 报文的 DHCP 服务器都会发送回应报文,DHCP 客户端据此可以知道网络中存在的 DHCP 服务器的位置。

(2) 提供阶段: 即 DHCP 服务器提供 IP 地址的阶段。

网络中接收到 DHCP-DISCOVER 报文的 DHCP 服务器,会选择一个合适的 IP 地址,连同 IP 地址租约期限和其他配置信息(如网关地址和域名服务器地址等)一同通过 DHCP-OFFER 报文发送给 DHCP 客户端。

DHCP 服务器通过地址池保存可供分配的 IP 地址和其他配置信息。当 DHCP 服务器接收到 DHCP 请求报文后,将从 IP 地址池中取得空闲的 IP 地址及其他的参数,发送给 DHCP 客户端。

(3) 选择阶段: 即 DHCP 客户端选择某台 DHCP 服务器提供的 IP 地址。

如果有多台 DHCP 服务器向 DHCP 客户端回应 DHCP-OFFER 报文,则 DHCP 客户端只接受第一个收到的 DHCP-OFFER 报文。然后以广播方式发送 DHCP-REQUEST 请求报文,该报文中包含 Option 54(服务器标识选项),即它选择的 DHCP 服务器的 IP 地址信息,而其他 DHCP 服务器可以重新使用曾提供的 IP 地址。

(4) 确认阶段: 即 DHCP 服务器确认所提供的 IP 地址的阶段。

收到 DHCP 客户端发送的 DHCP-REQUEST 请求报文后,DHCP 服务器根据 DHCP-REQUEST 报文中携带的 MAC 地址来查找有没有相应的租约记录。如果有,则发送 DHCP-ACK 报文作为应答,通知 DHCP 客户端可以使用分配的 IP 地址。

DHCP 客户端收到 DHCP 服务器返回的 DHCP-ACK 确认报文后,会以广播的方式发送免费 ARP 报文,探测是否有主机使用服务器分配的 IP 地址,如果在规定的时间内没有收到回应,客户端才使用此地址。否则,客户端会发送 DHCP-DECLINE 报文给 DHCP 服务器,通知 DHCP 服务器该地址不可用,并重新申请 IP 地址。

如果 DHCP 服务器收到 DHCP-REQUEST 报文后,没有找到相应的租约记录,或者由于某些原因无法正常分配 IP 地址,则发送 DHCP-NAK 报文作为应答,通知 DHCP 客户端无法分配合适的 IP 地址。DHCP 客户端需要重新发送 DHCP-DISCOVER 报文来请求新的 IP 地址。

2) 重用曾经分配的 IP 地址

DHCP 客户端每次重新登录网络时,不需要再发送 DHCP-DISCOVER 报文,而是直接发送包含前一次分配的 IP 地址的 DHCP-REQUEST 请求报文,即报文中的 Option 50(请求的 IP 地址选项)字段填入曾经使用过的 IP 地址。DHCP 服务器收到这一报文后,判断 DHCP 客户端是否可以使用请求的地址。如果可以使用请求的地址,DHCP 服务器将回复 DHCP-ACK 确认报文。收到 DHCP-ACK 报文后,DHCP 客户端可以继续使用该地址进行通信。过程如图 3.20 所示。

如果请求的 IP 地址已无法再分配给 DHCP 客户端(例如,此 IP 地址已分配给其他 DHCP 客户端使用),则 DHCP 服务器将回复 DHCP-NAK 否认报文。DHCP 客户端收到此报文后,必须重新发送 DHCP-DISCOVER 报文来请求新的 IP 地址。过程如图 3.21 所示。

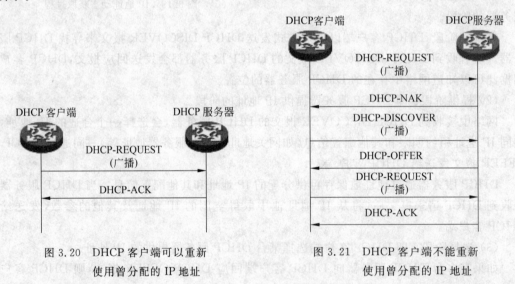

图 3.20　DHCP 客户端可以重新　　　　　图 3.21　DHCP 客户端不能重新
　　　　　使用曾分配的 IP 地址　　　　　　　　　　　　使用曾分配的 IP 地址

3) 更新租约

DHCP 服务器分配给 DHCP 客户端的 IP 地址一般都有一个租借期限,期满后 DHCP 服务器便会收回分配的 IP 地址。如果 DHCP 客户端要延长其 IP 租约,则必须更新其 IP 租约。

(1) IP 租约期限达到一半(T1)时,DHCP 客户端会自动以单播的方式向 DHCP 服务器发送 DHCP-REQUEST 报文,请求更新 IP 地址租约。如果收到 DHCP-ACK 报文,则租约更新成功;如果收到 DHCP-NAK 报文,则重新发起申请过程。

(2) 到达租约期限的 87.5%(T2)时,如果仍未收到 DHCP 服务器的应答,DHCP 客户端会自动向 DHCP 服务器发送更新其 IP 租约的广播报文。如果收到 DHCP-ACK 报文,则租约更新成功;如果收到 DHCP-NAK 报文,则重新发起申请过程。

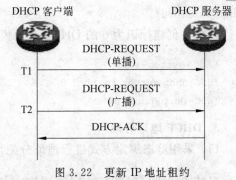

图 3.22 为租约达到 87.5%,广播发送 DHCP-REQUEST 报文后,收到 DHCP 服务器回应的 DHCP-ACK 报文,租约更新成功的情况。

4) DHCP 客户端主动释放 IP 地址

图 3.22　更新 IP 地址租约

DHCP 客户端不再使用分配的 IP 地址时,会主动向 DHCP 服务器发送 DHCP-RELEASE 报文,通知 DHCP 服务器释放 IP 地址的租约。DHCP 服务器会保留这个 DHCP 客户端的配置信息,以便该客户端重新申请地址时重用这些参数。

5) 获取除 IP 地址外的配置信息

DHCP 客户端获取 IP 地址后,如果需要从 DHCP 服务器获取更为详细的配置信息,则发送 DHCP-INFORM 报文向 DHCP 服务器进行请求。DHCP 客户端通过 Option 55(请求参数列表选项),指明需要从服务器获取哪些网络配置参数。

DHCP 服务器收到该报文后,将通过 DHCP-ACK 报文为客户端分配它所需要的网络参数。

5. DHCP 应用限制

DHCP 具有如下缺点:

(1) 当网络上存在多个 DHCP 服务器时,一个 DHCP 服务器不能查出已被其他服务器租出去的 IP 地址。

(2) DHCP 服务器不能跨网段与客户端通信,除非通过 DHCP 中继转发报文。

【命令介绍】

1. 使能 DHCP

dhcp enable
undo dhcp enable

【视图】　系统视图

默认情况下,DHCP 服务处于禁止状态。

2. 创建普通模式的 DHCP 地址池并进入 DHCP 地址池视图

dhcp server ip-pool *pool-name*
undo dhcp server ip-pool *pool-name*

【视图】　系统视图

【参数】　*pool-name*:DHCP 地址池名称,是地址池的唯一标识,为 1~35 个字符的字符。

默认情况下,没有创建 DHCP 地址池。

除普通模式地址池外,还可以创建扩展模式地址池,命令为"dhcp server ip-pool pool-name extended"。

【例】 创建标识为 0 的 DHCP 普通模式地址池。

```
<H3C>system-view
[H3C]dhcp server ip-pool 0
[H3C-dhcp-pool-0]
```

3. DHCP 地址分配

（1）采用静态绑定方式进行地址分配，静态绑定 IP 地址与 MAC 地址。

static-bind ip-address ip-address[mask-length|**mask** mask]
undo static-bind ip-address

【视图】 DHCP 地址池视图

【参数】 *ip-address*：待绑定的 IP 地址。不指定掩码长度和掩码时，表示采用自然掩码。

mask-length：待绑定 IP 地址的掩码长度，即掩码中连续"1"的个数，取值范围为 0～32。

mask mask：待绑定 IP 地址的掩码，*mask* 为点分十进制形式。

静态地址绑定可以看作是只包含一个地址的特殊的 DHCP 地址池。当具有此 MAC 地址的客户端申请 IP 地址时，DHCP 服务器将根据客户端的 MAC 地址查到对应的 IP 地址并分配给客户端。

默认情况下，没有配置 DHCP 地址池中静态绑定的 IP 地址。

需要注意的是：

① static-bind ip-address 命令必须与 static-bind mac-address 或 static-bind client-identifier 命令配合使用，分别配置静态绑定的 IP 地址和 MAC 地址或客户端 ID。

② 静态绑定的 IP 地址不能是 DHCP 服务器的接口 IP 地址，否则会导致 IP 地址冲突，被绑定的客户端将无法正常获取 IP 地址。

③ 如果多次执行该命令，新的配置会覆盖已有配置。

【例】 将 MAC 地址为 0000-e03f-0305 的 PC 与 IP 地址 10.1.1.1 绑定，掩码为 255.255.255.0。

```
<H3C>system-view
[H3C]dhcp server ip-pool 0
[H3C-dhcp-pool-0]static-bind ip-address 10.1.1.1 mask 255.255.255.0
[H3C-dhcp-pool-0]static-bind mac-address 0000-e03f-0305
```

（2）采用动态分配方式进行地址分配。

network network-address[mask-length|**mask** mask]
undo network

【视图】 DHCP 地址池视图

【参数】 *network-address*：用于动态分配的 IP 地址范围。不指定掩码长度和掩码时，表示采用自然掩码。

mask-length：IP 地址的网络掩码长度，取值范围为 1～30。

mask mask：IP 地址的网络掩码，*mask* 为点分十进制形式。

默认情况下，没有配置动态分配的 IP 地址范围，即没有可供分配的 IP 地址。

需要注意的是，每个 DHCP 地址池只能配置一个网段，如果多次执行 network 命令，新的配置会覆盖已有配置。

【例】　配置 DHCP 地址池 0 动态分配的地址范围为 192.168.8.0/24。

```
<H3C>system-view
[H3C]dhcp server ip-pool 0
[H3C-dhcp-pool-0]network 192.168.8.0 mask 255.255.255.0
```

4. 配置为 DHCP 客户端分配的网关地址

gateway-list ip-address&<1-8>
undo gateway-list{ip-address|**all**}

【视图】　DHCP 地址池视图

【参数】　*ip-address*&<1-8>：网关的 IP 地址。&<1-8>表示最多可以输入 8 个 IP 地址，每个 IP 地址之间用空格分隔。

all：所有网关的 IP 地址。

默认情况下，没有配置 DHCP 地址池为 DHCP 客户端分配的网关地址。如果多次执行该命令，新的配置会覆盖已有配置。

【例】　配置 DHCP 地址池 0 为 DHCP 客户端分配的网关地址为 10.110.1.99。

```
<H3C>system-view
[H3C]dhcp server ip-pool 0
[H3C-dhcp-pool-0]gateway-list 10.110.1.99
```

5. 配置为 DHCP 客户端分配的 DNS 服务器地址

dns-list ip-address&<1-8>
undo dns-list{ip-address|**all**}

【视图】　DHCP 地址池视图

【参数】　*ip-address*&<1-8>：DNS 服务器的 IP 地址。&<1-8>表示最多可以输入 8 个 IP 地址，每个 IP 地址之间用空格分隔。

all：所有已配置的 DNS 服务器的 IP 地址。

默认情况下，没有配置 DHCP 地址池为 DHCP 客户端分配的 DNS 服务器地址。如果多次执行该命令，新的配置会覆盖已有配置。

【例】　配置 DHCP 地址池 0 为 DHCP 客户端分配的 DNS 服务器地址为 10.1.1.254。

```
<H3C>system-view
[H3C]dhcp server ip-pool 0
[H3C-dhcp-pool-0]dns-list 10.1.1.254
```

6. 配置 DHCP 地址池中不参与自动分配的 IP 地址

dhcp server forbidden-ip low-ip-address[high-ip-address]

undo dhcp server forbidden-ip *low-ip-address[high-ip-address]*

【视图】 系统视图

【参数】 *low-ip-address*：不参与自动分配的最小 IP 地址。

high-ip-address：不参与自动分配的最大 IP 地址，不能小于 *low-ip-address*。如果不指定该参数，表示只有一个 IP 地址，即 *low-ip-address*。

默认情况下，除 DHCP 服务器接口的 IP 地址外，DHCP 地址池中的所有 IP 地址都参与自动分配。

需要注意的是：

（1）如果通过 dhcp server forbidden-ip 将已经静态绑定的 IP 地址配置为不参与自动分配的地址，则该地址仍然可以分配给静态绑定的用户。

（2）执行 undo dhcp server forbidden-ip 命令取消不参与自动分配 IP 地址的配置时，指定的地址/地址范围必须与执行 dhcp server forbidden-ip 命令时指定的地址/地址范围保持一致。如果配置不参与自动分配的 IP 地址为某一地址范围，则只能同时取消该地址范围内所有 IP 地址的配置，不能单独取消其中某个 IP 地址的配置。

（3）多次执行 dhcp server forbidden-ip 命令，可以配置多个不参与自动分配的 IP 地址段。

【例】 将 10.110.1.1 到 10.110.1.63 之间的 IP 地址保留，不参与地址自动分配。

```
<H3C>system-view
[H3C]dhcp server forbidden-ip 10.110.1.1 10.110.1.63
```

7. 配置动态分配的 IP 地址的租用有效期限

expired{day day[**hour** hour[**minute** minute]]|**unlimited}**
undo expired

【视图】 DHCP 地址池视图

【参数】 day *day*：指定租约过期的天数，*day* 取值范围为 $0\sim365$。

hour *hour*：指定租约过期的小时数，*hour* 取值范围为 $0\sim23$。

minute *minute*：指定租约过期的分钟数，*minute* 取值范围为 $0\sim59$。

unlimited：有效期限为无限长（实际上系统限定约为 136 年）。

默认情况下，静态绑定方式的 DHCP 地址池中，IP 地址的租用有效期限为 unlimited；动态分配方式的 DHCP 地址池中，IP 地址的租用有效期限为 1 天。

需要注意的是，如果租期的截止时间超过 2106 年，则系统就认为租约已过期。

【例】 配置地址池 0 的 IP 地址租用有效期为 1 天 2 小时 3 分。

```
<H3C>system-view
[H3C]dhcp server ip-pool 0
[H3C-dhcp-pool-0]expired day 1 hour 2 minute 3
```

8. 配置接口工作在 DHCP 服务器模式

dhcp select server global-pool[subaddress]
undo dhcp select server global-pool[subaddress]

【视图】　接口视图

【参数】　subaddress：支持从地址分配。即 DHCP 服务器与客户端在同一网段，当 DHCP 服务器为客户端分配 IP 地址时，优先从与服务器接口（与客户端相连的接口）的主 IP 地址在同一网段的地址池中选择地址分配给客户端，如果该地址池中没有可供分配的 IP 地址，则从与服务器接口的从 IP 地址在同一网段的地址池中选择地址分配给客户端。如果接口有多个从 IP 地址，则从第一个从 IP 地址开始依次匹配。如果未指定本参数，则只能从与服务器接口的主 IP 地址在同一网段的地址池中选择地址分配给客户端。

dhcp select server global-pool 命令用来配置接口工作在 DHCP 服务器模式，即当接口收到 DHCP 客户端发来的 DHCP 报文时，将从 DHCP 服务器的地址池中分配地址。

默认情况下，接口工作在 DHCP 服务器模式。

【例】　配置接口 GigabitEthernet3/1/1 工作在 DHCP 服务器模式，且只能从与服务器接口（与客户端相连的接口）的主 IP 地址在同一网段的地址池中选择地址分配给客户端。

```
<H3C>system-view
[H3C]interface gigabitethernet 3/1/1
[H3C-gigabitethernet3/1/1]dhcp select server global-pool
```

9. 显示 DHCP 地址池的可用地址信息

display dhcp server free-ip[|{**begin**|**exclude**|**include**}regular-expression]

【视图】　任意视图

【参数】　begin：从包含指定正则表达式的行开始显示。

exclude：只显示不包含指定正则表达式的行。

include：只显示包含指定正则表达式的行。

regular-expression：表示正则表达式，为 1～256 个字符的字符串，区分大小写。

【例】　显示 DHCP 地址池的可用地址信息。

```
<H3C>display dhcp server free-ip
IP Range from 10.0.0.0                    to  10.0.0.255
```

10. 显示 DHCP 服务器的统计信息

display dhcp server statistics[|{**begin**|**exclude**|**include**}regular-expression]

【视图】　任意视图

【例】　显示 DHCP 服务器的统计信息，各信息字段的描述见表 3.3。

```
<H3C>display dhcp server statistics
    Global Pool:
    Pool Number:            1
    Binding:
      Auto:                 1
      Manual:               0
      Expire:               0
```

```
    BOOTP Request:              10
      DHCPDISCOVER:             5
      DHCPREQUEST:              3
      DHCPDECLINE:              0
      DHCPRELEASE:              2
      DHCPINFORM:               0
      BOOTPREQUEST:             0
    BOOTP Reply:               6
      DHCPOFFER:                3
      DHCPACK:                  3
      DHCPNAK:                  0
      BOOTPREPLY:               0
    Bad Messages:               0
```

表 3.3 display dhcp server statistics 命令显示信息描述表

字　　段	描　　述
Global Pool	地址池的统计信息
Pool Number	地址池的数目
Auto	自动绑定的 IP 地址数
Manual	手工绑定的 IP 地址数
Expire	租约超期的 IP 地址数
BOOTP Request	DHCP 客户端发给 DHCP 服务器的报文数，包括 DHCPDISCOVER、DHCPREQUEST、DHCPDECLINE、DHCPRELEASE、DHCPINFORM 和 BOOTPREQUEST
BOOTP Reply	DHCP 服务器发给 DHCP 客户端的报文数，包括 DHCPOFFER、DHCPACK、DHCPNAK 和 BOOTPREPLY
Bad Messages	错误的报文数

11. 显示 DHCP 地址池中不参与自动分配的 IP 地址

display dhcp server forbidden-ip[|{begin|exclude|include}regular-expression]

【视图】 任意视图

【例】 显示 DHCP 地址池中不参与自动分配的 IP 地址。

```
<H3C>display dhcp server forbidden-ip
Global:
IP Range from 1.1.0.2              to  1.1.0.3
IP Range from 1.1.1.2              to  1.1.1.3
Pool name: 2
1.1.1.5              1.1.1.6
```

【解决方案】

使用一台路由器 Router1 充当 DHCP 服务器，为路由器连接的子网中的 PC 动态分配 IP。实验拓扑如图 3.23 所示。设子网地址是 10.1.1.0/24，网关地址是 10.1.1.1，

子网的地址租用期限是 1 天。指定使用的 DNS 服务器地址为
210.36.16.33。

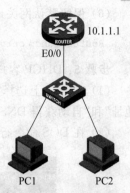

图 3.23　DHCP 实验拓扑

【实验设备】

路由器 1 台，二层交换机 1 台，PC 2 台，标准网线 3 根。

说明：本实验路由器选择 RT-MSR2021-AC-H3，二层交换
机选择 LS-S3100-16C-SI-AC。

【实施步骤】

步骤 1：按照图 3.23 所示连接好设备，检查设备的软件版
本，确保设备软件版本符合要求，配置设备恢复出厂设置。

（1）检查设备软件版本。

```
<H3C>display version
```

（2）在用户模式下擦除设备配置文件，重启设备使系统恢复默认配置。

```
<H3C>reset saved-configuration
<H3C>reboot
```

步骤 2：启动 DHCP 服务。

```
<H3C>system-view
[H3C]sysname router1
[Router1]dhcp enable
```

步骤 3：配置路由器的以太网接口地址，即子网网关地址 10.1.1.1。

```
[Router1]interface ethernet0/0
[Router1]ip address 10.1.1.1 255.255.255.0
```

步骤 4：在路由器配置 DHCP 服务器。

（1）创建地址池 pool 0。

```
[Router1]dhcp server ip-pool 0
```

（2）指定 DHCP 地址池 pool 0 动态分配的 IP 地址范围。

```
[Router1-dhcp-pool-0]network 10.1.1.0 mask 255.255.255.0
```

（3）指定 DHCP 客户机的默认网关地址。

```
[Router1-dhcp-pool-0]gateway-list 10.1.1.1
```

（4）指定 DHCP 地址池 pool 0 使用的 DNS 服务器地址。

```
[Router1-dhcp-pool-0]dns-list 210.36.16.33
```

（5）配置 DHCP 地址池 pool 0 的 IP 地址租用有效期。

```
[Router1-dhcp-pool-0]expired day 1
[Router1-dhcp-pool-0]quit
```

（6）保留默认网关地址 10.1.1.1 不参与自动分配（可省略）。

[Router1]dhcp server forbidden-ip 10.1.1.1

步骤 5：DHCP 客户机测试。

（1）在 PC1 上选择"网上邻居"中的"本地连接"，在"TCP/IP 属性"中选择"自动获取 IP 地址"和"自动获得 DNS 服务器地址"选项，确定配置。

（2）在 DOS 命令行方式下执行 ipconfig/all 命令，显示信息如图 3.24 所示。

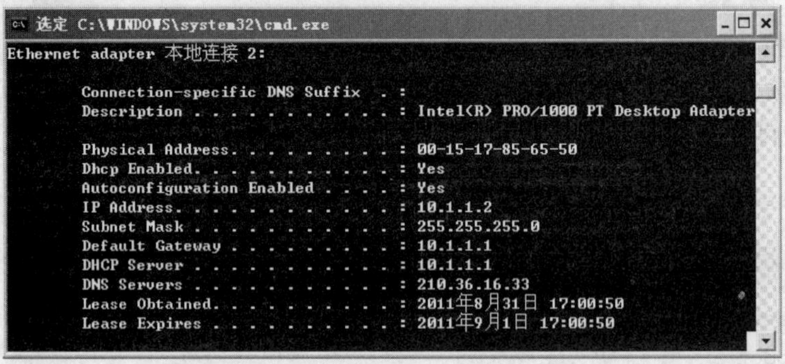

```
C:\WINDOWS\system32\cmd.exe                                    _ □ ×

Ethernet adapter 本地连接 2:

    Connection-specific DNS Suffix  . :
    Description . . . . . . . . . . . : Intel(R) PRO/1000 PT Desktop Adapter

    Physical Address. . . . . . . . . : 00-15-17-85-65-50
    Dhcp Enabled. . . . . . . . . . . : Yes
    Autoconfiguration Enabled . . . . : Yes
    IP Address. . . . . . . . . . . . : 10.1.1.2
    Subnet Mask . . . . . . . . . . . : 255.255.255.0
    Default Gateway . . . . . . . . . : 10.1.1.1
    DHCP Server . . . . . . . . . . . : 10.1.1.1
    DNS Servers . . . . . . . . . . . : 210.36.16.33
    Lease Obtained. . . . . . . . . . : 2011年8月31日 17:00:50
    Lease Expires . . . . . . . . . . : 2011年9月1日 17:00:50
```

图 3.24　PC1 获得动态分配的 IP 地址

从图 3.24 可以看到，DHCP 服务器地址为 10.1.1.1，域名服务器地址为 210.36.16.33，IP 地址租用期限从 2011 年 8 月 31 日到 2011 年 9 月 1 日，时长为 1 天，IP 地址是 10.1.1.2，可见客户机地址从 10.1.1.2 开始分配，因为 PC1 是第一台 DHCP 客户机，所以获取地址池 pool0 的第一个可用地址。

同理，可以在 PC2 上查看动态获得的 IP 地址信息。

可以使用命令 ipconfig/release 释放动态地址，也可以使用命令 ipconfig/renew 重新申请动态地址。

步骤 6：显示 DHCP 服务器信息。

（1）显示 DHCP 地址池的已分配的 IP 地址信息。

```
[Router1]display dhcp server ip-in-use all
Global pool:
IP address      Client-identifier/      Lease expiration        Type
                Hardware address
10.1.1.3        0015-1785-50ae          Sep 1 2011 15: 38: 49   Auto: COMMITTED
10.1.1.2        0015-1785-6550          Sep 1 2011 15: 47: 37   Auto: COMMITTED
---total 2 entry---
```

（2）显示 DHCP 地址池的可用地址信息。

```
[Router1]display dhcp server free-ip
IP Range from 10.1.1.4                 to  10.1.1.254
```

（3）显示 DHCP 服务器的统计信息。

```
[Router1]display dhcp server statistics
```

```
     Global Pool:
       Pool Number:              1
         Binding:
           Auto:                 2
           Manual:               0
           Expire:               0
         BOOTP Request:          8
           DHCPDISCOVER:         3
           DHCPREQUEST:          4
           DHCPDECLINE:          0
           DHCPRELEASE:          1
           DHCPINFORM:           0
           BOOTPREQUEST:         0
         BOOTP Reply:            7
           DHCPOFFER:            3
           DHCPACK:              4
           DHCPNAK:              0
           BOOTPREPLY:           0
       Bad Messages:             0
```

3.4.2　不同子网内的动态地址分配——DHCP 中继

【引入案例】

公司内部网络结构是以三层交换机作为核心,路由器作为出口的模式。需要在内网实施 DHCP,如果仍以路由器作为 DHCP 服务器,为员工计算机动态分配 IP,还能采用 3.4.1 节的解决方案吗?

【案例分析】

原始的 DHCP 协议要求客户端和服务器只能在同一个子网内,不可以跨网段工作。因此,为进行动态主机配置,需要在所有网段上都设置一个 DHCP 服务器,这显然是不经济的。DHCP 中继的引入解决了这一问题,它在处于不同网段间的 DHCP 客户端和服务器之间承担中继服务,将 DHCP 协议报文跨网段中继到目的 DHCP 服务器,使不同网络上的 DHCP 客户端可以共同使用一个 DHCP 服务器。

【基本原理】

通过 DHCP 中继完成动态配置的过程中,客户端与服务器的处理方式与不通过 DHCP 中继时的处理方式基本相同。

DHCP 中继的工作过程如图 3.25 所示。DHCP 客户端发送请求报文给 DHCP 服务器,DHCP 中继收到该报文并适当处理后,发送给指定的位于其他网段上的 DHCP 服务器。服务器根据请求报文中提供的必要信息,通过 DHCP 中继将配置信息返回给客户端,完成对客户端的动态配置。具体步骤如下:

(1) DHCP 中继接收到 DHCP-DISCOVER 或 DHCP-REQUEST 报文后,将进行如下处理:

图 3.25　DHCP 中继工作过程示意图

① 为防止 DHCP 报文形成环路,抛弃报文头中 hops 字段的值大于限定跳数的 DHCP 请求报文;否则,继续进行下面的操作。hops 字段的值是 DHCP 报文经过的 DHCP 中继的数目。DHCP 请求报文每经过一个 DHCP 中继,该字段就会增加 1。

② 检查 giaddr 字段,giaddr 字段中的值是 DHCP 客户端发出请求报文后经过的第一个 DHCP 中继的 IP 地址。如果是 0,需要将 giaddr 字段设置为接收请求报文的接口 IP 地址。如果接口有多个 IP 地址,可选择其一。以后从该接口接收的所有请求报文都使用该 IP 地址。如果 giaddr 字段不是 0,则不修改该字段。

③ 将 hops 字段增加 1,表明又经过一次 DHCP 中继。

④ 将请求报文的 TTL 设置为 DHCP 中继设备的 TTL 默认值,而不是原来请求报文的 TTL 减 1。对中继报文的环路问题和跳数限制问题都可以通过 hops 字段来解决。

⑤ DHCP 请求报文的目的地址修改为 DHCP 服务器或下一个 DHCP 中继的 IP 地址。从而,将 DHCP 请求报文中继转发给 DHCP 服务器或下一个 DHCP 中继。

(2) DHCP 服务器根据 giaddr 字段为客户端分配 IP 地址等参数,并将 DHCP 应答报文发送给 giaddr 字段标识的 DHCP 中继。DHCP 中继接收到 DHCP 应答报文后,会进行如下处理:

① DHCP 中继假设所有的应答报文都是发给直连的 DHCP 客户端。giaddr 字段用来识别与客户端直连的接口。如果 giaddr 不是本地接口的地址,DHCP 中继将丢弃应答报文。

② DHCP 中继检查报文的广播标志位。如果广播标志位为 1,则将 DHCP 应答报文广播发送给 DHCP 客户端;否则将 DHCP 应答报文单播发送给 DHCP 客户端,其目的地址为 yiaddr(DHCP 服务器分给客户端的 IP 地址),链路层地址为 chaddr(DHCP 客户端的硬件地址)。

【命令介绍】

以下介绍以三层交换机作为 DHCP 中继的配置命令。

1. 指定 DHCP 服务器组的 IP 地址

dhcp-server groupNo **ip** ip-address&<1-8>

undo dhcp-server *groupNo*

【视图】　系统视图

【参数】　*groupNo*：DHCP 服务器组号，取值范围为 0～19。

ip-address&<1-8>：DNS 服务器的 IP 地址。&<1-8>表示最多可以输入 8 个 IP 地址，每个 IP 地址之间用空格分隔。

【例】　指定 DHCP 服务器组 1 中有 3 个 DHCP 服务器，DHCP Server1 的 IP 地址为 1.1.1.1，DHCP Server2 的 IP 地址为 2.2.2.2，DHCP Server3 的 IP 地址为 3.3.3.3。

```
#进入系统视图
<H3C>system-view
System View: return to User View with Ctrl+Z.
[H3C]dhcp-server 1 ip 1.1.1.1 2.2.2.2 3.3.3.3
```

2. 指定 VLAN 接口归属到哪一个 DHCP 服务器组

dhcp-server *groupNo*
undo dhcp-server

【视图】　VLAN 接口视图

【参数】　*groupNo*：DHCP 服务器组号，取值范围为 0～19。

【例】　指定 VLAN 接口 1 归属到 DHCP 服务器组 1

```
#进入系统视图
<H3C>system-view
System View: return to User View with Ctrl+Z.
#进入 VLAN 1 接口视图
[H3C]interface vlan-interface 1
[H3C-vlan-interface1]dhcp-server 1
```

3. 使能 DHCP 中继的地址匹配检查功能

address-check enable
address-check disable

【视图】　VLAN 接口视图

默认情况下，DHCP 中继的地址匹配检查功能处于禁止状态。启动 DHCP 中继的地址匹配检查功能后，当客户端通过 DHCP 中继从 DHCP 服务器获取到 IP 地址时，DHCP 中继会记录 IP 地址与 MAC 地址的绑定关系。

【例】　在 VLAN 1 接口上使能 DHCP 中继的安全特性。

```
#进入系统视图
<H3C>system-view
System View: return to User View with Ctrl+Z.
#进入 VLAN 1 接口视图
[H3C]interface vlan-interface 1
[H3C-vlan-interface1]address-check enable
```

4. 显示 DHCP 中继的用户地址表项信息

display dhcp-security[ip-address|**dynamic|static|tracker**]

【视图】 任意视图

【参数】 *ip-address*：显示指定 IP 地址的用户地址表项。

dynamic：显示动态用户地址表项。

static：显示静态用户地址表项。

tracker：显示 DHCP 安全表项的更新时间间隔。

【例】 显示 DHCP 服务器组的合法用户地址表中所有用户的地址信息。

```
<H3C>display dhcp-security
IP Address        MAC Address        IP Address Type
2.2.2.3           0005-5d02-f2b2     Static
3.3.3.3           0005-5d02-f2b3     Dynamic
--- 2 dhcp-security item(s) found---
```

5. 显示 DHCP 服务器组的相关信息

display dhcp-server groupNo

【视图】 任意视图

【参数】 *groupNo*：DHCP 服务器组号，取值范围为 0~19。

6. 显示 VLAN 接口对应的 DHCP 服务器组

display dhcp-server interface vlan-interface vlan-id

【视图】 任意视图

【参数】 *vlan-id*：VLAN 接口号。

【例】 查看 VLAN 接口 2 所对应的 DHCP 服务器组的相关信息。

```
<H3C>display dhcp-server interface vlan-interface 2
Dhcp-group 0 is configured on this interface
```

以上信息表明 VLAN 接口 2 上配置的是标识号为 0 的 DHCP 服务器组。

【解决方案】

路由器 Router1 充当 DHCP 服务器，动态分配的 IP 地址段为 10.1.1.0/24，默认网关是 10.1.1.1。需要通过具有 DHCP 中继功能的三层交换机 Switch1 转发 DHCP 报文，使 DHCP 客户端 PC 可以从 DHCP 服务器上申请到相应的 IP 地址等相关信息。

三层交换机 Switch1 通过 Ethernet1/0/1 接口连接到 DHCP 客户端所在的网络，设该网络所在的 VLAN 为 VLAN 100，VLAN 100 接口 IP 地址则为 10.1.1.1。Switch1 通过 Ethernet1/0/2 接口连接到 Router1 的 E0/0 接口，Ethernet1/0/2 划分在 VLAN 200，VLAN 200 接口 IP 地址则为 10.2.1.1/24，Router1 的 E0/0 接口的 IP 地址为 10.2.1.2/24。10.2.1.0/24 网段到 10.1.1.0/24 网段的默认路由是 10.2.1.1。

实验拓扑如图 3.26 所示。

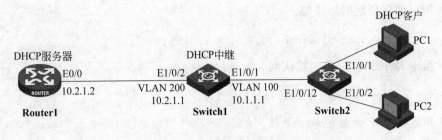

图 3.26　DHCP 中继实验拓扑

注意：

(1) 在不同网段时，DHCP 服务器与中继相连的接口的地址可以是不同于地址池网段的任意地址(例如,上面的 10.2.1.0/24 和地址池 10.1.1.0/24 不在同一个网段)；但中继与客户端相连的接口的地址应该是地址池网段地址，并且为保证客户端获取地址后能够与服务器和中继正常通信，最好掩码相同。

(2) 在服务器和客户端配置可达路由，否则客户端获取地址后，可能与服务器不通，也可能因为服务器无法将 OFFER 报文转发给客户端而导致客户端不能获取地址。

【实验设备】

路由器 1 台，三层交换机 1 台，二层交换机 1 台，PC 2 台，标准网线 4 根。

说明：本实验路由器选择 RT-MSR2021-AC-H3，三层交换机选择 LS-3600-28P-EI，二层交换机选择 LS-S3100-16C-SI-AC。

【实施步骤】

步骤 1：按照图 3.26 所示连接好设备，检查设备的软件版本，确保设备软件版本符合要求，配置设备恢复出厂设置。

(1) 检查设备软件版本。

```
<H3C>display version
```

(2) 在用户模式下擦除设备配置文件，重启设备使系统恢复默认配置。

```
<H3C>reset saved-configuration
<H3C>reboot
```

步骤 2：配置充当 DHCP 服务器的路由器。

1) 配置 DHCP

```
<H3C>system-view
[H3C]sysname Router1
```

(1) 启动 DHCP。

```
[Router1]dhcp enable
```

(2) 创建全局地址池。

```
[Router1]dhcp server ip-pool 0
```

（3）指定动态分配的地址段。

```
[Router1-dhcp-pool-0]network 10.1.1.0 mask 255.255.255.0
```

（4）指定 DHCP 客户机的默认网关地址。

```
[Router1-dhcp-pool-0]gateway-list 10.1.1.1
```

（5）指定 DHCP 地址池 pool 0 使用的 DNS 服务器地址。

```
[Router1-dhcp-pool-0]dns-list 210.36.16.33
```

（6）配置 DHCP 地址池 pool 0 的 IP 地址租用有效期。

```
[Router1-dhcp-pool-0]expired day 1
[Router1-dhcp-pool-0]quit
```

（7）保留默认网关地址 10.1.1.1 不参与自动分配。

```
[Router1]dhcp server forbidden-ip 10.1.1.1
```

2）配置与中继 Switch1 连接的接口地址

```
[Router1]interface ethernet0/0
#配置与中继 Switch1 相连的接口地址
[Router1-ethernet0/0]ip address 10.2.1.2 255.255.255.0
[Router1-ethernet0/0]quit
```

3）配置能够到达客户端网段的静态路由

```
[Router1]ip route-static 10.1.1.0 255.255.255.0 10.2.1.1
```

步骤 3：配置充当 DHCP 中继的三层交换机。
1）配置 VLAN 和 VLAN 接口 IP

```
<H3C>system-view
[H3C]sysname Switch1
#创建 VLAN 100,接口 Ethernet1/0/1 加入 VLAN 100
[Switch1]vlan 100
[Switch1-vlan100]port ethernet1/0/1
[Switch1-vlan100]quit
#创建 VLAN 200,接口 Ethernet1/0/2 加入 VLAN 200
[Switch1]vlan 200
[Switch1-vlan200]port ethernet1/0/2
[Switch1-vlan200]quit
#配置 VLAN 接口 IP
[Switch1]interface vlan-interface 100
[Switch1-vlan-interface100]ip address 10.1.1.1 255.255.255.0
[Switch1-vlan-interface100]quit
[Switch1]interface vlan-interface 200
[Switch1-vlan-interface200]ip address 10.2.1.1 255.255.255.0
[Switch1-vlan-interface200]quit
```

2）配置 DHCP 中继

（1）启动 DHCP。

```
[Switch1]dhcp enable
```

（2）创建 DHCP 服务器组 1，并把 DHCP 服务器的 IP 地址 10.2.1.2 加入到 DHCP 服务器组 0 中。

```
[Switch1]dhcp-server 1 ip 10.2.1.2
```

（3）配置 VLAN 接口与 DHCP 服务器组关联。

```
[Switch1]interface vlan 100
[Switch1-vlan-interface100]dhcp-server 1
[Switch1-vlan-interface100]quit
```

步骤 4：配置 PC1、PC2 作为客户端（以 Windows XP 为例）。右击桌面"网上邻居"，在快捷菜单中单击"属性"命令，进入"网络连接"窗口，右击"本地连接"，在快捷菜单中选择"属性"命令，进入"本地连接属性"窗口，选择适当的"连接时使用"的网卡，选择"Internet 协议（TCP/IP）"，单击"属性"进入"Internet 协议（TCP/IP）属性"窗口，选择"自动获得 IP 地址"和"自动获得 DNS 服务器地址"，即可。

步骤 5：验证结果。

在 PC1 上，在 DOS 命令行方式下执行 ipconfig/all 命令，显示信息如图 3.27 所示，PC1 获得的 IP 地址是 10.1.1.2。

图 3.27　PC 动态获得 IP 地址

同理，可以在 PC2 上查看动态获得的 IP 地址信息。

步骤 6：在 DHCP 中继上启动地址匹配检查功能，并查看已经建立的客户端关于 IP 地址和 MAC 的动态安全表项。

```
[Switch1]interface vlan-interface 100
[Switch1-vlan-interface100]address-check enable
[Switch1-vlan-interface100]quit
[Switch1]display dhcp-security
IP Address        MAC Address        IP Address Type
10.1.1.2          0015-1785-6550     Dynamic_ack
```

```
10.1.1.3        0015-1785-50ae    Dynamic_ack
---2 dhcp-security item(s)found---
```

【实验项目】

为一个公司组建内部办公网络,公司按职能划分为综合部、策划部、销售部和技术部等多个部门,各部门之间通过三层交换机互联,并通过路由器接入互联网。此外,公司提供了 Web 服务和 FTP 服务。要求在公司内部实施 DHCP,地址为 10.110.0.0/16。

3.5 NAT——网络地址转换

【引入案例】

某公司办公网需要接入互联网,公司只向 ISP 申请了一条数字专线,并为该专线分配了一个公网 IP 地址,公司要求网络管理员小王想办法实现全公司的主机都能访问 Internet。

【案例分析】

目前的众多网络设备和网络应用大多是基于 IPv4 的,往往一个拥有数百个信息点的企业网只能申请到几个 IP 地址。我们在家里或者网吧上网时,可以发现使用 ipconfig 命令查看自己 IP 地址的结果和网页上反馈的 IP 地址信息(比如在论坛上发言,论坛有发言来自哪个 IP 的提示)是不一致的,前者是一个私网地址,后者则是一个公网地址。这就是使用 NAT(Network Address Translation,网络地址转换)技术的结果。在公司内部使用私网地址,访问外网的时候转换成公网地址,能够大大节省 IPv4 地址。

【基本原理】

1. NAT 的产生背景

随着 Internet 的发展和网络应用的增多,IPv4 地址枯竭已成为制约网络发展的瓶颈,并且 IPv4 地址在 2011 年被分配完毕。尽管 IPv6 可以从根本上解决 IPv4 地址空间不足问题,但目前众多网络设备和网络应用大多是基于 IPv4 的,因此在 IPv6 广泛应用之前,一些过渡技术(如 CIDR、私网地址等)的使用是解决这个问题的主要技术手段。

使用私网地址之所以能够节省 IPv4 地址,主要是利用了这样一个事实:一个局域网中在一定时间内只有很少的主机需访问外部网络,而 80% 左右的流量局限于局域网内部。由于局域网内部的互访可通过私网地址实现,且私网地址在不同局域网内可被重复利用,因此私网地址的使用有效缓解了 IPv4 地址不足的问题。当局域网内的主机要访问外部网络时,只需通过 NAT 技术将其私网地址转换为公网地址即可,这样既可保证网络互通,又节省了公网地址。

注意:IANA 保留以下 3 个网段中的地址作为私网地址,也称为专用地址:10.0.0.0/8、172.16.0.0/12 和 192.168.0.0/16,私网地址不需要申请。使用私网地址的主机不能直接访问 Internet,而在 Internet 上也不能直接访问使用私网地址的主机。

2. NAT 的技术优点

作为一种过渡方案,NAT 通过地址重用的方法来满足 IP 地址的需要,可以在一定程度上缓解 IP 地址空间枯竭的压力。它具备以下优点:

（1）对于内部的通信可以利用私网地址，如果需要与外部通信或访问外部资源，则可通过将私网地址转换成公网地址来实现。

（2）通过公网地址与端口的结合，可使多个私网用户共用一个公网地址。

（3）通过静态映射，不同的内部服务器可以映射到同一个公网地址。外部用户可通过公网地址和端口访问不同的内部服务器，同时还隐藏了内部服务器的真实 IP 地址，从而防止外部对内部服务器乃至内部网络的攻击行为。

（4）方便网络管理，如通过改变映射表就可实现私网服务器的迁移，内部网络的改变也很容易。

3. NAT 技术的实现

NAT 的基本原理是仅在私网主机需要访问 Internet 时才会分配到合法的公网地址，而在内部互联时则使用私网地址。当访问 Internet 的报文经过 NAT 网关时，NAT 网关会用一个合法的公网地址替换原报文中的源 IP 地址，并对这种转换进行记录；之后，当报文从 Internet 侧返回时，NAT 网关查找原有的记录，将报文的目的地址再替换回原来的私网地址，并送回发出请求的主机。这样，在私网侧或公网侧设备看来，这个过程与普通的网络访问并没有任何的区别，NAT 过程对两侧设备来说是透明的，因此，NAT"隐藏"了私有网络。NAT 的基本工作原理如图 3.28 所示。

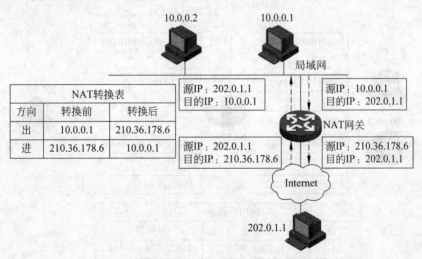

图 3.28　NAT 的基本工作原理

NAT 的实现方式有 Basic NAT 方式、NAPT 方式、NAT Server 方式和 EASY IP 方式等。

1）Basic NAT 方式

Basic NAT 方式属于一对一的地址转换，在这种方式下只转换 IP 地址，而对 TCP/UDP 协议的端口号不处理，一个公网 IP 地址不能同时被多个用户使用。由于 Basic NAT 并未实现公网地址的复用，不能有效解决 IP 地址短缺的问题，因此在实际应用中并不常用。

如果要实现"多对多"地址转换，则需要 NAT 实现对并发性请求的响应，允许 NAT 网关拥有多个公网 IP。当第一个内部主机访问 Internet 时，NAT 选择一个公网 IP，在地址转换表中添加记录并发送数据报；当另一个内部主机访问 Internet 时，NAT 选择另一个公网 IP，以此类推。

设备可以通过定义地址池来实现多对多地址转换。

地址池是用于地址转换的一些连续的公网 IP 地址的集合。用户可以根据自己拥有的合法 IP 地址数目、内部主机数目以及实际应用情况，配置恰当的地址池。地址转换的过程中，NAT 网关将从地址池中挑选一个地址作为转换后的源地址。

另外，在实际应用中可能会希望某些内部主机可以访问 Internet，某些主机不允许访问，即需要对地址转换进行限制，那么可以同时利用访问控制列表来控制地址转换的使用范围，只有满足访问控制列表条件的数据报才可以进行地址转换。有关访问控制列表的内容详见 5.3 节，在本节举例中仅根据 NAT 配置的需要进行简要介绍。

2) NAPT 方式

NAPT 方式属于多对一的地址转换，它通过使用"IP 地址＋端口号"的形式进行转换，使多个私网用户可共用一个公网 IP 地址访问外网，因此是地址转换实现的主要形式。

如图 3.29 所示，NAPT 方式的处理过程如下：

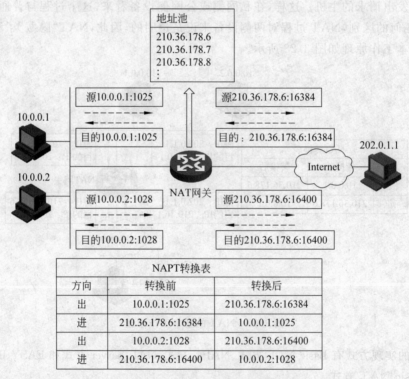

图 3.29 NAPT 方式工作原理

（1）NAT 设备收到私网侧主机发送的访问公网侧服务器的报文。

（2）NAT 设备从地址池中选取一对空闲的"公网 IP 地址＋端口号"，建立与私网侧报文"源 IP 地址＋源端口号"间的 NAPT 转换表项（正反向，或者称为出进向），并依据查找正向 NAPT 表项的结果将报文转换后向公网侧发送。

（3）NAT 设备收到公网侧的回应报文后，根据其"目的 IP 地址＋目的端口号"查找反向 NAPT 表项，并依据查表结果将报文转换后向私网侧发送。

3) NAT Server 方式

出于安全考虑,大部分私网主机通常并不希望被公网用户访问。但在某些实际应用中,需要给公网用户提供一个访问私网服务器的机会。而在 Basic NAT 或 NAPT 方式下,由于由公网用户发起的访问无法动态建立 NAT 表项,因此公网用户无法访问私网主机。NAT Server(NAT 内部服务器)方式就可以解决这个问题——通过静态配置"公网 IP 地址＋端口号"与"私网 IP 地址＋端口号"间的映射关系,NAT 设备可以将公网地址"反向"转换成私网地址。

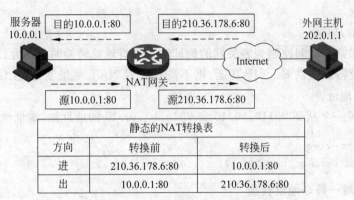

图 3.30　NAT Server 方式的工作原理

如图 3.30 所示,NAT Server 方式的处理过程如下:

(1) 在 NAT 设备上手工配置静态 NAT 转换表项(正反向)。

(2) NAT 设备收到公网侧主机发送的访问私网侧服务器的报文。

(3) NAT 设备根据公网侧报文的"目的 IP 地址＋目的端口号"查找反向静态 NAT 表项,并依据查表结果将报文转换后向私网侧发送。

(4) NAT 设备收到私网侧的回应报文后,根据其"源 IP 地址＋源端口号"查找正向静态 NAT 表项,并依据查表结果将报文转换后向公网侧发送。

4) EASY IP 方式

EASY IP 方式是指直接使用接口的公网 IP 地址作为转换后的源地址进行地址转换,它可以动态获取出接口地址,从而有效支持出接口通过拨号或 DHCP 方式获取公网 IP 地址的应用场景。同时,EASY IP 方式也可以利用访问控制列表来控制哪些内部地址可以进行地址转换。

EASY IP 方式特别适合小型局域网访问 Internet 的情况。这里的小型局域网主要指中小型网吧和小型办公室等环境,一般具有以下特点:内部主机较少、出接口通过拨号方式获得临时公网 IP 地址以供内部主机访问 Internet。对于这种情况,可以使用 EASY IP 方式使局域网用户都通过这个 IP 地址接入 Internet。

【命令介绍】

1. 配置 NAT 转换使用的地址池

nat address-group group-number start-address end-address
undo nat address-group group-number

【视图】 系统视图

【参数】 *group-number*：地址池索引号，取值范围为 $1\sim31$。

start-address：地址池的开始 IP 地址。

end-address：地址池的结束 IP 地址。*end-address* 必须大于或等于 *start-address*。地址池中的 IP 地址数不能超过 255 个。

地址池是一些连续的 IP 地址集合。当对需要到达外部网络的数据报文进行地址转换时，其源地址将被转换为地址池中的某个地址。如果 start-address 和 end-address 相同，表示只有一个地址。

需要注意的是：

(1) 已经和某个访问控制列表关联的地址池在进行地址转换时是不允许删除的。

(2) 如果设备仅提供 Easy IP 功能，则不需要配置 NAT 地址池，直接使用接口地址作为转换后的 IP 地址。

【例】 配置一个从 202.110.10.10 到 202.110.10.15 的地址池，地址池索引号为 1。

```
<H3C>system-view
[H3C]nat address-group 1 202.110.10.10 202.110.10.15
```

2. 配置一对一静态地址转换

nat static *local-ip global-ip*
undo nat static *local-ip global-ip*

【视图】 系统视图

【参数】 *local-ip*：内部 IP 地址。

global-ip：公网 IP 地址

外部网络和内部网络之间的地址映射关系在配置中确定，适用内部网络和外部网络之间的少量固定访问需求。需要注意的是，若支持指定目的地址，对于私网到公网的报文，匹配目的地址才能采用该配置进行源地址转换；对于公网到私网的报文，匹配源地址才能采用该配置进行目的地址转换，否则不能进行地址转换。

【例】 系统视图下，配置内部私有 IP 地址 192.168.1.1 到外部公有 IP 地址 2.2.2.2 的静态地址转换。

```
<H3C>system-view
[H3C]nat static 192.168.1.1 2.2.2.2
```

3. 使配置的 NAT 静态转换在接口上生效

nat outbound static[track vrrp *virtual-router-id*]
undo nat outbound static[track vrrp *virtual-router-id*]

【视图】 接口视图

【参数】 track vrrp *virtual-router-id*：指定 NAT 静态转换与 VRRP 备份组进行关联。其中，*virtual-router-id* 表示关联的 VRRP 备份组号，取值范围为 $1\sim255$。如果不设置该参数，表示没有进行 VRRP 备份组关联。

【例】 配置内部私有 IP 地址 192.168.1.1 到外部公有 IP 地址 2.2.2.2 的一对一转

换,并且在 Serial2/0 接口上使能该地址转换。

```
<H3C>system-view
[H3C]nat static 192.168.1.1 2.2.2.2
[H3C]interface serial 2/0
[H3C-serial2/0]nat outbound static
```

4. 配置访问控制列表和出接口地址关联

nat outbound[acl-number][**address-group** group-number[**no-pat]**][**track vrrp** virtual-router-id]
undo nat outbound[acl-number][**address-group** group-number[**no-pat**]][track vrrp virtual-router-id]

【视图】 接口视图

【参数】 *acl-number*:访问控制列表号,取值范围为 2000～3999。

address-group group-number:表示使用地址池的方式配置地址转换,如果不指定地址池,则直接使用该接口的 IP 地址作为转换后的地址,即 Easy IP 特性。其中,group-number 为一个已经定义的地址池的编号,取值范围为 0～31。

no-pat:表示不使用 TCP/UDP 端口信息实现多对多地址转换。若不配置该参数,则表示使用 TCP/UDP 端口信息实现多对一地址转换。

track vrrp *virtual-router-id*:指定出接口地址转换与 VRRP 备份组进行关联。其中,virtual-router-id 表示关联的 VRRP 备份组号,取值范围为 1～255。如果不设置该参数,表示没有进行 VRRP 备份组关联。

若配置了访问控制列表,则表示将一个访问控制列表 ACL 和一个地址池关联起来,即符合 ACL 规则的报文的源 IP 地址可以使用地址池中的地址进行地址转换;若不配置访问控制列表,则表示只要出接口报文的源 IP 地址不是出接口的地址,就可以使用地址池中的地址进行地址转换。

例如,允许 10.110.10.0/24 网段的主机进行地址转换,即源地址为 10.110.10.0/24 的报文被 NAT 设备转换地址,源地址变成了地址池中的地址。

需要注意的是:

(1) 可以在同一个接口上配置不同的地址转换关联。使用对应的 undo 命令可以将相应的地址转换关联删除。该接口一般情况下和外部网络连接,是内部网络的出口。

(2) 当直接使用接口地址作为 NAT 转换后的公网地址时,若修改了接口地址,则应该首先使用 reset nat session 命令清除原 NAT 地址映射表项,然后再访问外部网络,否则就会出现原有 NAT 表项不能自动删除,也无法使用 reset nat session 命令删除的情况。该注意事项的存在情况与具体产品型号有关。

(3) 执行 undo nat outbound 命令后,nat outbound 命令生成的 NAT 地址映射表项不会被自动删除,这些表项需等待 5～10 分钟后自动老化。在此期间,使用该 NAT 地址映射表项的用户不能访问外部网络,但不使用该映射表项的用户不受影响。用户也可以使用 reset nat session 命令立即清除所有的 NAT 地址映射表项,但该命令会导致 NAT 业务中断,所有用户必须重新发起连接。用户可根据自身网络需求选择适当的处理方式。该注意事项的存在情况与具体产品型号有关。

（4）当 ACL 规则变为无效时，新连接的 NAT 会话表项将无法建立，但是已经建立的连接仍然可以继续通信。

（5）支持指定下一跳，当报文查找路由表进行转发时，如果命中指定的下一跳 IP 地址，则将采用配置地址池中的地址进行转换；如果没有命中，则不能进行地址转换。

（6）在一个接口下，一个 ACL 只能与一个地址池绑定；但一个地址池可以与多个 ACL 绑定。

【例 1】 配置 NAPT。允许 10.110.10.0/24 网段的主机进行地址转换，选用 202.110.10.10 到 202.110.10.12 之间的地址作为转换后的地址。假设 Serial1/0 接口连接外部网络。在出接口配置访问列表和地址池关联，并且同时使用 IP 和端口信息，实现 NAPT。

```
#配置访问控制列表,设定允许 10.110.10.0/24 网段
<H3C>system-view
#设定访问控制列表的编号,根据报文源地址限制的,编号取值范围为 2000~3999.这里设为 2001
[H3C]acl number 2001
#定义访问控制列表中的第一条规则,允许源地址 10.110.10.0/24 转换,注意此处需要把掩码取反,255.255.255.0 要写成 0.0.0.255
[H3C-acl-basic-2001]rule permit source 10.110.10.0 0.0.0.255
#定义访问控制列表中的第二条规则,拒绝其他任何的地址转换,规则按先后次序进行匹配
[H3C-acl-basic-2001]rule deny
[H3C-acl-basic-2001]quit
#配置地址池
[H3C]nat address-group 1 202.110.10.10 202.110.10.12
#允许地址转换,访问控制列表与出接口关联,使用地址池 1 中的地址进行地址转换,在转换的时候使用 TCP/UDP 的端口信息
[H3C]interface serial1/0
[H3C-serial1/0]nat outbound 2001 address-group 1
```

【例 2】 配置 EASY IP。允许 10.110.10.0/24 网段的主机进行地址转换。假设 Serial1/0 接口连接外部网络，在出接口配置访问列表和接口地址关联，实现 EASY IP。

```
#配置访问控制列表,设定允许 10.110.10.0/24 网段
<H3C>system-view
[H3C]acl number 2001
[H3C-acl-basic-2001]rule permit source 10.110.10.0 0.0.0.255
[H3C-acl-basic-2001]rule deny
[H3C-acl-basic-2001]quit
#允许地址转换,访问控制列表与出接口关联,直接使用 Serial1/0 接口的 IP 地址,可以使用如下的配置
[H3C]interface serial 1/0
[H3C-Serial1/0]nat outbound 2001
```

5. 配置内部服务器地址转换

nat server protocol pro-type **global** {global-address|**interface** interface-type interface-number|**current-interface**}**inside** local-address[**vpn-instance** local-name][**track vrrp** virtual-router-id]

  undo nat server protocol pro-type **global** {global-address|**interface** interface-type

interface-number|**current-interface**}**inside** local-address[**vpn-instance** local-name]

  [**track vrrp** virtual-router-id]

【视图】 接口视图

【参数】 protocol *pro-type*：指定支持的协议类型。其中，*pro-type* 表示了具体的协议类型，取值范围为 1～256，可以支持 TCP、UDP 和 ICMP 协议。当指定为 ICMP 时，配置的内部服务器不带端口参数。

global-address：提供给外部访问的合法 IP 地址。

interface：表示使用指定接口的地址作为内部服务器的外网地址，即实现 Easy IP 方式的内部服务器。

interface-type interface-number：指定接口类型和接口编号，目前只支持 Loopback 接口，且 Loopback 接口必须存在，否则为非法配置。

current-interface：使用当前接口地址作为内部服务器的外网地址。

local-address：服务器在内部局域网的 IP 地址。

vpn-instance *local-name*：内部服务器所属的 VPN。*local-name* 表示 MPLS L3VPN 的 VPN 实例名称，为 1～31 个字符的字符串，区分大小写。如果未指定本参数，则表示内部服务器不属于任何一个 VPN。

track vrrp *virtual-router-id*：指定内部服务器与 VRRP 备份组进行关联。virtual-router-id 表示关联的 VRRP 备份组号，取值范围为 1～255。如果未指定本参数，则表示没有进行 VRRP 备份组关联。

需要注意的是：

(1) 通过该命令可以配置一些内部网络提供给外部使用的服务器，例如 Web 服务器、FTP 服务器、Telnet 服务器、POP3 服务器和 DNS 服务器等。内部服务器可以位于普通的内网内，也可以位于 MPLS VPN 实例内。

(2) 配置该命令的接口一般情况下和 ISP 连接，是内部网络的出口。

(3) 目前设备支持引用接口地址作为内部服务器的外网地址（Easy IP 方式）。如果配置关键字 current-interface，表示外网地址使用的是当前接口的当前主地址；如果指定具体的接口，只能指定 Loopback 接口，外网地址使用的是配置的 Loopback 接口的当前主地址，且该 Loopback 接口必须是已存在的。

(4) 由于 Easy IP 方式的内部服务器使用了当前接口的 IP 地址作为它的外网地址，因此强烈建议：在当前接口上配置了 Easy IP 方式的内部服务器之后，其他内部服务器不要配置该接口的 IP 地址作为它的外网地址，反之亦然。

(5) 请在双机热备组网环境下保证同一个接口下的内部服务器的外网地址所关联的 VRRP 组相同，否则系统默认该外网地址与组号最大的 VRRP 组进行关联。

【例】 指定一个内部的主机 10.110.10.12，希望外部网络的主机可以利用 ping 202. 110.10.11 命令 ping 通它。假设 Serial1/0 接口连接外部网络。

```
<H3C>system-view
[H3C]interface serial 1/0
```

[H3C-serial1/0]nat server protocol icmp global 202.110.10.11 inside 10.110.10.12

6. 显示 NAT 地址池的信息

display nat address-group[group-number]

【视图】 任意视图

【参数】 *group-number*：表示地址池索引号，取值范围为 1～31。如果不设定该值，则表示显示所有 NAT 地址池的信息。

【例】 显示 NAT 地址池的信息。

```
<H3C>display nat address-group
NAT address-group information:
  There are currently 2 nat address-group(s)
  1    : from 202.110.10.10    to 202.110.10.15
  2    : from 202.110.10.20    to 202.110.10.25
```

7. 显示地址转换的有效时间

display nat aging-time

【视图】 任意视图

与之对应，有命令 nat aging-time 用来设置地址转换的有效时间。由于地址转换所使用的 hash 表不能永久存在，该命令支持用户为 TCP、UDP 和 ICMP 等协议分别设置 hash 表的有效时间，若在设定的时间内未使用该 hash 表，该表将失效。举例来说，某个 IP 地址为 10.110.10.10 的用户利用端口 2000 进行了一次对外 TCP 连接，地址转换为它分配了相应的地址和端口，但是若在一定时间内这个 TCP 连接一直未被使用，系统将删除此连接。

【例】 显示地址转换有效时间。

```
<H3C>display nat aging-time
NAT aging-time value information:
     tcp----aging-time value is      300 (seconds)
     udp----aging-time value is      240 (seconds)
    icmp----aging-time value is       10 (seconds)
    pptp----aging-time value is      300 (seconds)
     dns----aging-time value is       10 (seconds)
  tcp-fin----aging-time value is      10 (seconds)
  tcp-syn----aging-time value is      10 (seconds)
 ftp-ctrl----aging-time value is     300 (seconds)
 ftp-data----aging-time value is     300 (seconds)
```

8. 显示所有的 NAT 转换的信息

display nat all

【视图】 任意视图

9. 清除内存中地址转换的映射表

reset nat session

【视图】　用户视图

【解决方案】

公司内网用户 IP 地址为 10.0.1.0/24,申请的公网 IP 地址为 210.36.178.6,在路由器 R1 上以 EASY IP 方式实现 NAT 地址转换,使内网用户能够访问 Internet。并且,公司内部有一台对外的 Web 服务器(10.0.1.2/24),要求外部的主机可以访问公司的 Web 服务。实验拓扑如图 3.31 所示,使用路由器 R2 模拟外网线路,R1 和 R2 背对背连接,PC3 模拟外部主机。

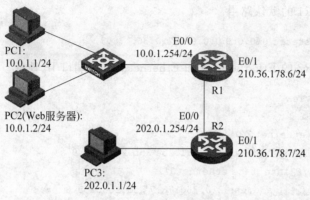

图 3.31　NAT 实验拓扑

【实验设备】

路由器 2 台,二层交换机 1 台,PC 3 台,标准网线 5 根。

说明:本实验路由器选择 RT-MSR2021-AC-H3,二层交换机选择 LS-S3100-16C-SI-AC。

【实施步骤】

步骤 1:按照图 3.31 所示连接好设备,检查设备的软件版本,确保设备软件版本符合要求,配置交换机恢复出厂设置。

(1) 检查设备软件版本。

```
<H3C>display version
```

(2) 在用户模式下擦除设备配置文件,重启设备使系统恢复默认配置。

```
<H3C>reset saved-configuration
<H3C>reboot
```

步骤 2:分别配置 PC1、PC2 和 PC3 的 IP 地址、掩码和默认网关,如表 3.4 所示。

表 3.4　PC 地址信息

设备名称	IP 地址	掩　　码	默认网关
PC1	10.0.1.1	255.255.255.0	10.0.1.254
PC2	10.0.1.2	255.255.255.0	10.0.1.254
PC3	202.0.1.1	255.255.255.0	202.0.1.254

并在 PC2 启用 Web 服务。

步骤 3:配置 R1 的 Ethernet0/0 和 Ethernet0/1 的端口 IP 地址。

```
<H3C>system-view
[H3C]sysname R1
[R1]interface ethernet0/0
[R1-ethernet0/0]ip address 10.0.1.254 255.255.255.0
[R1-ethernet0/0]interface ethernet0/1
[R1-ethernet0/1]ip address 210.36.178.6 255.255.255.0
[R1-ethernet0/1]quit
```

步骤 4：配置 R1 的默认路由。

```
[R1]ip route-static 0.0.0.0 0.0.0.0 210.36.178.7
```

步骤 5：配置 R2 的 Ethernet 0/0 和 Ethernet 0/1 的端口 IP 地址。

```
<H3C>system-view
[H3C]sysname R2
[R2]interface ethernet0/0
[R2-ethernet0/0]ip address 202.0.1.254 255.255.255.0
[R2-ethernet0/0]interface ethernet0/1
[R2-ethernet0/1]ip address 210.36.178.7 255.255.255.0
[R2-ethernet0/1]quit
```

步骤 6：配置 R2 的默认路由。

```
[R2]ip route-static 0.0.0.0 0.0.0.0 210.36.178.6
```

或者配置静态路由。

```
[R2]ip route-static 10.0.1.0 255.255.255.0 210.36.178.6
```

思考：这个时候 PC1 能使用 ping 命令 ping 通 PC3 吗？ICMP 数据报的源 IP 地址和目的 IP 地址会是什么？

步骤 7：配置 R1 的 NAT。

1）配置访问控制列表，允许 10.0.1.0/24 进行地址转换

（1）设定访问控制列表的编号。

```
[R1]acl number 2001
```

（2）定义访问控制列表中的第一条规则，允许源地址 10.0.1.0/24 转换，掩码取反，255.255.255.0 要写成 0.0.0.255。

```
[R1-acl-basic-2001]rule permit source 10.0.1.0 0.0.0.255
```

（3）定义访问控制列表中的第二条规则，拒绝其他任何的地址转换。

```
[R1-acl-basic-2001]rule deny
[R1-acl-basic-2001]quit
```

2）配置访问控制列表和出接口关联（EASY IP 特性）

```
#外网接口
```

```
[R1]interface e10/1
#允许 NAT 转换的主机为访问控制列表 2001 中的地址
[R1-serial0/1]nat outbound 2001
```

3）配置内部 Web 服务器

```
[R1-serial0/1]nat server protocol tcp global 210.36.178.6 80 inside 10.0.1.2 80
```

步骤 8：测试 NAT。

（1）在 PC1 上使用命令 ping 202.0.1.1 测试和 PC3 的互通性，结果表示可以互通。

（2）在 PC3 上使用命令 ping 10.0.1.1 测试和 PC1 的互通性，结果显示"Request timed out"，表示无法互通。

（3）从 PC3 上使用 IE 浏览器访问 http：//210.36.178.6，可以访问 PC2 上的 Web 服务，如图 3.32 所示。

（4）查看 R1 地址转换的状态。

```
[R1]display nat session
There are currently 8 NAT sessions:
```

图 3.32　从 PC3 访问 PC2 的 Web 服务

Protocol	GlobalAddr	Port	InsideAddr	Port	DestAddr	Port
17	210.36.178.6	12290	10.0.1.1	1027	210.36.16.33	53
VPN: 0,	status:	10,	TTL: 00: 01: 00,		Left: 00: 00: 48	
17	210.36.178.6	12289	10.0.1.1	1028	210.36.16.33	53
VPN: 0,	status:	10,	TTL: 00: 01: 00,		Left: 00: 00: 06	
17	210.36.178.6	12292	10.0.1.1	1029	210.36.16.33	53
VPN: 0,	status:	10,	TTL: 00: 01: 00,		Left: 00: 00: 48	
17	210.36.178.6	12293	10.0.1.1	1030	210.36.16.33	53
VPN: 0,	status:	10,	TTL: 00: 01: 00,		Left: 00: 00: 48	
17	210.36.178.6	12291	10.0.1.1	1031	210.36.16.33	53
VPN: 0,	status:	10,	TTL: 00: 01: 00,		Left: 00: 00: 48	
17	210.36.178.6	12294	10.0.1.1	1032	210.36.16.33	53
VPN: 0,	status:	10,	TTL: 00: 01: 00,		Left: 00: 00: 37	
1	**210.36.178.6**	**12295**	**10.0.1.1**	**768**	**210.36.178.7**	**768**
VPN: 0,	status:	11,	TTL: 00: 01: 00,		Left: 00: 01: 00	
1	**210.36.178.6**	**12288**	**10.0.1.2**	**768**	**210.36.178.7**	**768**
VPN: 0,	status:	11,	TTL: 00: 01: 00,		Left: 00: 01: 00	

【实验项目】

公司拥有 202.0.1.1/24 至 202.1.1.3/24 共 3 个 IP 地址,公司内部地址为 10.110.0.0/16,现要求:(1)内部网络中 10.110.10.0/24 网段的用户可以访问 Internet;(2)公司对外提供了 Web 服务,其中 Web 服务器 1 的 IP 地址是 10.110.10.1/24,Web 服务器 2 的 IP 地址是 10.110.10.2/24,要求外部的主机能够访问内部的服务器。

3.6 单臂路由+DHCP+NAT 综合案例

【案例描述】

A、B 两家公司合租一个写字楼办公,并共同申请了一条电信的光纤,使用固定 IP 接入。两家公司共有计算机数十台、几台非网管二层交换机以及一台路由器。两家公司需要组建一个小型的办公网络,利用这台路由器作为出口实现 Internet 的接入。

【拓扑结构】

A、B 公司办公网络的拓扑结构如图 3.33 所示。

图 3.33   A、B 公司办公网络

【需求分析】

需求 1:两个公司内部都要求实现所有计算机上网"即插即用"。

分析 1:如果不想对两个公司的计算机进行 TCP/IP 协议配置,必须启用路由器的 DHCP 服务,使所有计算机通过路由器动态获取 IP 地址。

需求 2:两个公司的所有计算机都能访问 Internet。

分析 2:

(1)电信分配的固定 IP 有限(假设只有 8 个固定 IP),必须采用 NAT 技术,满足所有用户的上网要求。

(2)现有的一台路由器上只有两个以太网接口,其中一个接口连接外网(电信光纤到楼,转 5 类双绞线到接入设备),另一个接口连接内部交换机,需要为两个单位提供正确的路由。

需求 3：保持两个公司的独立性，公司之间应不能互访。

分析 3：

（1）可以采用 VLAN 技术，将两个公司划分在不同的 VLAN，不同 VLAN 之间不能互访。

（2）在两个 VLAN 能顺利访问外网的基础上，在路由器上采用 ACL（访问控制列表）技术限制两个 VLAN 间互访的数据（ACL 技术详见 5.3 节，在本节对这部分的内容及实施步骤不做详细介绍）。

【解决方案】

（1）划分 VLAN，公司 A 在 VLAN 10，公司 B 在 VLAN 20。

（2）路由器 Router1 连接内网的接口划分 2 个子接口 Ethenet0/0.1 和 Ethenet0/0.2，分别对应两个公司，实现单臂路由。

（3）启用路由器 Router1 的 DHCP 服务，动态分配 IP 地址，公司 A 的地址段是168.192.10.0/24，网关是168.192.10.1；公司 B 的地址段是 168.192.20.0/24，网关是168.192.20.1。假设电信分配的 8 个地址为 210.36.178.1～210.36.178.8，在路由器 Router1 上配置 NAPT，实现 168.192.10.0/24 和 168.192.20.0/24 到地址池（210.36.178.2～210.36.178.8）的转换。Router1 连接外网的接口 Ethernet0/1 的 IP 地址设为 210.36.178.1。

（4）使用 Router2 和 PC3 模拟外网线路和主机。Router2 和 Router1 背对背采用网线连接，Router2 的 Ethernet0/1 口 IP 地址设为 210.36.178.9，和 Router1 的 Ethernet0/1 的 IP 地址在同一个 IP 网段。Router2 的 Ethernet0/0 接口 IP 地址设为 202.0.1.254。PC3 的 IP 地址设为 202.0.1.1，默认网关地址为 202.0.1.254。

（5）在 Router1 的 Ethernet0/1 口处实施 ACL，限制公司 A 的 192.168.10.0 网段和公司 B 的 192.168.20.0 网段之间的互访

实验拓扑如图 3.34 所示。

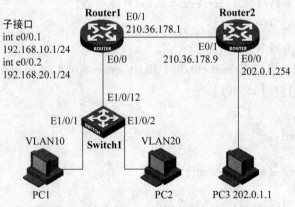

图 3.34　单臂路由＋DHCP＋NAT 实验拓扑

【实验设备】

路由器 2 台，二层交换机 1 台，PC 3 台，标准网线 5 根。

说明：本实验路由器选择 RT-MSR2021-AC-H3，二层交换机选择 LS-S3100-16C-SI-AC。

【实施步骤】

步骤 1：按照图 3.34 所示连接好设备，检查设备的软件版本，确保设备软件版本符合要求，配置设备恢复出厂设置。

（1）检查设备软件版本。

```
<H3C>display version
```

（2）在用户模式下擦除设备配置文件，重启设备使系统恢复默认配置。

```
<H3C>reset saved-configuration
<H3C>reboot
```

步骤 2：配置交换机。

划分 VLAN 10 和 VLAN 20，把 Ethernet1/0/1 和 Ethernet1/0/2 分别加入 VLAN 10 和 VLAN 20，并设交换机的上联口 Ethernet1/0/12 为 Trunk 链路类型。

```
<H3C>system-view
[H3C]sysname Switch 1
#划分 VLAN 10,把 Ethernet1/0/1 加入 VLAN 10
[Switch1]vlan 10
[Switch1-vlan10]port ethernet1/0/1
#划分 VLAN 20,把 Ethernet1/0/2 加入 VLAN 20
[Switch1]vlan 20
[Switch1-vlan20]port ethernet1/0/2
[Switch1-vlan20]quit
#Ethernet1/0/12 端口设置为 Trunk 口,允许所有 VLAN 通过
[Switch1]interface ethernet1/0/12
[Switch1-ethernet1/0/12]port link-type trunk
[Switch1-ethernet1/0/12]port trunk permit vlan all
[Switch1-ethernet1/0/12]quit
```

步骤 3：配置路由器 Router1。

（1）创建以太网子接口 Ethernet0/0.1 和 Ethernet0/0.2，并分别配置子接口的 IP 地址为 192.168.10.1 和 192.168.20.1。

```
<H3C>system-view
[H3C]sysname router1
#创建子接口
[Router1]interface ethernet0/0.1
#为子接口分配 IP
[Router1-ethernet0/0.1]ip address192.168.10.1 255.255.255.0
[Router1-ethernet0/0.1]interface ethernet0/0.2
[Router1-ethernet0/0.2]ip address192.168.20.1 255.255.255.0
[Router1-ethernet0/0.2]quit
```

（2）子接口配置 VLAN 终结。

```
[Router1]interface ethernet0/0.1
```

#子接口 ethernet0/0.1 使能 Dot1q 终结 VALN 10 报文
[Router1-ethernet0/0.1]vlan-type dot1q vid 10
[Router1-ethernet0/0.1]interface ethernet0/0.2
#子接口 ethernet0/0.2 使能 Dot1q 终结 VALN 20 报文
[Router1-ethernet0/0.2]vlan-type dot1q vid 20
[Router1-ethernet0/0.2]quit

（3）配置 DHCP。

#启动 DHCP 服务
[Router1]dhcp enable
#配置 DHCP 地址池 1(公司 A)
[Router1]dhcp server ip-pool 1
#指定 DHCP 地址池 1 动态分配的 IP 地址范围
[Router1-dhcp-0]network 192.168.10.0 mask 255.255.255.0
#指定 DHCP 客户机的默认网关地址
[Router1-dhcp-0]gateway-list192.168.10.1
[Router1-dhcp-0]quit
#配置 DHCP 地址池 2(公司 B)
[Router1]dhcp server ip-pool 2
#指定 DHCP 地址池 2 动态分配的 IP 地址范围
[Router1-dhcp-1]network 192.168.20.0 mask 255.255.255.0
#指定 DHCP 客户机的默认网关地址
[Router1-dhcp-1]gateway-list 192.168.20.1
[Router1-dhcp-1]quit

（4）配置 NAT。

#配置访问控制列表,设定允许 192.168.10.0/24 和 192.168.20.0/24 网段转换
[Router1]acl number 2001
[Router1-acl-basic-2001]rule permit source 192.168.10.0 0.0.0.255
[Router1-acl-basic-2001]rule permit source 192.168.20.0 0.0.0.255
[Router1-acl-basic-2001]rule deny
[Router1-acl-basic-2001]quit
#配置转换地址池 1,即电信的固定 IP
[Router1]nat address-group 1 210.36.178.2 210.36.178.8
#配置外网接口
[Router1]interface ethernet0/1
#允许 NAT 转换的主机是访问控制列表 2001 中的地址 (192.168.10.0/24 和 192.168.20.0/24),
使用地址池 1 中的地址进行地址转换
[Router1-ethernet0/1]nat outbound 2001 address-group 1

（5）配置外网接口 Ethernet0/1 的 IP。

[Router1-ethernet0/1]ip address 210.36.178.1 255.255.255.0
[Router1-ethernet0/1]quit

（6）配置出口默认路由。

[Router1]ip route-static 0.0.0.0 0.0.0.0 210.36.178.9

步骤 4：配置模拟外网的路由器 Router2。

（1）配置 Router2 连接 Router1 的接口 Ethernet0/1 的 IP 地址为 210.36.178.9，连接 PC3 的接口 Ethernet0/0 的 IP 地址为 202.0.1.254。

```
<H3C>system-view
[H3C]sysname Router2
[Router2]interface ethernet0/1
[Router2-ethernet0/1]ip address 210.36.178.9 255.255.255.0
[Router2-ethernet0/1]interface ethernet0/0
[Router2-ethernet0/0]ip address 202.0.1.254 255.255.255.0
[Router2-ethernet0/1]quit
```

（2）配置 Router2 的默认路由。

```
[Router2]ip route-static 0.0.0.0 0.0.0.0 210.36.178.1
```

步骤 5：配置模拟外网主机 PC3 的 IP 为 202.0.1.1，掩码为 255.255.255.0，默认网关为 202.0.1.254。

步骤 6：（可省略）配置路由器 Router1。限制 192.168.10.0 网段和 192.168.20.0 网段之间的互访。

```
#启动防火墙
[Router1]firewall enable
[Router1]acl number 3001
#限制 192.168.10.0 到 192.168.20.0 的访问
[Router1-acl-adv-3001]rule deny ip source 192.168.10.0 0.0.0.255 destination 192.
168.20.0 0.0.0.255
[Router1-acl-adv-3001]acl number 3002
#限制 192.168.20.0 到 192.168.10.0 的访问
[Router1-acl-adv-3002]rule deny ip source 192.168.20.0 0.0.0.255 destination 192.
168.10.0 0.0.0.255
[Router1-acl-adv-3002]quit
[Router1]interface ethernet0/0.1
[Router1-ethernet0/0.1]firewall packet-filter 3001 inbound
[Router1]interface ethernet0/0.2
[Router1-ethernet0/0.2]firewall packet-filter 3002 inbound
[Router1-ethernet0/0.2]quit
```

步骤 7：测试（按表 3.5 格式填写测试结果）。

表 3.5　实验测试表

序号	测 试 目 标	测 试 方 法	测试命令	结　　果
1	公司 A 动态地址分配	检查 PC1 IP	ipconfig	PC1 IP
2	公司 B 动态地址分配	检查 PC2 IP	ipconfig	PC2 IP
3	公司 A 访问外网	检查 PC1 与 PC3 的互通性	ping	□可访问 □不可访问

续表

序号	测 试 目 标	测 试 方 法	测试命令	结　　果
4	公司 B 访问外网	检查 PC2 与 PC3 的互通性	ping	□可访问 □不可访问
5	公司 A、B 地址转换情况	检查路由器上 PC1、PC2 地址转换信息	display nat session	PC1 转换后 IP PC1 转换后 IP
6	公司 A、B 不能互访(可省略)	检查 PC1 与 PC2 的互通性	ping	□可访问 □不可访问

【实验项目】

　　某公司内网由一台三层交换机互连 3 个部门(财务部、策划部和营销部),并使用一台路由器连接外网。内网使用私有 IP 地址,财务部 IP 地址为 10.0.1.0/24,策划部 IP 地址为 10.0.2.0/24,营销部 IP 地址为 10.0.3.0/24,向 ISP 申请到的公网 IP 地址为 200.200.200.1～200.200.200.4。现要求公司内部 PC 实现 IP 地址动态分配,并且使所有 PC 都能访问 Internet。

第4章 企业网络互连

在网络互连中,路由器充当了非常重要的角色。在企业内部,路由器可以将不同部门的子网互连起来;在互联网中,路由器又可以将不同的企业网络互连起来。路由器最重要的作用就是路由选择,它为收到的数据报选择一个合适的路径并转发到下一个结点。因此,远程通信的数据报的传输就像体育运动中的接力赛一样,从源主机出发,经过默认网关(默认路由)转发,再通过中间的多个路由器一站一站地接力,最终由路径上最后一个路由器负责将数据报送交目的主机。

在第3章中已经介绍了路由表和配置静态路由的部分知识。在小型的、网络拓扑比较简单的网络环境中,由网络管理员手工配置路由还是可行的,但是随着网络覆盖范围的不断扩大,需要互连的企业、单位日益增多,网络拓扑结构十分复杂时,手工配置静态路由的方式就不能满足实际工作的需要了,这时就需要为路由器配置动态路由协议,使它能够自动发现和修改路由,适应网络拓扑的实时变化。

本章主要介绍互连网络中常用的动态路由协议及其配置方法。

4.1 IP 地址规划与设计

4.1.1 子网规划

【引入案例】

某公司申请到一个 B 类 IP 地址 151.10.0.0,该公司在全国共有 26 个子公司,每个公司最大计算机数量约为 1000 台。公司网络管理员应如何合理规划网络,为这 26 个子公司分配 IP 呢?

【案例分析】

一个 B 类网可容纳 65 000 多个主机在网络内,但是没有任何一个单位能够同时管理这么多主机。而且案例中还涉及 26 个地理位置不同,职能相对独立的子公司。因此在这个 B 类网络里,必然要规划成几十个不同的子网,按各个子网段进行管理,形成一个 26 个子公司局域网互连的大型网络。网络管理员要利用子网掩码进行子网划分,除了规划各个子公司的计算机可使用的 IP 地址范围外,还要规划互连设备需要配置的 IP 地址。

【基本原理】

在小型网络环境里,比如一些网吧、办公室等,只有几十台到上百台计算机,向电信部门申请到的 IP 地址数量也很有限,因此不需要考虑太多 IP 规划问题,常用的办法就是在网内使用私有地址,如 192.168.1.0/24,并利用 NAT 地址转换技术访问外网。但是在大、中型网络环境里,由于职能部门的划分、地理位置分布以及 IP 地址资源较多等原因,如何合理规划 IP 子网就成了网络建设的重要环节。

1. IP 地址与子网掩码

IP 地址是进行复杂的子网规划的基础。

IPv4 地址中,IP 地址由 32 位二进制数字组成。这 32 位二进制数字可以分为 4 个位域。每个位域由 8 位二进制数组成,各位域之间用点号分开。

为了方便识别、记忆,经常将每个位域的 8 位二进制数转化为 0～255 范围内的十进制数,称为点分十进制,如图 4.1 所示。

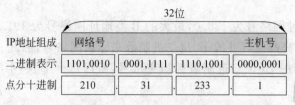

图 4.1　IP 地址的格式

1) IP 地址的种类

为了实现层次化管理,32 位的 IP 地址被划分为两个部分:一部分用来标识网络,称为网络号(Network ID,NID);另一部分用来表示网络中的主机,称为主机号(Host ID,HID),如图 4.2 所示。

图 4.2　IP 地址的结构

IPv4 中定义了 5 类 IP 地址,即 A、B、C、D、E 类地址。不同类别的 IP 地址对网络号及主机号规定是不同的,用于匹配不同规模的网络。

(1) A 类地址

A 类地址的特点是第一个位域的 8 位二进制数用来标识网络,且第 1 个位域的最高位为 0,它和第 1 位其余的 7 位共同组成了网络号。剩余的 24 位二进制数代表主机号,如图 4.3 所示。

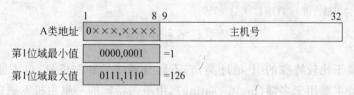

图 4.3　A 类 IP 地址

网络号全为 0 的地址不能使用,因此最小的 A 类网络号为 1,最大的 A 类网络号为 127。对于 A 类网络来说,可以用 24 位二进制数标识主机号,所以每个 A 类网络可以容纳 16 777 214 台主机。

(2) B 类地址

B 类地址的特点是第 1、2 个位域的 16 位二进制数用来标识网络号,且第 1 个位域的最高位为 10,它和其余的 14 位二进制数共同组成了网络号。剩余的 16 位二进制代表主机号,如图 4.4 所示。

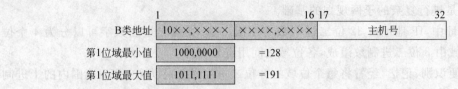

图 4.4　B 类 IP 地址

　　最小的 B 类地址网络号为 128.0,最大的 B 类地址网络号为 191.255。对于 B 类网络来说,可以用除了最高两位以外的 14 位二进制数来标识网络号,因此一共可以有 16 384 个 B 类网络,并且可以用 16 位二进制数标识主机号,所以每个 B 类网络可以容纳 65 534 台主机。

　　(3) C 类地址

　　C 类地址的特点是第 1、2、3 个位域的 24 位二进制用来标识网络号,且第 1 个位域最高三位为 110,它和其余的 21 位二进制数共同组成了网络号。剩余的 8 位二进制位代表主机号,如图 4.5 所示。

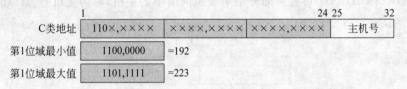

图 4.5　C 类 IP 地址

　　(4) D 类地址

　　D 类地址的第 1 位域的最高 4 位为 1110。因此,第 1 个位域的取值范围是 224～239,如图 4.6 所示。

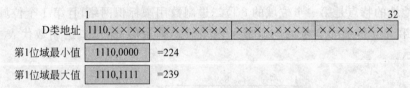

图 4.6　D 类 IP 地址

　　D 类地址属于比较特殊的 IP 地址类,它不区分网络号和主机号,也不能分配给具体的主机。D 类地址主要用于多播(multi-casting),用于向特定的一组主机发送广播消息。

　　(5) E 类地址

　　E 类地址的第 1 个位域的最高 5 位为 11110,因此,第 1 个位域的取值范围是 240～247,如图 4.7 所示。

　　E 类被保留作为实验用。

　　2) 特殊的 IP 地址

　　在 IPv4 地址中,有一些特殊用途的 IP 地址,包括回送地址、网络地址、本地广播地址、直接广播地址和“这个网络上的特定主机”地址等。

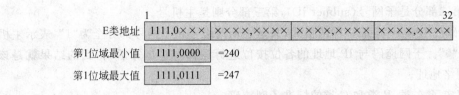

图 4.7　E 类 IP 地址

（1）回送地址

网络号 127 的地址被保留作为环路测试地址使用。例如可以用命令 ping 127.0.0.1 测试本机 TCP/IP 协议栈是否正确安装。

（2）网络地址

当 IP 地址中的主机地址的所有位都设置为 0 时，称为网络地址，用来指示一个网络或网段，而不是哪个网络上的特定主机。网络地址通常可以在路由选择表中找到，因为路由器控制网络之间的通信量，而不是单个主机之间的通信量。在一个子网网络中，将主机位设置为 0 将代表特定的子网。所以在分配 IP 地址时，主机地址部分不能设置为全 0。

（3）本地广播地址

当 IP 地址中所有位都设置为 1 时，即 255.255.255.255，用于向本地网络中的所有主机发送广播信息。

（4）直接广播地址

在 A 类、B 类与 C 类 IP 地址中，如果主机号是全 1，比如地址 201.1.16.255，这样的地址称为直接广播地址。路由器将目的地址为直接广播地址的分组以广播方式发送给该网络的所有主机。因此在分配 IP 地址时，主机地址部分也不能设置成全 1。

（5）"这个网络上的特定主机"地址

IP 地址的网络号全为 0，主机号为确定的值，如 0.0.20.125。目的地址为"这个网络上的特定主机"的分组被限制在该网络内部，由特定的主机号（如 20.125）对应的主机接收该分组。路由器不会将该分组转发到网络之外。

3）子网与子网掩码

（1）子网

在 Internet 编址方案的设计初期，IP 地址设计的最初目的是希望每个 IP 地址都能唯一地、确定地识别一个网络与一台主机，但是网络发展之快和目前的局域网数量之庞大都是互联网初期的设计者们无法想象的，因此，这种方法也同时存在着 IP 地址的有效利用率问题。在 IPv4 的基础上，为了解决这个问题，人们提出了子网的概念。

构成子网就是将一个大的网络划分几个较小的网络，而每一网络都是一个独立的逻辑网络，有其自己的子网地址。处于同一子网中的各主机的网络号是相同的，它们可以直接相互通信而不必经过路由器中转。

将网络划分为多个子网可以减小广播域的规模，减少广播对网络的不利影响，也便于实现层次化管理，允许在每个子网使用不同类型的网络架构。

（2）子网掩码

划分子网需要设计子网掩码。网络设备使用子网掩码决定 IP 地址中哪部分是网络号，哪部分是主机号。而且由于子网掩码的使用，32 位的 IP 地址被划分为 3 个部分：第一部分是网络号,第二部分是子网号(subnet ID),第三部分则是主机号。

子网掩码使用与 IP 地址一样的格式,只是表示网络号和子网号部分全为"1",表示主机号部分全为"0"。子网掩码与 IP 地址的各位按位进行逻辑"与"运算后,得到的结果就是该 IP 地址的网络地址。

IPv4 规定了 A 类、B 类和 C 类的标准子网掩码。

(1) A 类:255.0.0.0

(2) B 类:255.255.0.0

(3) C 类:255.255.255.0

例如,C 类 IP 地址 210.31.233.1,假设其子网掩码为 255.255.255.0,则将 IP 地址 210.31.233.1 和子网掩码 255.255.255.0 分别转化为二进制形式,然后按位进行逻辑"与"运算,得到的结果中,被子网掩码中"0"屏蔽掉的部分就是主机号,而被子网掩码中"1"保留下来的部分就是网络号,如图 4.8 所示。也就是说,IP 地址 210.31.233.1 表示 C 类网络 210.31.233.0 中的编号为 1 的主机。同时这个例子也说明了 210.31.233.0 这个 C 类网络并没有划分子网。

对于没有子网的 IP 网络(也称为 IP 地址组织),外部将它看作单一网络,不需要知道其内部结构,而且从 210.31.233.1～210.31.233.254(注意,210.31.233.255 是该网络的直接广播地址)都处在同一个广播域内,即该网络的所有主机都能收到这个网络的广播包,这会降低网络的性能。

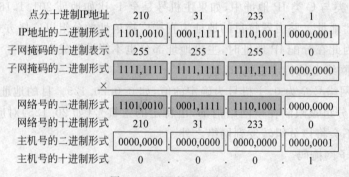

图 4.8 子网掩码的应用

2. 子网规划

在 32 位的 IP 地址空间里,表示网络号的位长度是固定的,例如 C 类的 IP 地址 210.31.233.1,其第一、第二、第三位域一共 24 位表示了它的网络号,则该 C 类网络的掩码的前 24 位也必然全是"1"。那么,如果需要划分子网,为了表示子网号,势必要从表示主机号的位域中"借用"几位。假设在 210.31.233.0 这个网络里需要划分两个子网,这时需要向原表示主机号的第四位域的 8 位地址空间里"借用"1 位来表示子网号,该二进制位的值可以为"0"或"1",那么相应的子网掩码就是 255.255.255.128(一共 25 位全"1",第 25 位表示子网号),表示主机号的地址空间就剩下第四位域的后 7 个位。划分的结果如图 4.9 所示,两个子网的网络地址分别为 210.31.233.0 和 210.31.233.128。

表 4.1 说明了子网规划的总的情况。

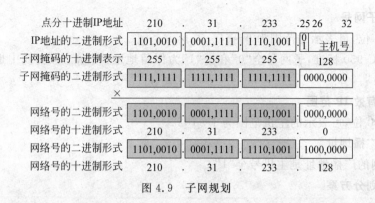

图 4.9　子网规划

表 4.1　子网规划结果

子网	网络地址	子网掩码	广播地址	可配置 IP 范围
子网 1	210.31.233.0	255.255.255.128	210.31.233.127	210.31.233.1~210.31.233.126
子网 2	210.31.233.128	255.255.255.128	210.31.233.255	210.31.233.129~210.31.233.254

划分子网的 6 个步骤如下：

（1）确定需求：

① 确定所需子网数和确定子网中所需最大 IP 数目（通常是主机数目）。

② 综合上述两个因素，确定子网掩码中，原主机号编码位转化为子网号的位数。

（2）确定子网掩码（含子网号部分）。

（3）分配子网号（各主机标识位全为 0）。

（4）分配有效 IP 地址：确定各子网的 IP 地址的范围。

（5）确定各子网的广播地址。

（6）确定划分方案：确定各子网之间通信时的连接设备和网络结构示意图。

【解决方案】

根据划分子网的步骤来解决引入案例的问题。

1. 确定需求

案例中已知条件为一个 B 类地址 151.10.0.0，至少需要划分 26 个子网，每个子网中可容纳最大主机数目为 1000。

选择子网号的位长为 4，子网的总数最多可以达到 16，显然不能满足要求；如果选择子网号的位长为 5，子网的总数最多可以达到 32，那么向主机号的位域中"借用"了 5 位后，表示主机号的位数就剩下 11 位，最多容纳的主机数为 2046（$2^{11}-2$，注意主机号全"0"、全"1"为保留地址），可以满足每个子网容纳 1000 台主机的需求；如果选择子网号的位长为 6，子网的总数最多可以达到 64，表示主机号的位长为 10，最多容纳的主机数为 1022，也可以满足需求。

根据案例中"每个公司最大计算机数量约为 1000 台"这一点，可以选择最后一个方案，子网号位长为 6。

2. 确定子网掩码

网络号 16 位，子网号 6 位，主机号 10 位，则子网掩码为 255.255.252.0。

3. 分配子网号

子网号 6 位,可表示的范围为 0～64。

按照 RFC 950 标准,子网号全"0"和全"1"为保留地址,实际工程实践中也可以不按照这个标准。

4. 分配有效 IP 范围

主机号 10 位,可表示的主机范围为 1～1022。

5. 确定广播地址

各个子网的广播地址是主机号全"1"。

6. 确定划分方案

(省略)

表 4.2 说明了子网规划的结果。

表 4.2 子网规划结果

子网	网络地址	广播地址	可配置 IP 范围
子网 1	151.10.0.0	151.10.3.255	151.10.0.1～151.10.3.254
子网 2	151.10.4.0	151.10.7.255	151.10.4.1～151.10.7.254
子网 3	151.10.8.0	151.10.11.255	151.10.8.1～151.10.11.254
子网 4	151.10.12.0	151.10.15.255	151.10.12.1～151.10.15.254
⋮	⋮	⋮	⋮
子网 24	151.10.92.0	151.10.95.255	151.10.92.1～151.10.95.254
子网 25	151.10.96.0	151.10.99.255	151.10.96.1～151.10.99.254
子网 26	151.10.100.0	151.10.103.255	151.10.100.1～151.10.103.254

【实验项目】

一个公司需要创建内部网络,该公司包括工程技术部、市场部、财务部和人力资源部 4 个部门。该公司原来使用申请到的 C 类网络地址为 202.112.161.0,组成了一个网络地址相同的大网络。目前,由于该网络的广播数据过多,造成网络系统运行缓慢,现需要改善网络性能,要求采用划分子网的方法使得几个部门各自独立,提高各个部门的性能和安全性。在 4 个部门中,最大的计算机数目为 30 台。需要确定各部门使用的网络地址和子网掩码,并给出可以分配给每个部门主机的 IP 地址范围。

4.1.2 VLSM

【引入案例】

某公司有两个主要部门:市场部和技术部。技术部又分为硬件部和软件部两个部门,市场部拥有 60 台计算机,硬件部和软件部各自拥有 30 台计算机。该公司申请到了一个完整的 C 类 IP 地址段 210.31.233.0。现要求划分子网,实现分级管理。

【案例分析】

按前面介绍的子网划分方法,案例中的公司至少需要划分为 3 个子网。假设地址空间中取子网号位长为 2,子网掩码为 255.255.255.192,网络划分成 4 个子网,则每个子网内可容纳的最大主机数为 62。如果按这样规划,硬件部和软件部各自在不同的子网内,由于每个部门只有 30 台主机,势必大大浪费了地址空间,而且 4 个子网是平级的,并没有实现分级管理。为了更合理地进行子网规划,RFC 1878 定义了可变长度子网掩码(Variable Length Subnet Mask,VLSM),利用 VLSM 技术可以进行多级子网划分。

【基本原理】

如上述案例分析所述,把一个网络划分成多个子网,要求每一个子网拥有不同的网络地址,但是每个子网的主机数不一定相同,有的多,有的少,如果每个子网都采用相同的子网掩码,则每个子网上分配的地址数相同,这就造成了地址的大量浪费。这时候就需要 VLSM 来解决这个问题。

VLSM 规定了如何在一个进行了子网划分的网络中的不同部分使用不同的子网掩码。在结点数较多的子网采用较短的子网掩码,子网掩码较短,可表示的子网数较少,而子网可分配的地址就多;与之相对,在结点数较少的子网采用较长的子网掩码,子网掩码较长,可表示的子网数多了,子网内可分配的地址就少了。这种技术能节省大量的地址,而节省下的地址可以用于其他子网上。

【解决方案】

VLSM 实际上是一种多级子网划分技术,下面利用 VLSM 来解决案例中的划分问题。

1. 一级子网划分

取子网号位长为 2,子网掩码为 255.255.255.192,原主网络划分为 4 个子网,每个子网可分配的最大地址数为 62。子网地址分别为 210.31.233.0、210.31.233.64、210.31.233.128 和 210.31.233.192。

假设市场部所在的子网是 210.31.233.64,子网掩码是 255.255.255.192,该子网可分配的 IP 为 210.31.233.65～210.31.233.126,一共有 62 个 IP 地址,满足案例需求。

而技术部所在的子网是 210.31.233.128,子网掩码是 255.255.255.192。

2. 二级子网划分

在技术部子网 210.31.233.128 又进一步划分成两个二级子网。

取子网号位长为 3,子网掩码为 255.255.255.224。其中第 1 个二级子网 210.31.233.128(第四位域二进制表示为 100 00000),划分给了技术部的下属分部——硬件部,该二级子网共有 30 个 IP 地址可供分配;技术部的下属分部——软件部得了第 2 个二级子网 210.31.233.160(第四位域二进制表示为 101 00000),子网掩码 255.255.255.224,该二级子网共有 30 个 IP 地址可供分配。

子网划分结果如图 4.10 所示。

在实际工程实践中,可以进一步将网络划分成三级或者更多级子网。

【实验项目】

某公司准备用一个 C 类地址 210.36.19.0 进行 IP 地址的子网规划。该公司共购置了 5 台路由器,1 台路由器作为企业网的出口路由器接入 ISP,其余 4 台路由器连接 4 个部门,每个部门 20 台计算机,网络拓扑如图 4.11 所示。请利用 VLSM 技术根据部门及互连设备接口需要合理规划子网并分配 IP。

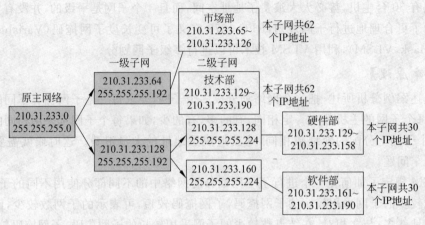

图 4.10　VLSM 应用

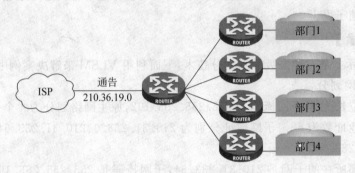

图 4.11　公司网络拓扑

4.1.3　CIDR

【引入案例】

　　某公司申请到了 1 个网络地址块,由 210.31.224.0~210.31.231.0 连续的 8 个 C 类网络地址组成,是否只用一个网络地址就能标识该公司呢?

【案例分析】

　　在前面的学习中,我们已经见过了一个单位获得一个 B 类地址或者一个 C 类地址的分配权,而在路由表中,也只需一条记录就能指向该组织网络路由。那么,本节的引入案例中是否需要 8 条路由表条目(8 个 C 类网络地址)来指示该公司网络呢?答案自然是否定的。利用无类域间路由(Classless Inter-Domain Routing,CIDR)技术可以实现路由汇聚,即把路由表中的若干条路由汇聚为一条路由。

【基本原理】

　　CIDR 由 RFC 1817 定义。提出 CIDR 的初衷是为了解决 IP 地址空间即将耗尽的问题。CIDR 并不使用传统的有类网络地址的概念,即不再区分 A、B、C 类网络地址。在分配 IP 地址段时也不再按照有类网络地址的类别进行分配,而是将 IP 网络地址空间看成是一个整体,并划分成连续的地址块,然后采用分块的方法进行分配。

在 CIDR 技术中,使用子网掩码中表示网络号二进制位的长度来区分一个网络地址块的大小,称为 CIDR 前缀。如 IP 地址 210.31.233.1,子网掩码 255.255.255.0 可表示成 210.31.233.1/24;IP 地址 166.133.67.98,子网掩码 255.255.0.0 可表示成 166.133.67.98/16;IP 地址 192.168.0.1,子网掩码 255.255.255.240 可表示成 192.168.0.1/28 等。

CIDR 可以用来做 IP 地址汇聚(或称超网)。在未作地址汇总之前,路由器需要对外声明所有内部网络的 IP 地址空间段,这将导致 Internet 核心路由器中的路由条目非常庞大。采用 CIDR 地址汇总后,可以将连续的地址空间块汇聚成一条路由条目,路由器不再需要对外声明内部网络的所有 IP 地址空间段,这样就大大减少了路由表中路由条目的数量。

利用 CIDR 实现地址汇聚需要两个基本条件:

(1) 待汇聚地址的网络号拥有相同的高位。

例如 198.168.1.0、198.168.2.0 和 198.168.3.0 三个网段可以汇聚成一条路由 198.168.0.0/16,因为这三个地址的前 16 位是一致的。

(2) 待汇聚的网络地址数目必须是 2^n,如 2 个、4 个、8 个、16 个等,否则,可能会导致路由黑洞(汇聚后的网络可能包含原网络并不存在的子网)。

例如,使用 198.168.0.0/16 表示的地址块中不止包含了 198.168.1.0、198.168.2.0 和 198.168.3.0,还可以包含 198.168.4.0、198.168.5.0 等。

【解决方案】

为了对 210.31.224.0~210.31.231.0 这 8 个 C 类网络地址块进行汇聚,找到它们相同网络地址的比特位,采用新的子网掩码 255.255.248.0,CIDR 前缀为/21,汇聚结果如图 4.12 所示。

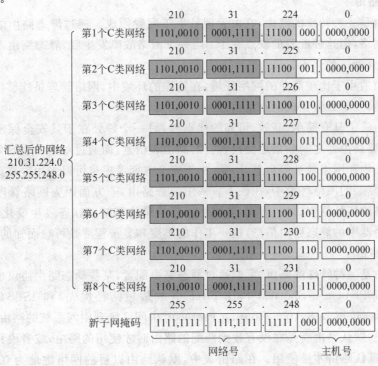

图 4.12　CIDR 应用

可以看出,CIDR 实际上是借用部分网络号充当主机号。在图 4.12 中,因为 8 个 C 类地址网络号的前 21 位完全相同,变化的只是最后 3 位。因此,可以将网络号的后 3 位看成是主机号,选择新的子网掩码为 255.255.248.0,将这 8 个 C 类网络地址汇总成为 210.31.224.0/21。

总而言之,为了给网络提供更大的灵活性,并节省 IP 地址资源,通常需要把一个主类网络分割成多个较小的子网,使用子网掩码来进行区分,而 CIDR 使路由器能够聚合或者说归纳路由信息,从而缩小路由表的大小。

4.2　静态路由

【引入案例】

某大学由两个学校合并而成,合并后就有了东西两个校区。两个校区原来就已经建有校园网,现在需要使用路由器将东西校区的网络互连起来,实现两个校区网络的信息共享。

【案例分析】

案例中两个校区网络具有不同的网络号,为了实现两个网络的互连,可以连接原有的两台出口路由器,利用路由器实现不同网络之间 IP 数据包的转发。为了使路由器能够正确的转发数据包,需要为两台路由器配置路由协议。路由协议分为静态路由协议和动态路由协议两类。在本案例中,两个校区网络拓扑比较稳定的情况下,可以选择配置静态路由。

【基本原理】

1. 静态路由

静态路由是一种特殊的路由,它由管理员手工配置而成。通过静态路由的配置可建立一个互通的网络,但这种配置的缺点在于: 当一个网络故障发生后,静态路由不会自动发生改变,必须有管理员的介入。

静态路由适用于比较简单的网络环境,在这样的环境中,网络管理员能够清楚地了解网络的拓扑结构,便于设置正确的路由信息。

静态路由除了具有简单、高效、可靠的优点外,另一个好处在于其安全保密性。使用动态路由时,需要路由器之间频繁地交换各自的路由表信息,而通过对路由表的分析可以揭示网络的拓扑结构和网络地址等信息,因此,出于安全方面考虑也可以采用静态路由。

在大型、复杂的网络环境中,往往不宜采用静态路由,一方面因为网络管理员难以全面了解整个网络的拓扑结构;另一方面,当网络的拓扑结构和链路状态发生变化时,需要大范围地调整路由器中的静态路由信息,这一工作的难度和复杂程度是可想而知的。

2. 默认路由

默认路由是一种特殊的路由,可以通过静态路由配置,某些动态路由协议也可以生成默认路由,如 OSPF(Open Shortest Path First,开放最短路径优先)和 IS-IS(Intermediate System to Intermediate System Routing Protocol,中间系统到中间系统的路由选择协议)。

简单地说,默认路由就是在没有找到匹配的路由时才使用的路由,或者说只有当没有合适的路由时,默认路由才被使用。在路由表中,默认路由以目的网络地址为 0.0.0.0(掩码为 0.0.0.0)的路由形式出现。可通过命令 display ip routing-table 的输出看它是否被设置。如果报文的目的地址不能与任何路由相匹配,那么系统将使用默认路由转发该报文。如果没有默认路由且报文的目的地不在路由表中,那么该报文被丢弃,同时,向源端返回一个 ICMP 报文报告该目的地址或网络不可达。

默认路由在网络中是非常有用的。在一个包含上百个路由器的网络中,选择动态路由协议可能会耗费大量的带宽资源,使用默认路由意味着采用适当带宽的链路来代替高带宽的链路以满足大量用户通信的需要。Internet 上绝大多数的路由器上都存在一条默认路由。

【命令介绍】

1. 配置静态路由

ip route-static *ip-address* { *mask* | *mask-length* } [*interface-type interface-number*] [*nexthop-address*] [**preference** *preference-value*] [**reject | blackhole**] [**tag** *tag-value*] [**description** *string*]

undo ip route-static

【视图】　系统视图

【参数】　*ip-address*:目的 IP 地址,用点分十进制格式表示。

mask:掩码。

mask-length:掩码长度。由于要求 32 位掩码中的"1"必须是连续的,因此点分十进制格式的掩码也可以用掩码长度 *mask-length* 来代替(掩码长度是掩码中连续"1"的位数)。

interface-type interface-number:指定该静态路由的出接口类型及接口号。可以指定公网或者其他 vpn-instance 下面的接口作为该静态路由的出接口。

nexthop-address:指定该静态路由的下一跳 IP 地址(点分十进制格式)。

preference-value:为该静态路由的优先级别,范围为 1~255,默认值为 60。

reject:指明为不可达路由。

blackhole:指明为黑洞路由。

tag *tag-value*:静态路由 tag 值,用于路由策略。

description *string*:静态路由描述信息。

静态路由的属性归纳如下:

(1) 接口静态路由:表示直接连接到路由器接口上的目的网络,其优先级为 0。

(2) 可达路由:正常的路由都属于这种情况,即 IP 报文按照目的地标示的路由被送往下一跳,这是静态路由的一般用法。

(3) 目的地不可达的路由:当到某一目的地的静态路由具有 reject 属性时,任何去往该目的地的 IP 报文都将被丢弃,并且通知源主机目的地不可达。

(4) 目的地为黑洞的路由:当到某一目的地的静态路由具有 blackhole 属性时,任何去往该目的地的 IP 报文都将被丢弃,并且不通知源主机。

其中 reject 和 blackhole 属性一般用来控制本路由器可达目的地的范围,辅助网络故障的诊断。

【例】　配置到网络 10.0.0.0 255.255.255.0 的一条静态路由,它的下一跳地址是 10.0.2.3。

```
[H3C] ip route-static 10.0.0.0 255.255.255.0 10.0.2.3
```

2. 查看路由表

（1）查看路由表摘要信息。

display ip routing-table

【视图】 任意视图

（2）查看路由表详细信息。

display ip routing-table verbose

【视图】 任意视图

3. 配置默认路由

ip route-static 0.0.0.0 0.0.0.0 *nexthop-address*

【视图】 系统视图

静态路由的一种特殊情况就是默认路由，配置默认路由的目的是当查找所有已知路由信息都查不到数据包如何转发时，路由器按默认路由的信息进行转发。

【例】 配置默认路由的下一跳为 129.102.0.2。

```
[H3C] ip route-static 0.0.0.0 0.0.0.0 129.102.0.2
```

【解决方案】

原东西校区两个网络分别连接着一台路由器作为出口网关，现利用网络线路直接连接起来，通过配置静态路由实现两个校区网络系统的互联互通。

实验拓扑如图 4.13 所示。园区网络的各设备地址如表 4.3 所示。

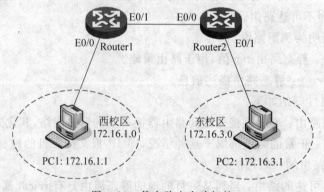

图 4.13　静态路由实验拓扑

表 4.3　设备各接口 IP 地址

设备名称	设备端口	IP 地址
Router1	Ethernet0/0	172.16.1.2/24
	Ethernet0/1	172.16.2.1/24

续表

设备名称	设备端口	IP 地址
Router2	Ethernet0/0	172. 16. 2. 2/24
	Ethernet0/1	172. 16. 3. 2/24
PC1		172. 16. 1. 1/24（默认网关 172. 16. 1. 2）
PC2		172. 16. 3. 1/24（默认网关 172. 16. 3. 2）

【实验设备】

路由器 2 台,标准网线 3 根,PC 2 台。

说明：本实验路由器选择 RT-MSR2021-AC-H3。

【实施步骤】

步骤 1：按照图 4.13 所示连接好设备。分别设置 PC1 和 PC2 的 IP 地址、子网掩码以及默认网关地址。

步骤 2：配置 Router1。

```
[H3C] system-view
```

（1）配置路由器端口地址。

```
[H3C] interface ethernet0/0
[H3C] ip address 172.16.1.2 255.255.255.0
[H3C] interface ethernet0/1
[H3C] ip address 172.16.2.1 255.255.255.0
```

（2）配置静态路由。

```
[H3C] ip route-static 172.16.3.0 255.255.255.0 172.16.2.2
```

步骤 3：配置 Router2。

```
[H3C] system-view
```

（1）配置路由器端口地址。

```
[H3C] interface ethernet0/0
[H3C] ip address 172.16.2.2 255.255.255.0
[H3C] interface ethernet0/1
[H3C] ip address 172.16.3.2 255.255.255.0
```

（2）配置静态路由

```
[H3C] ip route-static 172.16.1.0 255.255.255.0 172.16.2.1
```

步骤 4：测试网络的连通性。

在 PC1 上使用 ping 命令测试 PC1 到 PC2 的互通性。结果表示能够互通。

【实验项目】

某公司的网络结构如图 4.14 所示,要求配置静态路由和默认路由,使任意两台主机或路由器之间都能互通。

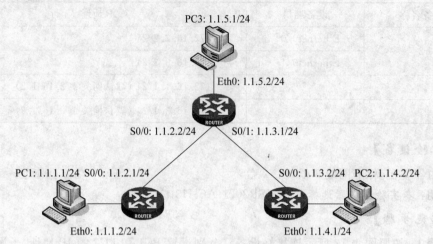

图 4.14　某公司的网络结构图

【拓展思考】

图 4.15 是一种常见的组网方式,Router1 下面连接了很多小路由器,由于这些小路由器的路由很有规律,恰好可以聚合成一条 10.1.0.0/16 的路由,于是 Router1 将此聚合后的路由发送到上一级路由器 Router2。同理,Router2 上必定有一条相同的路由 10.1.0.0/16 指回 Router1。由于网络出口唯一,Router1 上还存在一条默认路由指向 Router2。

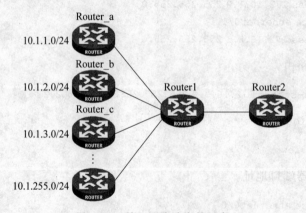

图 4.15　关于汇聚路由的思考

如果 Router_a 和 Router1 之间的链路发生故障中断,这时 Router_b 下的一个用户发送目的地址为 10.1.1.1 的报文,这个报文将会传送到哪里? 怎样才能解决这个问题?

4.3　RIP 路由协议

【引入案例】

某公司是一个大型的公司,公司包含十多个部门,各部门都有自己的局域网,公司要求网络管理员利用各部门的路由器把网络连接起来,形成公司的一级网络,使各部门之间可以互连互通。

【案例分析】

可以先考虑采用静态路由来解决案例中的互连问题。静态路由实际上是在路由器中设置固定的路由表,除非网络管理员干预,否则静态路由不会发生变化。静态路由的特点是依赖于管理员手动添加路由信息,其优点是没有额外的 CPU 负担,节约带宽,增加安全性,但缺点也很明显,网络管理员必须了解网络的整个拓扑结构,如果网络拓扑发生变化,管理员要在所有的路由器上手动修改路由表,因此静态路由并不适合在大型网络中使用。

案例中公司的路由器个数比较多,如果采用静态路由,管理员要对公司的网络拓扑情况非常熟悉,并且在网络出现故障时能够及时地调整,这使得网络管理员的工作比较烦琐。如果采用动态路由的话,在牺牲部分带宽的情况下可以自动发现和修改路由,无须人工维护,能更好地解决上述问题。

【基本原理】

1. 动态路由协议

1)动态路由协议基本工作原理

动态路由协议用于路由器动态寻找网络最佳路径。

路由器之间的路由信息交换是基于路由协议实现的。当路由器启用相同的动态路由协议后,每台路由器将周期性地将自己已知的路由信息发送给相邻的路由器,最终每台路由器都会收到网络中所有的路由信息。在此基础上,路由器执行路由选择算法,计算出本地路由器到其他网段的最终路由,自动地建立自己的路由表,并且能够根据实际情况的变化重新计算,适时地进行路由调整。

2)自治系统

一个自治系统(Autonomous System,AS)是一组共享相似的路由策略的路由器集合,并且一个 AS 内的所有网络都属于一个行政单位,例如一所大学、一个公司,外部世界将视整个 AS 为一个实体。一个 AS 最重要的特点是它有权自主地决定本系统内采用何种路由选择协议。每个 AS 拥有一个唯一的 AS 编号,由 Internet 授权管理机构 IANA 分配。

3)动态路由协议的分类

按照工作区域,动态路由协议可以分为 IGP(Interior Gateway Protocals,内部网关协议)和 EGP(Exterior Gateway Protocal,外部网关协议)。

IGP 是在同一个 AS 内交换路由信息,主要目的是发现和计算 AS 内的路由信息。IGP 的典型代表有 RIP(Routing Information Protocals,路由信息协议)和 OSPF(Open Shortest Path First,开放最短路径优先)。

EGP 用于连接不同的 AS,在不同的 AS 之间交换路由信息,主要使用路由策略和路由过滤等控制路由信息在 AS 间的传播,其典型代表有 BGP(Border Gateway Protocal,边界网关协议)。

2. RIP

RIP 是由 Xerox 公司在 20 世纪 70 年代开发的。目前具有两个版本,RIP-1 提出较早,只适用于类路由选择(即在该网络中的所有设备必须使用相同的子网掩码),RIP-2 使用了网络前缀的路由选择方法,支持可变长度子网掩码(VLSM)。RIP-2 支持不连续的子网划分,支持 CIDR,支持组播,并提供认证功能。

RIP 是一种分布式、基于距离矢量(Distance-Vector,V-D)算法的路由协议,通过广播的方式公告路由信息,然后各自计算到达目的网络所经过路由器的跳数来生成自己的路由表。RIP 每隔 30 秒向外发送一次更新报文。如果路由器经过 180 秒没有收到来自对端的路由更新报文,则将所有来自此路由器的路由标志为不可达;若在其后 120 秒内仍未收到更新报文,就将该条路由从路由表中删除。

一台路由器从相邻的路由器学习到新的路由信息,将其追加到自己的路由表中,再将该路由表传递给所有的相邻路由器,按照最新的时间进行刷新。相邻的路由器进行同样的操作,经过若干次传递,所有路由器都能获得完整的、最新的网络路由信息。RIP 通过计算抵达目的地的最少跳数来选取最佳路径。跳数(hop count)被用来衡量到达目的网络的距离,称为路由权值(routing cost)。RIP 规定了最大跳数为 15,如果从网络的一个终端到另一个终端的路由跳数超过 15 个,就被认为目的地是不可到达的,继而从路由表中删除。

当收到邻居路由器发来的更新报文时,RIP 计算报文中的路由项的度量值,计算公式为:$\text{metric}' = \min(\text{metric} + \text{cost}, 16)$,metric 为报文中携带的度量值,cost 为接收报文的网络的度量值开销,默认为 1 跳,16 代表不可达。RIP 比较新的度量值和本地路由表上相应的路由项度量值,更新自己的路由表。

RIP 路由表的更新原则如下:

(1) 对本路由表已有的路由项,当发送更新报文的网关相同时,不论度量值增大或减少,都更新该路由项。

(2) 对本路由表已有的路由项,当发送更新报文的网关不同时,如果度量值减少,更新路由项。

(3) 对本路由表没有的路由项,在度量值小于 16 时,在路由表增加该路由项。

(4) 路由表中的每一条路由项都对应一个老化定时器,当路由项在 180 秒内没有任何更新时,定时器超时,该路由项的度量值变为不可达。

为了实现 RIP 的功能,RIP 使用了多种定时器:

(1) 路由更新定时器:用于设置路由 30 秒的更新时间间隔,每隔 30 秒路由器就会发送自己完整的路由表信息给它所有的邻居路由器。

(2) 路由失效定时器:路由器在一定的时间内(180 秒)得不到某路由的更新,便认为此路由为无效路由。在路由器认定某路由失效时,便将此消息向其所有邻居路由通知。

(3) 保持失效路由器:用于设置路由信息被抑制的时间(默认为 180 秒)。当指示某个路由为不可达的更新数据包被接收时,路由器将会进入保持失效状态。这个状态会一直持续到有一个带有更好度量的数据包被接收到或者保持失效定时器到期。

(4) 路由清除定时器:无效路由在路由表中删除前的时间间隔(240 秒)。当无效路由器从路由表删除后,路由器会通知它所有的邻居路由此无效路由即将消亡。

整个 RIP 路由域中所有路由器的 RIP 计时器必须相同。

【命令介绍】

1. 启动 RIP 并进入 RIP 视图

```
rip
```

```
undo rip
```

【视图】 系统视图

RIP 的大部分特性都需要在 RIP 视图下配置,接口视图下也有部分 RIP 相关属性的配置。如果启动 RIP 前先在接口视图下进行了 RIP 相关的配置,这些配置只有在 RIP 启动后才会生效。需要注意的是,在执行 undo rip 命令关闭 RIP 后,接口上与 RIP 相关的配置也将被删除。

2. 在指定网段使能 RIP

```
network network-address
undo network network-address
```

【视图】 RIP 视图

【参数】 *network-address*:使能或不使能的网络的地址,其取值可以为各个接口 IP 网络地址。

RIP 只在指定网段上的接口运行;对于不在指定网段上的接口,RIP 既不在它上面接收和发送路由,也不将它的接口路由转发出去。因此,RIP 启动后必须指定其工作网段。*network-address* 为使能或不使能的网络的地址,也可配置为各个接口 IP 网络的地址。

3. 允许接口接收 RIP 报文

```
rip input
undo rip input
```

【视图】 接口视图

rip input 命令用来允许接口接收 RIP 报文。undo rip input 命令用来禁止接口接收 RIP 报文。默认情况下,允许接口接收 RIP 报文。

【例】 指定接口 Ethernet1/1 接收 RIP 报文。

```
<H3C> system-view
[H3C] interface ethernet1/1
[H3C-ethernet1/1] rip input
```

4. 允许接口发送 RIP 报文

```
rip output
undo rip output
```

【视图】 接口视图

rip output 命令用来允许接口发送 RIP 报文。undo rip output 命令用来禁止接口发送 RIP 报文。默认情况下,允许接口发送 RIP 报文。

【例】 允许接口 Serial2/0 发送 RIP 报文。

```
<H3C> system-view
[H3C] interface serial2/0
[H3C-Serial2/0] rip output
```

5. 配置 RIP 协议的优先级

preference *value*
undo preference

【视图】 RIP 视图

【参数】 *value*：优先级，取值范围为 1～255，默认值为 100。

preference 命令用来指定 RIP 协议的路由优先级，undo preference 命令用来恢复路由优先级的默认值。

每一种路由协议都有自己的优先级，它的默认取值由具体的路由策略决定。优先级的高低将最后决定 IP 路由表中的路由采取哪种路由算法获取的最佳路由。优先级的数值越大，其实际的优先级越低。默认情况下，RIP 的优先级为 100。可以利用此命令手动调整 RIP 的优先级。

H3C 路由器的一些路由协议的默认优先级如表 4.4 所示。

表 4.4 H3C 路由器路由协议默认优先级

路由协议或路由种类	默认优先级	路由协议或路由种类	默认优先级
DIRECT(直接连接路由)	0	RIP	100
OSPF	10	IBGP	256
STATIC	60		

【例】 指定 RIP 的优先级为 20。

```
[H3C-rip] preference 20
```

6. 从其他协议引入路由

import-route *protocol* [*process-id* | **all-processes** | **allow-ibgp**] [**cost** *cost*]
undo import-route *protocol* [*process-id*]

【视图】 RIP 视图

【参数】 *protocol*：指定引入的路由协议，可以是 bgp、direct、isis、ospf、rip 或 static。

process-id：路由协议进程号，取值范围为 1～65 535，默认值为 1。只有当 *protocol* 是 isis、ospf 或 rip 时该参数可选。

all-processes：引入指定路由协议所有进程的路由，只有当 *protocol* 是 rip、ospf 或 isis 时可以指定该参数。

allow-ibgp：当 *protocol* 为 bgp 时，allow-ibgp 为可选关键字。

cost：所要引入路由的度量值，取值范围为 0～16。如果没有指定度量值，则使用 default cost 命令设置的默认度量值。

默认情况下，RIP 不引入其他路由。并且只能引入路由表中状态为 active 的路由，是否为 active 状态可以通过 display ip routing-table protocol 命令来查看。

【例】 引入静态路由，并将其度量值设置为 4。

```
<H3C> system-view
[H3C] rip 1
```

[H3C-rip-1] import-route static cost 4

7. 显示 RIP 进程的当前运行状态及配置信息

display rip

【视图】 任意视图

【例】 显示所有已配置的 RIP 进程的当前运行状态及配置信息。

```
<H3C> display rip
 Public VPN-instance name :
  RIP process : 1
   RIP version : 1
   Preference : 100
   Checkzero : Enabled
   Default-cost : 0
   Summary : Enabled
   Hostroutes : Enabled
   Maximum number of balanced paths : 8
   Update time : 30 sec(s) Timeout time : 180 sec(s)
   Suppress time : 120 sec(s) Garbage-collect time : 120 sec(s)
   update output delay : 20(ms) output count : 3
   TRIP retransmit time : 5 sec(s)
   TRIP response packets retransmit count : 36
   Silent interfaces : None
   Default routes : Only Default route cost : 3
   Verify-source : Enabled
   Networks :
     192.168.1.0
   Configured peers : None
   Triggered updates sent : 0
   Number of routes changes : 0
     Number of replies to queries : 0
```

对 display rip 的部分显示信息的描述见表 4.5。

表 4.5 display rip 命令部分显示信息描述表

字　　　段	描　　　述
RIP process	RIP 进程号
RIP version	RIP 版本
Preference	RIP 路由优先级
Summary	路由聚合功能是否使能,Enable 表示已使能,Disabled 表示关闭
Update time	更新定时器的值
Timeout time	失效定时器的值
Suppress time	保持失效定时器的值
Garbage-collect time	清除定时器的值
update output delay	接口发送 RIP 报文的时间间隔

字　　段	描　　述
Silent interfaces	抑制接口数(这些接口不发送周期更新报文)
Networks	使能 RIP 的网段地址
Triggered updates sent	发送的触发更新报文数
Number of routes changes	RIP 进程改变路由数据库的统计数据
Number of replies to queries	RIP 请求的响应报文数

8. 显示指定 RIP 进程发布数据库的所有激活路由

display rip *process-id* **database**

【视图】　任意视图

【参数】　*process-id*：RIP 进程号,取值范围为 1~65 535。

这些数据库的路由以常规 RIP 更新报文的形式发送。

【例】　显示进程号为 100 的 RIP 进程发布数据库中的激活路由。

```
<H3C> display rip 100 database
10.0.0.0/8, cost 1, ClassfulSumm
10.0.0.0/24, cost 1, nexthop 10.0.0.1, Rip-interface
11.0.0.0/8, cost 1, ClassfulSumm
11.0.0.0/24, cost 1, nexthop 10.0.0.1, Imported
```

对 display rip database 的部分显示信息描述见表 4.6。

表 4.6　display rip database 命令部分显示信息描述表

字　　段	描　　述
Cost	度量值
ClassfulSumm	表示该条路由是 RIP 的聚合路由
Nexthop	下一跳地址
Rip-interface	从使能 RIP 协议的接口学习来的路由
Imported	表示该条路由是从其他路由协议引入的

9. 显示指定 RIP 进程的路由信息

display rip *process-id* **route**

【视图】　任意视图

【参数】　*process-id*：RIP 进程号,取值范围为 1~65 535。

【例】　显示进程号为 1 的 RIP 进程的所有路由信息。

```
<H3C> display rip 1 route
Route Flags: R -RIP, T -TRIP
            P -Permanent, A -Aging, S -Suppressed, G -Garbage-collect
----------------------------------------------------------------------
Peer 111.1.1.2 on Ethernet1/1
Destination/Mask   Nexthop   Cost   Tag   Flags   Sec
```

```
122.0.0.0/8          111.1.1.2   1       0      RA        22
```

对 display rip route 的部分信息描述见表 4.7。

表 4.7 display rip route 命令显示信息描述表

字　段	描　述
Route Flags	路由标志： R——RIP 生成的路由 T——TRIP(触发 RIP)生成的路由 P——该路由永不过期 A——该路由处于老化时期 S——该路由处于抑制时期 G——该路由处于 Garbage-collect 时期
Peer 21.0.0.23 on Ethernet1/1	在 RIP 接口上从指定邻居学到的路由信息
Flags	路由信息所处状态
Sec	路由信息所处状态对应的定时器时间

【解决方案】

把公司各部门网络的路由器通过交换机连接起来。使用 RouterB 和 RouterC 模拟部门路由器，并通过出口路由器 RouterA 连到 Internet，网络拓扑如图 4.16 所示。

在 3 个路由器上都配置 RIP。使得 RouterA 只接收从外部网络发来的路由信息，但不对外发布内部网络的路由信息。RouterA、RouterB 和 RouterC 之间能够交互 RIP 信息。

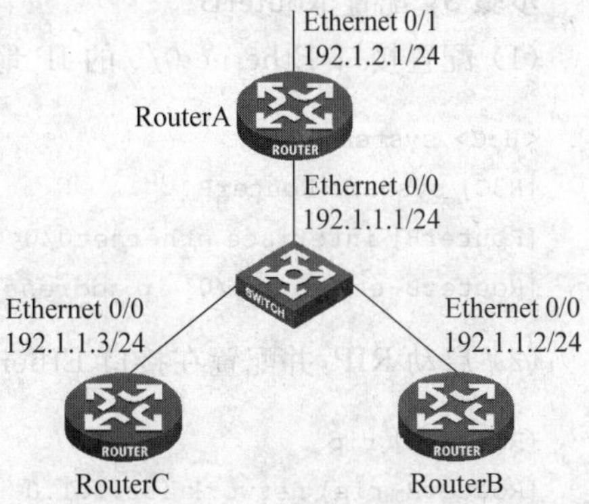

【实验设备】

路由器 3 台，二层交换机 1 台，PC 3 台，标准网线 6 根。

说明：本实验路由器选择 RT-MSR2021-AC-H3，二层交换机选择 LS-S3100-16C-SI-AC。

图 4.16　公司网络拓扑图

【实施步骤】

步骤 1：按照图 4.16 把路由器连接到交换机上，并检查设备的软件版本，确保设备软件版本符合要求，配置设备恢复出厂设置。

(1) 检查设备软件版本。

```
<H3C> display version
```

(2) 在用户模式下擦除设备配置文件，重启设备使系统恢复默认配置。

```
<H3C> reset saved-configuration
<H3C> reboot
```

步骤 2：配置 RouterA。

(1) 配置接口 Ethernet0/0 和 Ethernet0/1 的 IP 地址。

```
<H3C> system-view
[H3C] sysname RouterA
[RouterA] interface ethernet0/0
[RouterA-ethernet0/0] ip address 192.1.1.1 255.255.255.0
[RouterA-ethernet0/0] quit
[RouterA] interface ethernet0/1
[RouterA-ethernet0/1] ip address 192.1.2.1 255.255.255.0
```

(2) 启动 RIP，并配置在接口 Ethernet 0/0 和 Ethernet 0/1 上运行 RIP。

```
[RouterA] rip
[RouterA-rip] network 192.1.1.0
[RouterA-rip] network 192.1.2.0
```

(3) 配置接口 Ethernet0/1 只接收 RIP 报文。

```
[RouterA] interface ethernet0/1
[RouterA-ethernet0/1] undo rip output
[RouterA-ethernet0/1] rip input
```

步骤 3：配置 RouterB。

(1) 配置接口 Ethernet0/0 的 IP 地址。

```
<H3C> system-view
[H3C] sysname RouterB
[RouterB] interface ethernet0/0
[RouterB-ethernet0/0] ip address 192.1.1.2 255.255.255.0
```

(2) 启动 RIP，并配置在接口 Ethernet0/0 上运行 RIP。

```
[RouterB] rip
[RouterB-rip] network 192.1.1.0
```

(3) 引入直接连接路由。

```
[RouterB-rip] import_route direct
```

步骤 4：配置 RouterC

(1) 配置接口 Ethernet0/0 IP 地址。

```
<H3C> system-view
[H3C] sysname RouterC
[RouterC] interface ethernet0/0
[RouterC-ethernet0/0] ip address 192.1.1.3 255.255.255.0
```

(2) 启动 RIP，并配置在接口 Ethernet0/0 运行 RIP。

```
[RouterC] rip
[RouterC-rip] network 192.1.1.0
```

（3）引入直接连接路由。

```
[RouterC-rip] import direct
```

步骤 5：分别查看 RouterA、RouterB 和 RouterC 的路由表信息和 RIP 进程的状态、配置及激活路由等信息。

【实验项目】

某公司的网络结构如图 4.17 所示，要求在路由器上配置 RIP,使任意两台主机或路由器之间都能互通。

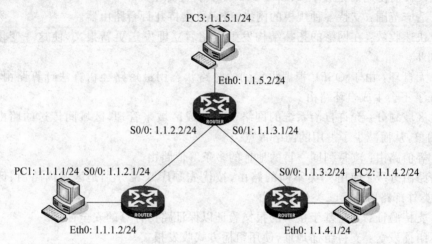

图 4.17　某公司网络拓扑

4.4　OSPF 路由协议

4.4.1　OSPF 单区域路由

【引入案例】

某高新园区拥有百多家企业,每个企业将自己的内部网络通过路由器接入到园区网络,形成一个大型的网络。现需要实现各企业网络之间的互连互通,并且能通过主干路由器访问 Internet。

【案例分析】

在上一节介绍的 RIP 协议中,提到 RIP 协议支持的网络跳数为 15 跳,正是因为受到 15 跳的限制,所以现在 RIP 的使用是越来越少了,它只适合一些规模不大、路由器数量不多的网络。而且它评价网络的指标是跳数,但是这个跳数并不一定就能代表最佳路径。例如,从 PC1 到达 PC2 有两条路径,一条线路的带宽是 19.2kb/s,只要经过两跳,另一条线路是 T1 线路,2Mb/s 带宽,延迟小,但是跳数是 4 跳。RIP 以跳数计算最佳路径,所以它就会选择第一条路径。另外,RIP 还有收敛缓慢,带宽消耗大等缺点,使得网络中路由表的更新过程很长,远程设备的路由表不大可能与本地设备的路由表同步更新。

因此,RIP 协议已经不能适应大规模异构网络互连的需要。在这种情况下,需要考虑新的路由选择协议——开放最短路径优先(Open Shortest Path First,OSPF)路由选择协议,它是一种适合在大型、复杂网络环境下部署的路由协议。

【基本原理】

1. OSPF 的特点

OSPF 是 IETF 组织开发的一个基于链路状态的内部网关协议,已被证明是一种健壮的、可扩展的路由选择协议。OSPF 对于小型网络,可以在单个区域中应用,对于大型网络,也可以在多个区域中应用,并且允许随着网络的扩展和缩小相应地增加、删除或改变某个区域。OSPF 目前使用的是版本 2(RFC 2328),其特性如下。

(1) 适应范围:支持各种规模的网络,最多可支持几百台路由器。

(2) 快速收敛:在网络的拓扑结构发生变化后立即发送更新报文,使这一变化在自治系统中同步。

(3) 无自环:由于 OSPF 根据收集到的链路状态用最短路径树算法计算路由,从算法本身保证了不会生成自环路由。

(4) 区域划分:允许自治系统的网络被划分成区域来管理,区域间传送的路由信息被进一步抽象,从而减少了占用的网络带宽。

(5) 等值路由:支持到同一目的地址的多条等值路由。

(6) 路由分级:使用 4 类不同的路由,按优先顺序来说分别是区域内路由、区域间路由、第一类外部路由和第二类外部路由。

(7) 支持验证:支持基于接口的报文验证以保证路由计算的安全性。

(8) 组播发送:支持组播地址,使用组播方式收发报文。

2. OSPF 的基本术语

1) 路由器 ID

路由器 ID 是一个长度为 32 位的无符号二进制数,用于标识 OSPF 区域内的每一个路由器。这个编号在整个自治系统内部是唯一的。

路由器 ID 是否稳定对于 OSPF 协议的运行来说是很重要的。通常会采用路由器上处于激活状态的物理接口中 IP 地址最大的那个接口的 IP 作为路由器 ID。如果配置了逻辑回环接口(loopback interface),则采用具有最大 IP 地址的回环接口的 IP 地址作为路由器ID。采用回环接口的好处是,它不像物理接口那样随时可能失效。因此,用回环接口的 IP 地址作为路由器 ID 更稳定可靠。

2) DR(指定路由器)和 BDR(备份指定路由器)

(1) DR

在广播网络或者多点访问网络中,为使每台路由器能将本地状态信息广播到整个自治系统中,在路由器之间要建立多个邻居关系,但这使得任何一台路由器的路由变化都会导致多次传递,浪费了宝贵的带宽资源。为解决这一问题,OSPF 协议定义了 DR,所有路由器都只将信息发送给 DR,由 DR 将网络链路状态广播出去,除 DR/BDR 外的路由器(称为 DR Other)之间将不再建立邻居关系,也不再交换任何路由信息。

哪一台路由器会成为本网段内的 DR 并不是人为指定的,而是由本网段中所有的路由器共同选举出来的。

(2) BDR

如果 DR 由于某种故障而失效,这时必须重新选举 DR,并与之同步。这需要较长的时间,在这段时间内,路由计算是不正确的。为了能够缩短这个过程,OSPF 提出了 BDR 的概念。BDR 实际上是对 DR 的一个备份,在选举 DR 的同时也选举出 BDR,BDR 也和本网段内的所有路由器建立邻接关系并交换路由信息。当 DR 失效后,BDR 会立即成为 DR,并重新选举 BDR。

3）Area（区域）

随着网络规模日益扩大,当一个网络中的 OSPF 路由器数量非常多时,会导致链路状态数据库（Link State Database,LSDB）变得很庞大,占用大量存储空间,并消耗很多 CPU 资源来计算路由。并且,网络规模增大后,拓扑结构发生变化的概率也会增大,这将导致大量的 OSPF 协议报文在网络中传递,降低网络的带宽利用率。

OSPF 协议将自治系统划分成多个区域（Area）来解决上述问题。区域在逻辑上将路由器划分为不同的组。不同的区域以区域号（Area ID）标识,其中一个最重要的区域是 0 区域,也称为骨干区域（backbone area）。如果网络只配置单区域的 OSPF 协议,该区域号应为 0。

骨干区域完成非骨干区域之间的路由信息交换,因此它必须是连续的。对于物理上不连续的区域,需要配置虚连接（virtual links）来保持骨干区域在逻辑上的连续性。连接骨干区域和非骨干区域的路由器称作区域边界路由器（Area Border Router,ABR）。

OSPF 中还有一类自治系统边界路由器（Autonomous System Boundary Router,ASBR）。实际上,这里的 AS 并不是严格意义的自治系统,连接 OSPF 路由域（routing domain）和其他路由协议域的路由器都是 ASBR,可以认为 ASBR 是引入 OSPF 外部路由信息的路由器。

4）路由聚合

AS 被划分成不同的区域,每一个区域通过 OSPF 边界路由器（ABR）相连,区域间可以通过路由聚合来减少路由信息,减小路由表的规模,提高路由器的运算速度。ABR 在计算出一个区域的区域内路由之后,查询路由表,将其中每一条 OSPF 路由封装成一条链路状态广播发送到区域之外。

3. OSPF 路由计算过程

OSPF 协议的路由计算过程可简单描述如下:

（1）每个支持 OSPF 协议的路由器都维护着一份描述整个自治系统拓扑结构的链路状态数据库（LSDB）。每台路由器根据自己周围的网络拓扑结构生成链路状态广播（Link State Advertisement,LSA）,通过相互之间发送协议报文将 LSA 发送给网络中的其他路由器。这样每台路由器都收到了其他路由器的 LSA,所有的 LSA 一起组成 LSDB。

（2）由于 LSA 是对路由器周围网络拓扑结构的描述,那么 LSDB 则是对整个网络的拓扑结构的描述。路由器很容易将 LSDB 转换成一张带权的有向图,这张图便是对整个网络拓扑结构的真实反映。显然,各个路由器得到的是一张完全相同的图。

（3）每台路由器都使用最短路径优先算法（SPF）计算出一棵以自己为根的最短路径树,这棵树给出了到自治系统中各结点的路由,外部路由信息为叶子结点,外部路由可由广播它的路由器进行标记以记录关于自治系统的额外信息。显然,各个路由器得到的路由表是不同的。

此外,为使每台路由器能将本地状态信息（如可用接口信息、可达邻居信息等）广播到整个自治系统中,在路由器之间要建立多个邻接关系,这使得任何一台路由器的路由变化都会导致多次传递,既没有必要,也浪费了宝贵的带宽资源。为解决这一问题,OSPF 协议定义了指定路由器(DR),所有路由器都只将信息发送给 DR,由 DR 将网络链路状态广播出去。这样就减少了多址访问网络上各路由器之间邻接关系的数量。

4. OSPF 的协议报文

OSPF 有 5 种报文类型。

1) HELLO 报文

HELLO 报文是最常用的一种报文,周期性地发送给本路由器的邻居。内容包括一些定时器的数值、DR、BDR 以及自己已知的邻居。

2) DD 报文(Database Description Packet)

两台路由器进行数据库同步时,用 DD 报文来描述自己的 LSDB,内容包括 LSDB 中每一条 LSA 的摘要(摘要是指 LSA 的 HEAD,通过该 HEAD 可以唯一标识一条 LSA)。这样做是为了减少路由器之间传递信息的量,因为 LSA 的 HEAD 只占一条 LSA 的整个数据量的一小部分,根据 HEAD,对端路由器就可以判断出是否已有这条 LSA。

3) LSR 报文(Link State Request Packet)

两台路由器互相交换 DD 报文之后,知道对端的路由器有哪些 LSA 是本地的 LSDB 所缺少的,这时需要发送 LSR 报文向对方请求所需的 LSA。内容包括所需要的 LSA 的摘要。

4) LSU 报文(Link State Update Packet)

LSU 报文用来向对端路由器发送所需要的 LSA,内容是多条 LSA(全部内容)的集合。

5) LSAck 报文(Link State Acknowledgement Packet)

LSAck 报文用来对接收到的 LSU 报文进行确认。内容是需要确认的 LSA 的 HEAD(一个报文可对多个 LSA 进行确认)。

【命令介绍】

1. 配置路由器 ID

router id *router-id*
undo router id

【视图】 系统视图

【参数】 *router-id*:IPv4 地址形式的路由器 ID。

router id 命令用来配置全局路由器 ID。undo router id 命令用来删除已配置的全局路由器 ID。默认情况下,未配置全局路由器 ID。

路由器的 ID 是一个 32 比特无符号整数,采用 IP 地址形式,是一台路由器在自治系统中的唯一标识。路由器的 ID 可以手工配置,如果没有配置 ID 号,系统会从当前 UP 的接口的 IP 地址中自动选一个最小的 IP 地址作为路由器的 ID 号。最好手工配置路由器的 ID,而且需要保证自治系统中任意两台路由器的 ID 都不相同,通常的做法是将路由器的 ID 配置为与该路由器某个接口的 IP 地址一致。

【例】 配置全局路由器 ID 为 1.1.1.1。

```
<H3C> system-view
[H3C] router id 1.1.1.1
```

2. 启动 OSPF

ospf [*process-id* [*router-id router-id*]]
undo ospf [*process-id*]

【视图】 系统视图

【参数】 *process-id*：OSPF 进程号，取值范围为 1～65 535。如果不指定进程号，将使用默认进程号 1。

router-id：OSPF 进程使用的路由器 ID，点分十进制形式。

OSPF 支持多进程，一台路由器上启动的多个 OSPF 进程之间由不同的进程号区分。OSPF 进程号在启动 OSPF 时进行设置，它只在本地有效，不影响与其他路由器之间的报文交换。默认情况下，路由器是不启动 OSPF 的。

启动 OSPF 时应该注意：如果在启动 OSPF 时不指定进程号，将使用默认的进程号 1；关闭 OSPF 时不指定进程号，默认关闭进程 1。

在同一个区域中的进程号必须一致，否则会造成进程之间的隔离。

当在一台路由器上运行多个 OSPF 进程时，建议使用命令中的 router-id 为不同进程指定不同的路由器 ID。

【例】 启动进程号为 120 的 OSPF 进程，运行 OSPF 协议。

```
[H3C] router id 10.110.1.10
[H3C] ospf 120
[H3C-ospf-120]
```

3. 创建 OSPF 区域并进入 OSPF 区域视图

area *area-id*
undo area *area-id*

【视图】 OSPF 视图

【参数】 *area-id*：区域的标识，可以是十进制整数（取值范围为 0～4 294 967 295，系统会将其处理成 IP 地址格式）或者是 IP 地址格式。

area 命令用来创建 OSPF 区域并进入 OSPF 区域视图。undo area 命令用来删除指定区域。默认情况下，没有配置 OSPF 区域。

【例】 创建 OSPF 区域 0 并进入 OSPF 区域视图。

```
<H3C> system-view
[H3C] ospf 100
[H3C-ospf-100] area 0
[H3C-ospf-100-area-0.0.0.0]
```

4. 在指定网段使能 OSPF

network *ip-address wildcard*
undo network *ip-address wildcard*

【视图】 OSPF 视图

【参数】 *ip-address*：接口所在网段地址。

wildcard：为 IP 地址通配符屏蔽字，类似于 IP 地址的掩码取反之后的形式。但是配置时，可以按照 IP 地址掩码的形式配置，系统会自动将其取反。

network 命令用来指定运行 OSPF 的接口，undo network 命令用来取消运行 OSPF 的接口。默认情况下，接口不属于任何区域。

为了在一个接口上运行 OSPF 协议，必须使该接口的主 IP 地址落入该命令指定的网段范围。如果只有接口的从 IP 地址落入该命令指定的网段范围，则该接口不会运行 OSPF 协议。

【例】 指定主 IP 地址在 10.110.36.0 网段范围内的接口运行 OSPF 协议，并指定这些接口所在的 OSPF 区域号为 6。

```
[H3C-ospf] area 6
[H3C-ospf-1-area-0.0.0.6] network 10.110.36.0 0.0.0.255
#  在路由器上启动 OSPF 进程 100,并指定接口所在的区域号为 2
[H3C] router id 10.110.1.9
[H3C] ospf 100
[H3C-ospf-100] area 2
[H3C-ospf-100-area-0.0.0.2] network 131.108.20.0 0.0.0.255
```

5. 重启 OSPF

reset ospf [statistics]{all|*process id*}

【视图】 用户视图

【参数】 *process id*：OSPF 进程号，如果不指定 OSPF 进程号，将重启所有 OSPF 进程。

如果对路由器先执行 undo ospf，再执行 ospf 来重启 OSPF 进程，路由器上原来的 OSPF 配置会丢失。而使用 reset ospf all 命令，可以在不丢失原有 OSPF 配置的前提下重启 OSPF。

重启路由器的 OSPF 进程，可以立即清除无效的 LSA、使改变的 Router ID 立即生效、或者进行 DR、BDR 的重新选举。

6. 设置指定路由器的优先级

ospf dr-priority *value*
undo ospf dr-priority

【视图】 接口视图

【参数】 *value*：接口在选举"指定路由器"时的优先级，取值范围为 0~255，默认值为 1。

ospf dr-priority 命令用来设置接口在选举 DR 时的优先级，undo ospf dr-priority 命令用来恢复其默认值。

接口的优先级决定了该接口在选举 DR 时所具有的资格，优先级高的在选举权发生冲突时被首先考虑。

【例】 设置接口 Ethernet 0/0 在选举 DR 时的优先级为 8。

```
[H3C] interface ethernet0/0
[H3C-ethernet0/0] ospf dr-priority 8
```

注意：使用命令设置 DR 选举优先级时，需注意 DR 是针对某个网段中的路由器接口而言的。所以该路由器在一个接口上可能是 DR，在另一个接口上可能是 BDR。而且只有在路由器接口类型为广播网络（broadcast）和非广播型多路访问（NBMA）时才会选举 DR，在点到点或者是点到多点类型的接口上，不需要选举 DR 和 BDR。

7. 显示 OSPF 中各区域邻居的信息

display ospf [*process-id*] **peer** [**verbose**] [*interface-type interface-number*]
　　　[*neighbor-id*]

【视图】　任意视图

【参数】　*process-id*：OSPF 进程号，取值范围为 1～65 535。

verbose：显示 OSPF 各区域邻居的详细信息。

interface-type interface-number：接口类型和编号。

neighbor-id：邻居路由器的路由器 ID。

需要注意的是：

（1）如果指定 OSPF 进程号，将显示指定 OSPF 进程的各区域邻居的信息，否则将显示所有 OSPF 进程的各区域邻居的信息。

（2）如果指定 verbose，则显示指定或所有 OSPF 进程各区域邻居的详细信息。

（3）如果指定 *interface-type interface-number*，则显示指定接口的 OSPF 邻居的详细信息。

（4）如果指定 *neighbor-id*，则显示指定邻居路由器的详细信息。

（5）如果既不指定 verbose，也不指定 *interface-type interface-numbe* 和 *neighbor-id*，则显示指定或所有 OSPF 进程各区域邻居的概要信息。

【例】　显示 OSPF 邻居概要信息。

```
<H3C> display ospf peer

            OSPF Process 1 with Router ID 1.1.1.1
                  Neighbor Brief Information

Area: 0.0.0.0
Router ID    Address   Pri  Dead-Time  Interface  State
1.1.1.2      1.1.1.2   1    40         Eth1/1     Full/DR
```

上面的信息显示了邻居路由器 1.1.1.2 与本路由器之间已经建立起完全邻接关系，并且 1.1.1.2 是所属网段的 DR。

对 display ospf peer 的部分信息描述见表 4.8。

表 4.8　display ospf peer 命令显示信息描述表

字　段	描　述
Area	邻居所属的区域
Router ID	邻居路由器 ID

字　　段	描　　述
Address	邻居接口 IP 地址
Pri	邻居路由器优先级
DeadTime	OSPF 的邻居失效时间
Interface	与邻居相连的接口
State	邻居状态(Down、Init、Attempt、2-Way、Exstart、Exchange、Loading、Full)

【解决方案】

在整个高新园区采用 OSPF 路由协议。在特别大的网络里,为了避免每个设备的链路状态数据库(即网络拓扑图)过于庞大和复杂,通常需要划分出多个区域来解决。

在这里先解决 OSPF 单域的配置问题。

以园区的一家大型企业为例,该企业由多个部门组成,每个部门的网络通过路由器与其他部门相连,形成公司网络。拓扑图如图 4.18 所示。将这几台路由器都配置成为区域号为 0 的 OSPF 路由器,并进行 DR 和 BDR 选择。

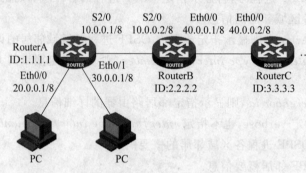

图 4.18　OSPF 单区域实验拓扑

【实验设备】

路由器 3 台,PC 2 台,直通网线 3 根,V.35 背对背电缆 1 根。

说明:本实验路由器选择 RT-MSR2021-AC-H3。

【实施步骤】

步骤 1:配置 RouterA。

(1) 配置路由器 ID。

```
<H3C> system-view
[H3C] sysname RouterA
[RouterA] router id 1.1.1.1
```

(2) 配置端口 IP 地址。

```
[RouterA] interface serial2/0
[RouterA-serial2/0] ip address 10.0.0.1 255.0.0.0
[RouterA-serial2/0] interface ethernet0/0
[RouterA-ethernet0/0] ip address 20.0.0.1 255.0.0.0
```

```
[RouterA-ethernet0/1] interface ethernet0/1
[RouterA-ethernet0/1] ip address 30.0.0.1 255.0.0.0
[RouterA-ethernet0/1] quit
```

（3）启用 OSPF。

```
[RouterA] ospf
```

（4）配置区域 0 及发布的网段。

```
[RouterA-ospf-1] area 0
[RouterA-ospf-1-area-0.0.0.0] network 10.0.0.0 0.255.255.255
[RouterA-ospf-1-area-0.0.0.0] network 20.0.0.0 0.255.255.255
[RouterA-ospf-1-area-0.0.0.0] network 30.0.0.0 0.255.255.255
[RouterA-ospf-1-area-0.0.0.0] quit
```

步骤 2：配置 RouterB。
（1）配置路由器 ID。

```
<H3C> system-view
[H3C] sysname RouterB
[RouterB] router id 2.2.2.2
```

（2）配置端口 IP 地址。

```
[RouterB] internet serial2/0
[RouterB-serial2/0] ip address 10.0.0.2 255.0.0.0
[RouterB-serial2/0] interface ethernet1/0/0
[RouterB-ethernet0/0] ip address 40.0.0.1 255.0.0.0
[RouterB-ethernet0/0] quit
```

（3）启用 OSPF。

```
[RouterB] ospf
```

（4）配置区域 0 及发布的网段。

```
[RouterB-ospf-1] area 0
[RouterB-ospf-1-area-0.0.0.0] network 10.0.0.0 0.255.255.255
[RouterB-ospf-1-area-0.0.0.0] network 40.0.0.0 0.255.255.255
[RouterB-ospf-1-area-0.0.0.0] quit
```

步骤 3：配置 RouterC。
（1）配置路由器 ID。

```
<H3C> system-view
[H3C] sysname RouterC
[RouterC] router id 3.3.3.3
```

（2）配置端口 IP 地址。

```
[RouterC] interface ethernet0/0
```

```
[RouterC-ethernet0/0] ip address 40.0.0.2 255.0.0.0
[RouterC-ethernet0/0] quit
```

（3）启用 OSPF。

```
[RouterC] ospf
```

（4）配置区域 0 及发布的网段。

```
[RouterC-ospf-1] area 0
[RouterC-ospf-1-area-0.0.0.0] network 40.0.0.0 0.255.255.255
[RouterC-ospf-1-area-0.0.0.0] quit
```

该企业还有更多的路由器，其他路由器的配置参照以上配置依次进行即可。

步骤 4：设置各路由器的优先级，使得路由器 B 成为指定路由器。

（1）配置路由器 A。

```
[RouterA] interface serial2/0
[RouterA-serial2/0] ospf dr-priority 1
[RouterA-serial2/0] quit
```

（2）配置路由器 B。

```
[RouterB] interface serial2/0
[RouterB-serial2/0] ospf dr-priority 100
[RouterB-serial2/0] quit
[RouterB] interface ethernet0/0
[RouterB-ethernet0/0] ospf dr-priority 100
[RouterB-ethernet0/0] quit
```

（3）配置路由器 C。

```
[RouterC] interface ethernet0/0
[RouterC-ethernet0/0] ospf dr-priority 2
[RouterC-ethernet0/0] quit
```

配置完成后，可以使用 display ospf peer 命令查看现任的 DR 和 BDR，使用 display ip routing-table 命令查看路由表。

【实验项目】

某公司的网络拓扑图如图 4.19 所示，要求配置 OSPF 协议，使得路由器之间能够正确地转发 IP 数据包，并且使得路由器 A 成为 DR，路由器 C 成为 BDR。

4.4.2 OSPF 多区域路由

【引入案例】

同 4.4.1 节引入案例。

【案例分析】

在 4.4.1 节中采用 OSFP 解决了一家大型企业内网的路由问题，虽然也可以把整个高

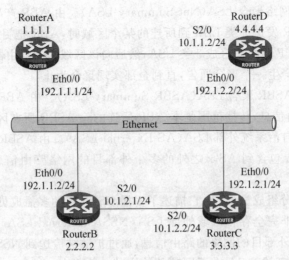

图 4.19　公司网络拓扑

新园区同样设置成一个 OSPF 单区域,但是由于网络中的 OSPF 路由器数量太多时,会使 LSDB 变得非常庞大,占用大量的存储空间,并且需要消耗很多 CPU 资源来进行 SPF 计算。另外,网络规模增大后,拓扑结构发生变化的概率也会增大,会导致大量的 OSPF 协议报文在网络中传递,降低网络的带宽利用率。

OSPF 协议能够将自治系统划分成多个区域(Area)来解决大型网络问题。区域在逻辑上将路由器划分为不同的组,不同的区域以区域号(Area ID)标识。

【基本原理】

1. OSPF 的区域类型

OSPF 协议将自治系统划分成多个区域(Area),区域在逻辑上将路由器划分为不同的组。不同的区域以区域号(Area ID)标识。

骨干区域指派为 0 区域或 0.0.0.0。骨干区域完成非骨干区域之间的路由信息交换。所有区域都必须直接连接或者用一个虚链路连接到骨干区域。0 区域通常包含形成核心层的高速路由器和冗余连接。

默认情况下,连接到骨干区域的任何区域都称为标准区域。在标准区域内,所有 LSA 都是许可的,而且可以正常传播。一个区域不可能既是标准区域又是骨干区域。

OSPF 区域类型中还有存根区域、完全存根区域和非完全存根区域等,它们是为了提高 OSPF 性能而设置的。

2. OSPF 的 LSA

OSPF 路由器使用 LSA 进行交互。LSA 有以下类型:

(1) 1 类 LSA:路由器 LSA(Router-LSA)。是最基本的 LSA,由所有路由器产生,包含路由器的每一个启用了 OSPF 的端口及链路状态费用信息,仅在本路由器所在区域中通过洪泛的方法进行传播。

(2) 2 类 LSA:网络 LSA(Network-LSA)。存在于多路访问网络中,由 DR 产生,包含了所有与 DR 邻接的路由器 ID 的列表信息,仅在 DR 所在区域中通过洪泛的方法进行传播。

（3）3 类 LSA：网络聚合 LSA(Net-Summary-LSA)。由 ABR 产生，发送到 ABR 所连的每个区域。当 ABR 发送 3 类 LSA 到所连的某个区域时，ABR 把目的网络在本 AS 但不在该区域的所有 OSPF 路由聚合成 3 类 LSA，然后向该区域内的路由器传播。ABR 为每个新收到的 1 类 LSA 产生一个聚合通告，直到全部实现聚合为止。

（4）4 类 LSA：ASBR 聚合 LSA(ASBR-Summary-LSA)。由 ABR 产生，包含到达本区域内的 ASBR 的路由信息，传播范围是本 ABR 所连的除 ASBR 所在区域以外的其他区域。

（5）5 类 LSA：自治系统外部 LSA(AS-External-LSA)。由 ASBR 产生，假设 ASBR 连接 AS-x，则 5 类 LSA 包含到 AS-x 之外的多个外部目的网络路由信息，传播范围是 AS-x 内的所有区域。

（6）6 类 LSA：分组成员 LSA，它描述了多播 OSPF 包的多播成员信息。

（7）7 类 LSA：非完全存根区域外部 LSA(NSSA-External-LSA)。由 ASBR 产生，包含到 AS 之外的多个外部目的网络的路由信息，通过扩散被传送到 NSSA 区域。

对于不同类型的区域，LSA 有不同的传输方式。在此仅对 LSA 在标准区域中的传播进行介绍。在图 4.20 中，Router1 是标准区域的内部路由器，它产生包含了 10.17.0.0 和 10.11.0.0 路由信息的路由器 LSA(1 类 LSA)在本区域(区域 1)扩散。Router3 是一台区域边界路由器(ABR)，在它的数据库中记录下这些信息后，产生网络聚合 LAS(3 类 LSA)并发送给 Router4 和 Router5。Router4 产生自身的网络聚合 LSA(3 类 LSA)，向区域 2 中的路由器通告到达目的网络 10.17.0.0 和 10.11.0.0 的路由信息。

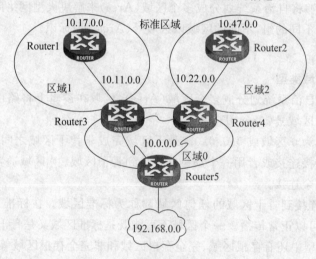

图 4.20　通过标准区域的传播

【命令介绍】

1. 创建并配置一条虚连接

vlink-peer *router-id* [**hello** *seconds*] [**retransmit** *seconds*] [**trans-delay** *seconds*]
[**dead** *seconds*]
undo vlink-peer *router-id*

【视图】　OSPF 区域视图

【参数】　*router-id*：虚连接邻居的路由器的 ID。

hello *seconds*：接口发送 Hello 报文的时间间隔，单位为秒，取值范围为 1～8192，默认为 10 秒。该值必须与其建立虚连接路由器上的 hello *seconds* 值相等。

retransmit *seconds*：接口重传 LSA 报文的时间间隔，单位为秒，取值范围为 1～3600，默认为 5 秒。

trans-delay *seconds*：接口延迟发送 LSA 报文的时间间隔，单位为秒，取值范围为 1～3600，默认为 1 秒。

dead *seconds*：死亡定时器的时间间隔，单位为秒，取值范围为 1～8192，默认为 40 秒。该值必须与其建立虚连接路由器的 dead *seconds* 值相等并至少为 hello *seconds* 值的 4 倍。

OSPF 协议规定：所有非骨干区域必须与骨干区域保持连通，即 ABR 上至少有一个端口应在区域 0.0.0.0 中。如果一个区域与骨干区域 0.0.0.0 没有直接的物理连接，就必须建立虚连接来保持逻辑上的连通。

虚连接是在两台 ABR 之间，通过一个非骨干区域内部路由的区域而建立的一条逻辑上的连接通道。它的两端必须都是 ABR，并且必须在两端同时配置。虚连接由对端路由器的路由器 ID 来标识。为虚连接提供非骨干区域内部路由的区域称为运输区域（transit area）。

虚连接在穿过转换区域的路由计算出来后被激活，相当于在两个端点之间形成一个点到点连接，这个连接与物理接口类似，可以配置接口的各参数，如 Hello 报文的发送间隔等。在某种程度上，可以将虚连接看做一个普通的使能了 OSPF 的接口，因此在其上配置的 hello、retrasmit 和 trans-delay 等参数的原理是类似的。

【例】　配置虚连接，对端路由器 ID 为 1.1.1.1。

```
<H3C> system-view
[H3C] ospf 100
[H3C-ospf-100] area 2
[H3C-ospf-100-area-0.0.0.2] vlink-peer 1.1.1.1
```

2. 配置 OPSF 路由聚合

abr-summary *ip-address mask* [**advertise** | **not-advertise**]
undo abr-summary *ip-address mask*

【视图】　OSPF 区域视图

【参数】　*ip-address*：网段地址。

mask：网络掩码。

advertise：将到这一聚合网段路由的摘要信息发布出去。

not-advertise：不将到这一聚合网段路由的摘要信息发布出去。

abr-summary 命令用来在区域边界路由器（ABR）上配置路由聚合，undo abr-summary 命令用来取消在区域边界路由器上进行路由聚合的功能。默认情况下，区域边界路由器不对路由聚合。

本命令只适用于区域边界路由器（ABR），用来对某一个区域进行路由聚合。ABR 向其他区域只发送一条聚合后的路由。路由聚合是指路由信息在 ABR 处进行处理，对于每一个配置了聚合的网段,只有一条路由被发送到其他区域。一个区域可配置多条聚合网段,这样 OSPF 可对多个网段进行聚合。

【例】 将 OSPF 区域 1 中两个网段 36.42.10.0 和 36.42.110.0 的路由聚合成一条聚合路由 36.42.0.0 向其他区域发送。

```
[H3C-ospf-1] area 1
[H3C-ospf-1-area-0.0.0.1] network 36.42.10.0 0.0.0.255
[H3C-ospf-1-area-0.0.0.1] network 36.42.110.0 0.0.0.255
[H3C-ospf-1-area-0.0.0.1] abr-summary 36.42.0.0 255.255.0.0
```

【解决方案】

现将园区网络划分为两个区域为例,RouterA 与 RouterB 通过串口相连,RouterB 与 RouterC 通过以太网口相连。RouterA 属于区域 0,RouterC 属于区域 1,RouterB 同时属于区域 0 和区域 1。拓扑结构如图 4.21 所示。

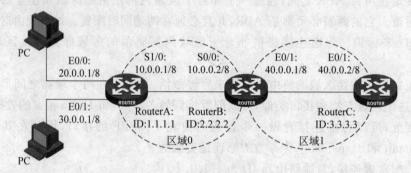

图 4.21　OSPF 多区域实验拓扑

【实验设备】

路由器 3 台,PC 2 台,直通网线 3 根,V.35 背对背电缆 1 根。

说明:本实验路由器选择 RT-MSR2021-AC-H3。

【实施步骤】

步骤 1:配置 RouterA。

(1) 配置 Router ID。

```
<H3C> system-view
[H3C] sysname RouterA
[RouterA] router id 1.1.1.1
```

(2) 配置端口 IP 地址。

```
[RouterA] interface serial1/0
[RouterA-serial1/0] ip address 10.0.0.1 255.0.0.0
[RouterA-serial1/0] interface ethernet0/0
[RouterA-ethernet0/0] ip address 20.0.0.1 255.0.0.0
[RouterA-ethernet0/0] interface ethernet0/1
[RouterA-ethernet0/1] ip address 30.0.0.1 255.0.0.0
```

```
[RouterA-ethernet0/1] quit
```

（3）启用 OSPF。

```
[RouterA] ospf
```

（4）配置区域 0 及发布的网段。

```
[RouterA-ospf-1] area 0
[RouterA-ospf-1-area-0.0.0.0] network 10.0.0.0 0.255.255.255
[RouterA-ospf-1-area-0.0.0.0] network 20.0.0.0 0.255.255.255
[RouterA-ospf-1-area-0.0.0.0] network 30.0.0.0 0.255.255.255
```

步骤 2：配置 RouterB。

（1）配置路由器 ID。

```
<H3C> system-view
[H3C] sysname RouterB
```

（2）配置端口 IP 地址。

```
[RouterB] router id 2.2.2.2
[RouterB] internet serial0/0
[RouterB-serial0/0] ip address 10.0.0.2 255.0.0.0
[RouterB-serial0/0] interface ethernet0/1
[RouterB-ethernet0/1] ip address 40.0.0.1 255.0.0.0
[RouterB-ethernet0/1] quit
```

（3）启用 OSPF。

```
[RouterB] ospf
```

（4）配置区域 0 及发布的网段。

```
[RouterB-ospf-1] area 0
[RouterB-ospf-1-area-0.0.0.0] network 10.0.0.0 0.255.255.255
```

（5）配置区域 1 及发布的网段。

```
[RouterB-ospf-1-area-0.0.0.0] area 1
[RouterB-ospf-1-area-0.0.0.1] network 40.0.0.0 0.255.255.255
```

步骤 3：配置 RouterC。

（1）配置路由器 ID。

```
<H3C> system-view
[H3C] sysname RouterC
```

（2）配置端口 IP 地址。

```
[RouterC] router id 3.3.3.3
```

（3）配置端口 IP 地址。

```
[RouterC] interface ethernet0/1
[RouterC-ethernet0/1] ip address 40.0.0.2 255.0.0.0
[RouterC-ethernet0/1] quit
```

（4）启用 OSPF。

```
[RouterC] ospf
```

（5）配置区域 1 及发布的网段。

```
[RouterC-ospf-1] area 1
[RouterC-ospf-1-area-0.0.0.1] network 40.0.0.0 0.255.255.255
```

步骤 4：在 RouterA 与 RouterC 上执行 display ip routing-table，可以发现二者通过 OSPF 获得了到对方的路由（即都有 10.0.0.0/8、20.0.0.0/8、30.0.0.0/8 和 40.0.0.0/8 网段的路由）。

【实验项目】

在上面实验的基础上，将该园区的网络分为 3 个区域，如图 4.22 所示，配置 OSPF 协议使得各区域的路由器都能交换路由信息。这时，区域 2 没有与区域 0 直接相连。区域 1 被用作运输区域（transit area）来连接区域 2 和区域 0。路由器 B 和路由器 C 之间需要配置一条虚链路。

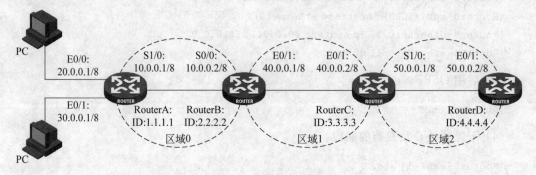

图 4.22　OSPF 实验拓扑

4.5　BGP-4 路由协议

【引入案例 1】

某公司发展规模越来越大，并开始与一些跨国公司联手，全国各地都有它的合作伙伴。由于网络规模过于庞大，并且已经涉及多个行政单位的网络，那么该公司应如何扩展其网络路由？

【引入案例 2】

原位于 3 个省市的 3 个 ISP 强强联手，合并成一个大公司，其自治系统分成 3 个子自治系统。

【案例分析】

自治系统(AS)是处于一个管理机构下的路由器及其网络群组,在一个自治系统内的所有路由器必须相互连接,运行相同的路由协议,并分配同一个自治系统编号。如果网络规模超出一个自治系统的范围,由大量的自治系统组成,它们分属于不同的 ISP、企业和学校等单位,甚至有些自治系统内部由于网络规模较大又被分成了一些子自治系统,那么这些自治系统之间的路由信息传递就要依靠另外一种路由协议——BGP。

【基本原理】

边界网关协议(Border Gateway Protocol,BGP)是一种自治系统间的动态路由发现协议。BGP 协议早期发布的 3 个版本分别是 BGP-1、BGP-2 和 BGP-3,当前使用的版本是 BGP-4。BGP-4 适用于分布式结构,并支持无类域间路由 CIDR,利用 BGP 还可以实施用户配置的策略。BGP-4 迅速成为事实上的 Internet 外部路由协议标准。

1. BGP 的特点

(1) BGP 是一种外部路由协议,与 OSPF、RIP 等内部路由协议不同,其着眼点不在于发现和计算路由,而在于控制路由的传播和选择最好的路由。

(2) 通过在 BGP 路由中携带 AS 路径信息,可以彻底解决路由循环问题。

(3) 使用 TCP 作为其传输层协议,提高了协议的可靠性。

(4) 路由更新时,BGP 只发送更新的路由,大大减少了 BGP 传播路由所占用的带宽,适用于在 Internet 上传播大量的路由信息。

(5) 出于管理和安全方面的考虑,每个自治系统都希望能够对进出自治系统的路由进行控制,BGP-4 提供了丰富的路由策略,能够对路由实现灵活的过滤和选择,并且易于扩展以支持网络新的发展。

2. BGP 的工作原理

BGP 系统作为高层协议运行在一个特定的路由器上。系统初启时 BGP 路由器通过发送整个 BGP 路由表与对等体交换路由信息,之后只交换更新消息(update message)。系统在运行过程中,是通过接收和发送 Keep-Alive 消息来检测相互之间的连接是否正常的。

发送 BGP 消息的路由器称为 BGP 发言人(Speaker),它不断地接收或产生新路由信息,并将它广告(Advertise)给其他的 BGP 发言人。当 BGP 发言人收到来自其他自治系统的新路由通告时,如果该路由比当前已知路由好、或者当前还没有该接收路由,它就把这个路由广告给自治系统内所有其他的 BGP 发言人。一个 BGP 发言人也将同它交换消息的其他的 BGP 发言人称为对等体(peer),若干相关的对等体可以构成对等体组(group)。

BGP 在路由器有两种方式运行:IBGP(Internal BGP)和 EBGP(External BGP),当 BGP 运行于同一自治系统(AS)内部时,被称为 IBGP;当 BGP 运行于不同自治系统之间时,称为 EBGP。

BGP 协议机的运行是通过消息驱动的,其消息共可分为 4 类:

(1) Open Message:是连接建立后发送的第一个消息,它用于建立 BGP 对等体间的连接关系。

(2) Update Message:是 BGP 系统中最重要的信息,用于在对等体之间交换路由信息,它最多由 3 部分构成:不可达路由(Unreachable)、路径属性(Path Attributes)、网络可达性信息(Network Layer Reach/Reachable Information,NLRI)。

(3) Notification Message:是错误通告消息。

(4) Keep-Alive Message:是用于检测连接有效性的消息。

【命令介绍】

1. 启动 BGP

bgp *as-number*
undo bgp [*as-number*]

【视图】 系统视图

【参数】 *as-number*:为指定的本地 AS 号,参数范围为 1~65 535。

bgp 命令用来启动 BGP,进入 BGP 视图,undo bgp 命令用来关闭 BGP。默认情况下,系统不运行 BGP。

启动 BGP 时应指定本地的自治系统号。启动 BGP 后,本地路由器监听相邻路由器的 BGP 连接请求。要使本地路由器主动向相邻路由器发出 BGP 连接请求,请参照 peer 命令的配置。关闭 BGP 时,BGP 将切断所有已经建立的 BGP 连接。

【例】 启动 BGP 运行。

```
[H3C] bgp 100
[H3C-bgp]
```

2. 创建 BGP 对等体组

group *group-name* { [internal] | external }
undo group *group-name*

【视图】 BGP 视图

【参数】 *group-name*:对等体组的名称。可使用字母和数字,长度范围为 1~47。

internal:创建的对等体组为内部对等体组。

external:创建的对等体组为外部对等体组,包括联盟(confederation)内其他子 AS 的组。

group 命令用来创建一个对等体组,undo group 命令用来删除创建的对等体组。

交换 BGP 报文的 BGP 发言者形成对等体。BGP 对等体不能够脱离对等体组而独立存在,即对等体必须隶属于某一个特定的对等体组。在配置 BGP 对等体时,必须首先配置对等体组,然后再将对等体加入该对等体组中。

当对等体组的配置变化时,每个组员的配置也相应变化。对某些属性可以指定组员的 IP 地址进行配置,从而使指定组员在这些属性上不受对等体组配置的影响。

BGP 对等体组的使用是为了方便用户配置。当用户启动若干配置相同的对等体时,可先创建一个对等体组,并将其配置好。然后将各对等体加入到此对等体组中,以使其获得与此对等体组相同的配置。

IBGP 对等体会加入到默认的对等体组中,不需要进行配置,对任何一个 IBGP 对等体的路由更新策略的配置对它所在的组内的其他 IBGP 对等体有效。具体地说,若路由器不是路由反射器,所有 IBGP 对等体在同一个组内,若路由器是路由反射器,所有的路由反射客户在一个组内,非客户在另一个组内。

外部对等体组的成员必须在同一网段内,否则某些 EBGP 对等体可能会丢弃发送的路由更新。

对等体组的成员不能配置不同于对等体组的路由更新策略,但可以配置不同的入口策略。

【例】　创建一个对等体组 test。

```
[H3C-bgp] group test
```

3. 指定对等体组的自治系统号

peer *group-name* **as-number** *as-number*
undo peer *group-name* **as-number**

【视图】　BGP 视图
【参数】　*group-name*:对等体组的名称。

as-number:对等体/对等体组的对端 AS 号,取值范围为 1~65 535。

peer as-number 命令用来配置指定对等体组的对端 AS 号,undo peer as-number 命令用来删除对等体组的 AS 号。默认情况下,对等体组对端无 AS 号。

可以为类型为 external 的对等体组指定自治系统号,internal 类型的对等体组无须配置自治系统号。如果为对等体组指定了自治系统号,那么,加入该对等体组的所有对等体都继承了该对等体组的自治系统号。

【例】　配置指定对等体组 test 的对端 AS 号为 100。

```
[H3C-bgp] peer test as-number 100
```

4. 将对等体加入对等体组

(1) 对于多播/VPNv4 地址族:

peer *peer-address* **group** *group-name*
undo peer *peer-address*

(2) 对于单播/VPN-INSTANCE 地址族:

peer *peer-address* **group** *group-name* [**as-number** *as-number*]
undo peer *peer-address*

【视图】　BGP 视图
【参数】　*group-name*:对等体组的名称。可使用字母和数字,长度范围为 1~47。

peer-address:对等体的 IP 地址。

as-number:为对等体指定 AS 号。

peer group 命令用来将对等体加入对等体组,undo peer 命令删除对等体组中指定的对等体。

BGP 的对等体不能够脱离对等体组而独立存在,在配置对等体的同时必须指定其所属的对等体组,同时可以指定对等体的自治系统号。

加入对等体组的配置类型为 internal,则命令中不能够指定自治系统号参数。加入的对等体为 IBGP 对等体。

加入对等体组的配置类型为 external,如果对等体没有指定自治系统号,那么对等体加入对等体组的同时必须同时指定该对等体的自治系统号;如果对等体组已经配置了自治系统号,对等体将继承对等体组的自治系统号,无须再为对等体指定。

在单播/VPN-INSTANCE 地址族,当将对等体加入没有指定 AS 号的外部对等体组时,需要同时指定对等体的 AS 号,将对等体加入内部对等体组或指定了 AS 号的外部对等体组时可以不指定对等体的 AS 号。

在多播或 VPNv4 地址族下,要将一个对等体加入一个对等体组,要求在单播地址族下已经存在此对等体,即在单播地址族下此对等体已经加入了某一个组中(此对等体在单播地址族下可以是未使能的)。

在不同的地址族下,同一对等体可以加入不同的对等体组,同一个组在不同的地址族下也可以有不同的成员。

【例】 将 IP 地址为 10.1.1.1 的对等体加入到对等体组 TEST。

```
[H3C-bgp] group TEST
[H3C-bgp] peer 10.1.1.1 group TEST
```

5. 配置允许同不直接相连网络上的 EBGP 对等体组建立连接

peer *group-name* **ebgp-max-hop** [*ttl*]
undo peer *group-name* **ebgp-max-hop**

【视图】 BGP 视图

【参数】 *group-name*:对等体组的名称。

ttl:最大步跳计数,范围为 1~255,默认值为 64。

peer ebgp-max-hop 命令用来配置允许同非直连相连网络上的邻居建立 EBGP 连接,undo peer ebgp-max-hop 命令用来取消已有的配置。默认情况下,该功能取消。

通常情况下,EBGP 对等体之间必须是物理上直接相连的,如果无法满足,可使用该命令进行配置。

【例】 允许同不直接相连网络上的 EBGP 对等体组 test 建立连接。

```
[H3C-bgp] peer test ebgp-max-hop
```

6. 配置联盟的 ID

confederation id *as-number*
undo confederation id

【视图】 BGP 视图

【参数】 *as-number*:为内部包括多个子自治系统的自治系统号,取值范围为 1~4 294 967 295。

confederation id 命令用来配置联盟的 ID。undo confederation id 命令用来取消 BGP 联盟体。默认情况下,未配置联盟的 ID。

为解决在一个大的 AS 域中可能存在的 IBGP 全连接数过大的问题,可以考虑采用联盟的方法:先将这个 AS 域划分为几个较小的子自治系统(每个子自治系统中均保持全连接的状态），这些子自治系统组成一个联盟体；路由的一些关键的 BGP 属性（下一跳、MED、本地优先级）在通过每个子自治系统时没有丢弃，因此每个子自治系统之间虽然存在 EBGP 关系，但是从联盟外部来看还是一个整体。这样做既保证了原来 AS 域的完整性，同时还可以缓解域中过多的连接数的问题。

【例】　ID 号是 9 的联盟体由 38、39、40、41 四个子自治系统组成，其中对端 10.1.1.1 是 AS 联盟体中的成员，而对端 200.1.1.1 则是 AS 联盟体的外部成员，对于外部成员来讲，9 号联盟体就是一个统一的 AS 域。以子 AS 41 为例。

```
<H3C> system-view
[H3C] bgp 41
[H3C-bgp] confederation id 9
[H3C-bgp] confederation peer-as 38 39 40
[H3C-bgp] group Confed38 external
[H3C-bgp] peer Confed38 as-number 38
[H3C-bgp] peer 10.1.1.1 group Confed38
[H3C-bgp] group Remote98 external
[H3C-bgp] peer Remote98 as-number 98
[H3C-bgp] peer 200.1.1.1 group Remote98
```

7. 指定一个联盟体中包含了哪些子自治系统

confederation peer-as *as-number-list*
undo confederation peer-as [*as-number-list*]

【视图】　BGP 视图

【参数】　*as-number-list*：为子自治系统号列表，在同一条命令中最多可配置 32 个子自治系统，表示方式为 *as-number-list* ＝ *as-number*&<1-32>。其中，*as-number* 为子自治系统号，&<1-32>表示前面的参数可以输入 1～32 次。

confederation peer-as 命令用来指定一个联盟体中包含了哪些子自治系统。undo confederation peer-as 命令用来删除联盟体中指定的子自治系统。默认情况下，未配置属于联盟的子自治系统。

在配置本命令之前，必须通过 confederation id 命令指定各子系统所属的联盟号，否则本命令配置不成功。

当 undo confederation peer-as 命令不带 *as-number-list* 参数时，表示删除联盟体中所有的子自治系统。

【例】　配置属于联盟 10 的子自治系统号为 2000 和 2001。

```
<H3C> system-view
[H3C] bgp 100
[H3C-bgp] confederation id 10
[H3C-bgp] confederation peer-as 2000 2001
```

8. 配置 BGP 与 IGP 路由同步

synchronization

undo synchronization

【视图】 BGP 视图

synchronization 命令用来配置 BGP 与 IGP 路由同步。undo synchronization 命令用来取消同步。默认情况下,BGP 和 IGP 路由不同步。

使能同步特性后,如果一个 AS 由一个非 BGP 路由器提供转发服务,那么该 AS 中的 BGP 发言者不能对外部 AS 发布路由信息,除非该 AS 中的所有路由器都知道更新的路由信息。

BGP 路由器收到一条 IBGP 路由,默认只检查该路由的下一跳是否可达。如果设置了同步特性,该 IBGP 路由只有在 IGP 也发布了这条路由时才会被同步并发布给 EBGP 对等体。否则,该 BGP 路由将无法发布给 EBGP 对等体。

9. 显示对等体组的信息

display bgp group [*group-name*]

【视图】 任意视图

【参数】 *group-name*:对等体组的名称,为 1～47 个字符的字符串。

【例】 显示对等体组 aaa 的信息。

```
<H3C> display bgp group aaa

  BGP peer-group is aaa
  Remote AS 200
  Type : external
  Maximum allowed prefix number: 4294967295
  Threshold: 75%
  Configured hold timer value: 180
  Keepalive timer value: 60
  Minimum time between advertisement runs is 30 seconds
  Peer Preferred Value: 0
  No routing policy is configured
    Members:
    Peer      AS  MsgRcvd  MsgSent  OutQ  PrefRcv  Up/Down   State

    2.2.2.1  200   0         0        0      0      00:00:35  Active
```

例子显示了对等体组名为 aaa 的 AS 号为 200、组类型为 *external* 以及最大接收路由信息的数目等信息,并且显示了对等体组成员 2.2.2.1 的信息。

10. 显示 BGP 路由信息

```
display bgp routing-table
```

【视图】 任意视图

【例】 查看 BGP 的路由信息。

```
<H3C> display bgp routing-table
```

```
Total Number of Routes: 1

BGP Local router ID is 10.10.10.1
Status codes: * -valid, ^ -VPNv4 best, > -best, d -damped,
              h -history, i -internal, s -suppressed, S -Stale
    Origin : i -IGP, e -EGP, ? -incomplete

    Network        NextHop      MED  LocPrf  PrefVal  Path/Ogn

* > 40.40.40.0/24  20.20.20.1   0    0       200      300i
```

对 display bgp routing-table 命令显示的部分路由信息的描述见表 4.9。

表 4.9　display bgp routing-table 命令显示部分信息描述表

字　段	描　述
Total Number of Routes	路由总数
BGP Local router ID	BGP 本地路由器标识符
Status codes	路由状态代码： * -valid(合法) ^-VPNv4 best(VPNv4 优选路由) >-best(普通优选最佳路由) d-damped(振荡抑制) h-history(历史路由) i-internal(内部路由) s-suppressed(聚合抑制) S-Stale(过期路由)
Origin	网络层可达信息来源： i-IGP(网络层可达信息来源于 AS 内部) e-EGP(网络层可达信息通过 EGP 学习) ?-incomplete(网络层可达信息通过其他方式学习)
Path	路由的 AS 路径(AS_PATH)属性,记录了此路由所穿过的所有 AS 区域,可以避免路由环路的出现
Ogn	路由的起源(ORIGIN)属性,表示路由相对于发出它的自治系统的路由更新起点,它有如下 3 种取值： • i：此路由是 AS 内部的。BGP 把聚合路由和用 network 命令定义的路由看成是 AS 内部的,起点类型设置为 IGP • e：此路由是从 EGP(Exterior Gateway Protocol,外部网关协议)学习到的 • ?：此路由信息的来源为未知源,即通过其他方式学习到的。BGP 把通过其他 IGP 协议引入的路由的起点设置为 incomplete

上面的例子显示了 10.10.10.1 的 BGP 路由信息：到目的网络 40.40.40.0/24 的合法的普通优选最佳路由,下一跳是 20.20.20.1,属于内部路由,AS 号为 300。

【解决方案】

以引入案例 2 为例,某 ISP 的 AS 100 分为 3 个子自治系统 AS 1001、AS 1002 和

AS 1003,现在要为 3 个子自治系统配置 EBGP,并且 AS 100 通过路由器 C 连接 AS 200,这时还要配置 AS 100 和 AS 200 连通。网络拓扑如图 4.23 所示。

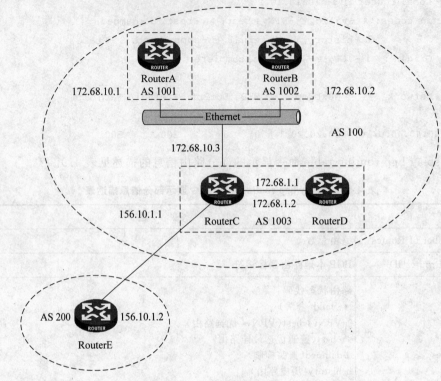

图 4.23 网络拓扑

【实验设备】

路由器 5 台,二层交换机 1 台,标准网线若干。

说明:本实验路由器选择 RT-MSR2021-AC-H3。

【实施步骤】

步骤 1:配置 RouterA。

(1) 配置以太网接口。

```
<H3C> system-view
[H3C] sysname RouterA
[RouterA] interface ethernet0/0
[RouterA-ethernet0/0] ip address 172.68.10.1 255.255.255.0
```

(2) 启用 BGP。

```
[RouterA] bgp 1001
```

(3) 配置 BGP 联盟。

```
# 配置联盟 ID
[RouterA-bgp] confederation id 100
# 指定一个联盟体中包含的子自治系统
```

```
[RouterA-bgp] confederation peer-as 1002 1003
```
BGP 和 IGP 路由不同步
```
[RouterA-bgp] undo synchronization
```

（4）创建外部对等体组 confed1002。

```
[RouterA-bgp] group confed1002 external
```
指定对等体组的 AS 号
```
[RouterA-bgp] peer confed1002 as-number 1002
```
将 172.68.10.2(RouterB)加入对等体组
```
[RouterA-bgp] peer 172.68.10.2 group confed1002
```

（5）创建外部对等体组 confed1003。

```
[RouterA-bgp] group confed1003 external
```
指定对等体组的 AS 号
```
[RouterA-bgp] peer confed1003 as-number 1003
```
将 172.68.10.3(RouterC)加入对等体组
```
[RouterA-bgp] peer 172.68.10.3 group confed1003
```

步骤 2：配置 RouterB。

（1）配置以太网接口。

```
<H3C> system-view
[H3C] sysname RouterB
[RouterB] interface ethernet0/0
[RouterB-ethernet0/0] ip address 172.68.10.2 255.255.255.0
```

（2）启用 BGP。

```
[RouterB] bgp 1002
```

（3）配置 BGP 联盟。

配置联盟 ID
```
[RouterB-bgp] confederation id 100
```
BGP 和 IGP 路由不同步
```
[RouterB-bgp] undo synchronization
```
指定一个联盟体中包含的子自治系统
```
[RouterB-bgp] confederation peer-as 1001 1003
```

（4）创建外部对等体组 confed1001。

```
[RouterB-bgp] group confed1001 external
```
指定对等体组的 AS 号
```
[RouterB-bgp] peer confed1001 as-number 1001
```
将 172.68.10.1(RouterA)加入对等体组
```
[RouterB-bgp] peer 172.68.10.1 group confed1001
```

（5）创建外部对等体组 confed1003。

```
[RouterB-bgp] group confed1003 external
# 指定对等体组的 AS 号
[RouterB-bgp] peer confed1003 as-number 1003
# 将 172.68.10.3(RouterC)加入对等体组
[RouterB-bgp] peer 172.68.10.3 group confed1003
```

步骤 3：配置 RouterC。

（1）配置以太网接口。

```
<H3C> system-view
[H3C] sysname RouterC
[RouterC] interface ethernet0/0
[RouterC-ethernet0/0] ip address 172.68.10.3 255.255.255.0
```

（2）配置 BGP。

```
[RouterC] bgp 1003
```

（3）配置 BGP 联盟。

```
[RouterC-bgp] confederation id 100
[RouterC-bgp] undo synchronization
[RouterC-bgp] confederation peer-as 1001 1002
```

（4）创建外部对等体组 confed1001。

```
[RouterC-bgp] group confed1001 external
[RouterC-bgp] peer confed1001 as-number 1001
[RouterC-bgp] peer 172.68.10.1 group confed1001
```

（5）创建外部对等体组 confed1002。

```
[RouterC-bgp] group confed1002 external
[RouterC-bgp] peer confed1002 as-number 1002
[RouterC-bgp] peer 172.68.10.2 group confed1002
```

（6）创建外部对等体组 ebgp200。

```
[RouterC-bgp] group ebgp200 external
# 将 156.10.1.2(RouterE)加入对等体组
[RouterC-bgp] peer 156.10.1.2 group ebgp200 as-number 200
```

（7）创建内部对等体组 ibgp200。

```
[RouterC-bgp] group ibgp1003 internal
# 将 172.68.1.2(RouterD)加入对等体组
[RouterC-bgp] peer 172.68.1.2 group ibgp1003
```

【实验项目】

图 4.24 中 RouterC 属于 AS 200，其他 3 台设备 RouterA、RouterB 和 RouterD 在一个大 AS100 中配置了联盟，分别属于小 AS：AS 65001、AS 65002 以及 AS 65003。为它们配

置 BGP,解决全网连接的问题。

图 4.24　实验项目拓扑

第 5 章　企业网络安全及网络管理

5.1　网络设备的安全

从广义上讲,网络安全可以分为网络设备安全和网络信息安全。网络管理员通常都能够对网络信息的安全给予足够的重视,却往往忽略了网络设备本身的安全。事实上,几乎所有的网络设备都存在着一些漏洞,掌握了这些漏洞的人可以控制设备,产生的后果很可能是毁灭性的。因此,没有网络设备的安全,网络的安全策略就没有任何意义。网络设备安全的重要性要求网络管理员必须十分清楚自己所管理的网络设备的安全程度并及时作出调整,确保设备安全,以避免受到攻击而造成不必要的损失。

网络设备安全包括了网络设备的物理安全和对网络设备的访问控制两个方面。网络设备最基本的安全性是要通过非网络技术手段来保证的。

5.1.1　网络设备的物理安全

网络设备的物理安全是指网络设备周围环境的安全及网络设备硬件的安全,是网络安全体系中最为重要的部分。通常可以从以下几个方面加以提高。

1. 提供正确的物理环境

正确的物理环境应该对场地的封闭、防火、防盗、防静电、适当的通风、温度的控制以及电源的安全等提供符合网络设备要求的安全保证。

基本的环境要求有:

(1) 承重要求:根据设备及其附件(比如机柜、机箱、单板和电源等)的实际重量来评估地面承重要求,确保机房地面的承重能力满足要求。

(2) 温度要求:机房内需维持温度在 0~40℃(长期工作)。

机房温度过高将会加速绝缘材料的老化过程,使设备的可靠性大大降低,严重影响设备的寿命。

(3) 湿度要求:机房环境湿度需保持在 5%~95%(无冷凝)状态。

机房内长期湿度过高,易造成绝缘材料绝缘不良甚至漏电,有时也易发生材料机械性能变化、金属部件锈蚀等现象。若机房内相对湿度过低,绝缘垫片会干缩而引起紧固螺钉松动,同时在干燥的气候环境下易产生静电,危害设备上的电路。

(4) 洁净度要求:机房灰尘粒子 $\leqslant 3 \times 10^4$ 粒/m^3(3 天内桌面无可见灰尘)。

灰尘对设备的运行安全是一大危害。室内灰尘落在机体上,可以造成静电吸附,使金属接插件或金属接点接触不良。尤其是在室内相对湿度偏低的情况下,更易造成静电吸附,不但会影响设备寿命,而且容易造成通信故障。

(5) 抗干扰要求:对供电系统要采取有效的防电网干扰措施。设备工作地最好不要与电力设备的接地装置或防雷接地装置合用,并尽可能距离远。远离强功率无线电发射台、雷达发射台和高频大电流设备。

（6）接地要求：为设备提供良好的接地系统，机箱与大地之间的电阻要小于 1Ω。良好的接地系统是设备稳定可靠运行的基础，是防雷击、抗干扰和防静电的重要保障。

（7）供电要求：按设备要求规划提供供电系统。表 5.1 列出了一些交换机交流电源模块规格的参数要求。

表 5.1　交流电源模块规格

项　　目	描　　述
额定电压范围	100～120V AC/ 200～240V AC;50/60Hz
最大电压范围	90～264V AC;47～63Hz
最大输入电流	13.3 A
输出功率	1200W(100～120V AC);2000W(200～240V AC)

（8）空间要求：为了便于散热和设备维护，建议设备前后与墙面或其他设备的距离不应小于 0.8m。如果安装于机柜，那么机房的净高不能小于 3m。

2. 控制到设备的直接访问

制定机房安全管理制度，严格管理机房的人员出入。

在可能的情况下为机架上锁，并且在控制台和辅助端口设置口令。如果不使用的话，建议关闭这类辅助端口，因为从理论上讲，只要能从物理上接近设备，就能通过改变设备上的一些硬件开关重置管理员口令或恢复出厂设置。

5.1.2　对网络设备的访问控制

对网络设备的访问控制的主要目的是防止非法用户进入网络设备并对其配置进行非法修改，避免网络瘫痪。对网络设备的访问进行控制包括为各种用户设置并加密口令，对远程访问用户（包括虚拟终端用户和 Web 用户）实施 ACL（访问控制列表），以及设置空闲会话超时、设置警示登录标语等技巧。

1. 通过设置并加密口令实现访问控制

网络设备提供的最基本的安全是在设备访问和配置过程中设置登录口令。如果对设备的访问和配置不加以审查，往往会引发安全问题。例如，通常设备出厂时没有设置登录口令或设置一些简单的默认口令，一些管理员就利用这些默认的口令进行管理，使攻击者很轻易就能找到一个入口登录设备。

口令设置包括 Console 口的登录口令、Telnet 远程登录口令和用户控制级别口令等的设置。

1) Console 口用户登录口令设置

Console 口用户登录认证方式有 None、Password 和 Scheme。默认情况下，Console 口登录用户具有最高权限，可以使用所有配置命令，并且不需要任何口令认证。因此，应对 Console 口用户登录进行适当的认证。

【例】　设置通过 Console 口登录交换机的用户进行 Password 认证，口令是明文 123456。

```
# 进入系统视图
<H3C> system-view
```

```
# 进入 AUX 用户界面视图
[H3C] user-interface aux 0
# 设置通过 Console 口登录交换机的用户进行 Password 认证
[H3C-ui-aux0] authentication-mode password
# 设置用户的认证口令为明文方式，口令为 123456
[H3C-ui-aux0] set authentication password simple 123456
[H3C-ui-aux0] quit
[H3C] quit
<H3C> save
<H3C> reboot
```

重新启动交换机后，系统将提示登录用户输入访问口令，当输入刚才设置的口令 123456(屏幕不显示)后，才能进入用户界面。

2) Telnet 远程登录口令设置

Telnet 登录也有 None、Password 和 Scheme 三种认证方式。

【例】 设置通过 Telnet 远程登录交换机的用户进行 Password 认证，口令是明文 123456。

```
# 进入系统视图
<H3C> system-view
# 进入 VTY0~VTY4 用户界面视图
[H3C] user-interface vty 0 4
# 设置通过 VTY0~VTY4 口登录交换机的用户进行 Password 认证
[H3C-ui-vty0-4] authentication-mode password
# 设置用户的认证口令为明文方式，口令为 123456
[H3C-ui-vty0-4] set authentication password simple 123456
[H3C-ui-vty0-4]quit
<H3C> save
<H3C> reboot
```

3) 用户控制级别口令的设置

登录用户的命令级别分为 4 个等级，不同的级别下只能使用等于或低于自己的级别的命令。使用 Console 口登录时系统默认值为最高级别 3，而从 VTY 用户界面登录时系统默认可以访问的命令级别为 0 级。登录用户的级别可以通过命令进行切换，高级别用户可以无条件切换为低级别用户，但是低级别用户从当前级别切换到高级别时，则必须通过相应的认证。为防止未授权用户的非法入侵，应设置用户从低级别切换到高级别时需要输入高级别用户的口令。

在进行用户级别切换时，为了保密，用户在屏幕上看不到所输入的密码。如果在系统允许的次数(3 次)内输入正确的认证信息，则切换到高级别用户，否则保持原用户级别不变。

【例】 设置通过 Console 口登录交换机的用户默认级别为 0，并设置切换各控制级别的口令。

```
# 进入系统视图
<H3C>system-view
# 进入 AUX 用户界面视图
```

```
[H3C] user-interface aux 0
# 设置默认用户登录级别为 0
[H3C-ui-aux0] user privilege level 0
[H3C-ui-aux0] quit
# 设置 1 级用户登录口令
[H3C]super password level 1 simple h3c1
# 设置 2 级用户登录口令
[H3C]super password level 2 simple h3c2
# 设置 3 级用户登录口令
[H3C]super password level 3 simple h3c3
[H3C]quit
<H3C>save
<H3C>reboot
```

交换机重启后,使用命令 super [level]来切换当前权限级别时将会提示输入验证口令。

2. 对虚拟终端的访问控制

虚拟端口相对于实端口而言,一般根据需要在交换机或路由器上虚拟出一些端口,称为虚拟终端或虚拟端口。每台设备一般有 5 个默认虚拟终端,在虚拟终端线路上实施 ACL (访问控制列表),可以控制谁能远程登录到该设备(访问控制列表内容详见 5.3 节,在此仅做简要介绍)。在虚拟终端线路上实施 ACL 具体有以下 3 种方式:

(1) 通过基本 ACL 实现:通过源 IP 对 Telnet 用户进行控制。

(2) 通过高级 ACL 实现:通过源 IP、目的 IP 对 Telnet 用户进行控制。

(3) 通过二层 ACL 实现:通过源 MAC 对 Telnet 用户进行控制。

其中最常用的是通过源 IP 对 Telnet 用户进行控制,需要下面两个步骤:

(1) 定义访问控制列表。

(2) 引用访问控制列表,对 Telnet 用户进行控制。

【例】 在交换机上设置通过源 IP 地址对 Telnet 登录用户进行控制,仅允许源 IP 为 10.110.100.52 的 Telnet 用户访问本交换机。

```
# 定义基本访问控制列表
<H3C>system-view
[H3C] acl number 2000
# 仅允许源 IP 为 10.110.100.52 的用户访问交换机
[H3C-acl-basic-2000] rule 1 permit source 10.110.100.52 0
[H3C-acl-basic-2000] quit
# 对虚拟终端引用访问控制列表
[H3C] user-interface vty 0 4
[H3C-ui-vty0-4] acl 2000 inbound
```

3. 对 Web 控制台的访问控制

通过 Web 远程管理网络设备具有友好的操作界面,使配置网络设备变得更加容易,但同时也容易引发一些安全问题,最好的解决办法是通过实施 ACL 控制哪些地址可以访问网络设备的 Web 服务(访问控制列表详见 5.3,在此仅做简要介绍)。

和对虚拟终端的访问控制类似,最常用的是通过源 IP 对 Web 用户进行控制,需要下面两个步骤：

（1）定义访问控制列表。

（2）引用访问控制列表，对 Web 网管用户进行控制。

【例】 在交换机上设置通过源 IP 地址对 Web 网管用户进行控制，仅允许 IP 地址为 10.110.100.52 的 Web 网管用户访问交换机。

```
# 定义基本访问控制列表
<H3C>system-view
[H3C] acl number 2030
[H3C-acl-basic-2030] rule 1 permit source 10.110.100.52 0
[H3C-acl-basic-2030] quit
# 引用编号为 2030 的访问控制列表，仅允许来自 10.110.100.52 的 Web 用户访问交换机
[H3C] ip http acl 2030
```

必要时可通过命令 undo ip http enable 关闭 Web 服务，以减少安全隐患。

4. 控制会话超时及设置警示登录标语消息

如果控制台在用户控制级别为 level 3 下时没有人看管，那么任何人都可以乘机修改网络设备的配置。而对空闲会话的超时设置可以获得额外的安全保障。默认情况下，所有的用户界面的超时时间为 10 分钟，时间一到则断开会话。可以通过 idle-timeout 命令改变会话超时时间。

登录标语消息是当用户登录网络设备时，在界面上显示的内容。如果显示一些对非授权访问者的警告，如"非授权访问将被依法起诉"等，可以从心理上吓退一些非授权用户。

1）设置用户界面的超时断开连接时间

idle-timeout *minutes* [*seconds*]

undo idle-timeout

【视图】 用户界面视图

【参数】 *minutes*：分钟数，取值范围为 0～35 791。

seconds：秒数，取值范围为 0～59。

默认情况下，用户超时断开连接的时间为 10 分钟。如果在所设定的时间内登录到当前用户界面上的用户没有对交换机执行任何操作，交换机将断开与该用户的连接。

设置 idle-timeout 0 即关闭超时中断连接功能。

【例】 控制用户界面超时时间为 6 分钟。

```
# 进入系统视图
<H3C>system-view
# 进入 AUX 用户界面视图
[H3C] user-interface aux 0
[H3C-ui-aux0] idle-timeout 6
[H3C-ui-aux0]quit
# 进入 VTY0~VTY4 用户界面视图
[H3C] user-interface vty 0 4
# 设置 VTY0 用户界面的超时时间为 6 分钟
```

```
[H3C-ui-vty0-4] idle-timeout 6
```

2）配置登录设备时的显示信息

header [**incoming** | **legal** | **login** | **shell**] *text*
undo header [**incoming** | **legal** | **login** | **shell**]

【视图】　系统视图

【参数】　incoming：配置 Modem 登录用户进入用户视图时的显示信息。

legal：配置登录用户进入用户视图前的授权信息。

login：配置登录验证时的显示信息。

shell：配置非 Modem 登录用户进入用户视图时的显示信息。

text：标题文本。当 login、shell、incoming 和 legal 没有配置时，默认为登录信息 login 的内容。系统支持两种输入方式：一种方式为所有内容在同一行输入，此时包括命令关键字及空格在内总共可以输入 254 个字符；另一种方式为通过按回车键分多行输入，此时不包括命令关键字在内最多可输入 2000 个字符（包括不可见字符，例如回车符等）。标题内容以第一个字符作为起始符和结束符，输入结束符后，按回车键退出交互过程。

【例】　配置登录验证时的显示信息。

```
[H3C] header login %
Input banner text, and quit with the character '%'.
Non-authorized,shall be sued at law! %
```

【拓展思考】

假设你是计算机网络实验室的管理员，请为本实验室拟定机房安全管理制度。

5.2　交换机端口安全

5.2.1　交换机端口地址绑定

5.2.1.1　交换机静态端口地址绑定——"MAC＋IP＋端口"绑定

【引入案例 1】

办公室主任的计算机配置在一个特定的地址段中，公司对该地址段开放了特殊的上网权限。有一天，主任的计算机上弹出了"IP 地址冲突"的对话框。有员工盗用了他的 IP 上网浏览。

【引入案例 2】

企业办公大楼网络中有一台计算机感染了病毒，引发了大量的广播数据包在网络上洪泛，网络管理员小王唯一的想法就是尽快地找到病源主机，并把它从网络中暂时隔离。

【案例分析】

当网络的布置很随意，并且没有任何安全设置的时候，用户只要插上网线，在任何地方都能够上网，这虽然使正常情况下的大多数用户很方便很满意，却很容易出现案例 1 中用户盗用 IP 的现象，而且一旦发生案例 2 中描述的网络问题，虽然网络管理员可以通过一些网络监控软件查出感染病毒主机的 IP 地址或 MAC 地址信息，却很难快速、准确地定位主机，更谈不上将它隔离。

解决上述问题的一个较好的办法是将用户主机和接入交换机的端口进行绑定，也就是说，特定主机只有在某个特定端口下发出数据帧时，才能被交换机接收并转发，如果这台主机移动到其他位置，则无法实现正常访问网络。通过绑定技术，建立起"用户主机-交换机端口"的对应关系，在安全管理上起着非常重要的作用。

【基本原理】

网卡的 MAC 地址的唯一性确定了 MAC 地址在网络中代表着计算机身份证的作用。为了安全和方便管理，网络管理员将对用户计算机的 MAC 地址进行登记，并将 MAC 地址与接入交换机的端口进行绑定。MAC 地址与交换机端口绑定后，该 MAC 地址的数据流只能从绑定端口进入，而不能从其他端口进入，也就是说，特定主机只有在某个特定端口下发出数据帧时，才能被交换机接收并转发，如果这台主机移动到其他位置，则无法实现正常上网。

当一个 MAC 地址和交换机端口绑定后，该交换机端口仍然可以允许其他 MAC 地址的数据流通过。实际上，一些工具软件和病毒很容易伪造计算机的 MAC 地址，因此通常的做法是不要把网络安全信任关系单独建立在 IP 的基础上或 MAC 的基础上，理想的关系应该是建立在 IP＋MAC 的基础上。因此，通过"MAC＋IP＋端口"绑定，可以实现设备对转发报文的过滤控制，提高网络安全性。

实施"MAC＋IP＋端口"绑定后，会在交换机内部形成一个静态的"MAC-IP-端口"映射表，如图 5.1 所示。当端口接收到报文时，交换机将查看报文中的源 MAC、源 IP 地址与交换机所配置的静态表项是否一致。如果报文中的源 MAC、源 IP 地址与设定的 MAC、IP 相同，端口将转发该报文；如果报文中的源 MAC、源 IP 地址中任一个与所设定的 MAC、IP 不同，端口将丢弃该报文。

图 5.1 中，交换机查看来自 PC1 和 PC3 的报文，发现 PC1 和 PC3 的 MAC 地址与映射表中和端口 Ethernet1/0/1、Ethernet1/0/3 绑定的 MAC 地址并不匹配，于是交换机丢弃报文。因此 PC1 和 PC3 不能正常通信，只有 PC2 能正常工作。

一般来说，二层交换机主要技术特点是低交换延迟、支持不同的传输速率和工作模式和支持 VLAN。交换机最重要的一项工作是自学习 MAC 地址，即建立和维护"端口/MAC 地址映射表"，并没有对 IP 数据报进行处理的功能。因此要进行"MAC＋IP＋端口"绑定，可以采用二层智能型可网管交换机（又称 ACL 交换机或二层半交换机）。二层半交换机具有支持网络管理、广播风暴控制、支持流控、链路聚合功能、端口安全控制和静态地址绑定等功能，能满足宽带网对交换机在更大的带宽、更高的管理性能和更强的适应能力上的要求。

注意：在 H3C 接入层 S3100 系列的交换机中，二层半的 S3100-EI 系列以太网交换机支持"MAC＋IP＋端口"绑定。H3C 交换机中有些产品只支持"IP＋MAC＋端口"三者同时绑定，有些可以支持"IP＋端口"、"MAC＋端口"、"IP＋MAC"三种绑定方式中的任意两者。交换机是否支持端口绑定，支持哪一种方式的绑定要具体看其硬件及软件版本来确定。

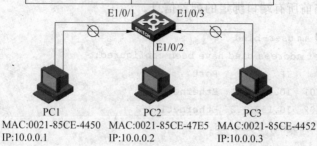

MAC-IP-端口映射表		
MAC	IP	PORT
0021-85CE-4C5A	10.0.0.1	Ethernet1/0/1
0021-85CE-47E5	10.0.0.2	Ethernet1/0/2
0021-85CE-418D	10.0.0.3	Ethernet1/0/3

PC1　　　　　PC2　　　　　PC3
MAC:0021-85CE-4450　MAC:0021-85CE-47E5　MAC:0021-85CE-4452
IP:10.0.0.1　　　　IP:10.0.0.2　　　　IP:10.0.0.3

图 5.1　"MAC＋IP＋端口"绑定

　　"MAC＋IP＋端口"绑定技术适用于计算机位置固定、配置静态 IP 地址的办公室环境，对于有大量便携机的员工的园区网并不适用。

【命令介绍】

1. 将用户的 MAC 地址和 IP 地址绑定到指定端口上

1) 在系统视图下

am user-bind mac-addr *mac-address* { **ip-addr** *ip-address* | **ipv6** *ipv6-address* }
　　[**interface** *interface-type interface-number*]
undo am user-bind mac-addr *mac-address* { **ip-addr** *ip-address* | **ipv6** *ipv6-address* }
　　[**interface** *interface-type interface-number*]

2) 在以太网端口视图下

am user-bind { **mac-addr** *mac-address* [**ip-addr** *ip-address* | **ipv6** *ipv6-address*] |
　　ip-addr *ip-address* | **ipv6** *ipv6-address* }
undo am user-bind { **mac-addr** *mac-address* [**ip-addr** *ip-address* | **ipv6** *ipv6-address*]
　　| **ip-addr** *ip-address* | **ipv6** *ipv6-address* }

【视图】　系统视图/以太网端口视图

【参数】　interface *interface-type interface-number*：指定绑定的端口。其中 *interface-type interface-number* 表示端口类型和端口编号。

　　ip-addr *ip-address*：指定需要绑定的 IP 地址。其中 *ip-address* 表示绑定的 IP 地址。

　　mac-addr *mac-address*：指定需要绑定的 MAC 地址。其中 *mac-address* 表示绑定的 MAC 地址，格式为 H-H-H。

【例】　在系统视图下将 MAC 地址为 000f-e200-5101、IP 地址为 10.153.1.1 的合法用户与端口 Ethernet1/0/1 进行绑定。

```
[H3C] system-view
[H3C] am user-bind mac-addr 000f-e200-5101 ip-addr 10.153.1.1 interface
    Ethernet1/0/1
```

2. 显示端口绑定的配置信息

display am user-bind [**interface** *interface-type interface-number* | **ip-addr**
ip-addr | **mac-addr** *mac-addr*]

【视图】 任意视图

【例】 显示当前所有端口绑定的配置信息。

```
<H3C>display am user-bind
Following User address bind have been configured:
Mac             IP          Port
000f-e200-5101  10.153.1.1  Ethernet1/0/1
000f-e200-5102  10.153.1.2  Ethernet1/0/2
Unit 1:Total 2 found, 2 listed.
Total: 2 found.
```

以上显示信息表示,设备 Unit 1 当前总共有两条端口绑定的配置:

(1) MAC 地址 000f-e200-5101、IP 地址 10.153.1.1 的用户已经与端口 Ethernet1/0/1
进行了绑定。

(2) MAC 地址 000f-e200-5102、IP 地址 10.153.1.2 的用户已经与端口 Ethernet1/0/2
进行了绑定。

【解决方案】

为解决案例 1,即避免 IP 地址随意配置甚至是恶意盗用 IP 的问题,在接入交换机上实施"MAC+IP+端口"绑定。实验拓扑如图 5.2 所示,
接入交换机连接两台用户 PC,设置端口 Ethernet1/
0/1 与 PC1 的 MAC 地址和 IP 地址绑定,并验证其
效果。

【实验设备】

二层半交换机 1 台,PC 2 台,标准网线 2 根。

说明:本实验二层半交换机选择 H3C S3100-
16TP-EI-H3-A。

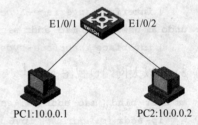

图 5.2 "MAC+IP+端口"绑定实验拓扑

【实施过程】

步骤 1:按照图 5.2 所示连接好设备,检查设备的软件版本,确保设备软件版本符合要求,配置交换机恢复出厂设置。

(1) 检查设备软件版本。

```
<H3C>display version
```

(2) 在用户模式下擦除设备配置文件,重启设备使系统恢复默认配置。

```
<H3C>reset saved-configuration
<H3C>reboot
```

步骤 2:配置 PC 的 IP 地址,并获取 PC 的 MAC 地址,使用命令行模式下的 ipconfig/

all 命令查看 PC 的 MAC 地址,结果如表 5.2 所示。

表 5.2　PC 的 IP 地址和 MAC 地址

设备名称	IP 地址	MAC 地址	连接交换机端口
PC1	10.0.0.1/24	0015-1785-50AE	Ethernet1/0/1
PC2	10.0.0.2/24	0015-1785-6550	Ethernet1/0/2

步骤 3:配置端口绑定。

(1) 配置 Switch。

```
# 进入系统视图
<H3C>system-view
# 进入 Ethernet1/0/1 端口视图
[H3C] interface ethernet1/0/1
# 将 PC1 的 MAC 地址和 IP 地址绑定到 Ethernet1/0/1 端口
[H3C-ethernet1/0/1] am user-bind mac-addr 0015-1785-50AE ip-addr 10.0.0.1
```

(2) 配置完毕,查看绑定信息:

```
[H3C-ethernet1/0/1]display am user-bind
Following User address bind have been configured:
  Mac            IP           Port
  0015-1785-50ae 10.0.0.1  Ethernet1/0/1
Unit 1:Total 1 found, 1 listed.
Total: 1 found.
```

步骤 4:端口绑定验证。

(1) 在 PC1 上用 ping 命令来测试到 PC2 的互通性,结果显示可达。

(2) 改变 PC1 的 IP 为 10.0.0.3,再次用 ping 命令来测试到 PC2 的互通性。结果显示超时,表示 PC1 改变 IP 地址后不能正常访问网络。

(3) 将 PC1 连接到 Ethernet1/0/2 端口,修改 IP 为 10.0.0.2,并将 PC2 连接到 Ethernet1/0/1 端口,修改 IP 为 10.0.0.1。用 ping 命令来测试 PC1 到 PC2 的互通性。结果显示超时,表示 MAC 地址不匹配 PC 也不能正常访问网络。

【实验总结】

"MAC+IP+端口"技术可以帮助网络管理员确保只有正确的 MAC 地址被配置了正确的 IP 并连接到正确的端口才能够接入网络。端口绑定技术可以帮助避免 IP 地址随意配置甚至是恶意盗用 IP 的问题。如果出现引入案例 2 中描述的情况时,如果已经实施了端口绑定,一旦网络管理员发现了感染病毒的 IP 或 MAC 地址信息,通过查找绑定记录,就能快速、准确地定位接入病源主机的交换机端口,并对该端口进行隔离,也可以直接使用 shutdown 命令关闭该端口。

MAC 地址、IP 地址与端口的绑定使用静态方式实现,对管理员来讲,必须手动输入 PC 的 IP 地址和 MAC 地址,工作量较大。

5.2.1.2 交换机动态端口地址绑定——端口安全

【引入案例】

某网吧主机较多,并且主机的 IP 由 DHCP 动态分配。为了使每一台主机被固定在一个位置,保证整个网络的可管理性,网络管理员小王考虑实施动态的 MAC 地址和端口绑定。

【案例分析】

在机房和网吧,为了方便监管,最常用的一种方法就是实施 MAC 和交换机端口绑定。在终端较多的情况下,逐个查看主机的 MAC 地址实施静态绑定的办法工作量实在太大了,启动交换机中的端口安全功能,对动态学习到的 MAC 地址进行绑定转换是一种最便捷的方法。比如,可以把第一次连接到交换机端口上的 MAC 地址绑定到该端口上。

【基本原理】

端口安全(port security)是一种对网络接入进行控制的安全机制,是对已有的 IEEE 802.1x 认证和 MAC 地址认证的扩充。

端口安全的主要功能就是用户通过定义各种安全模式,让设备学习到合法的源 MAC 地址,并只允许源 MAC 地址合法的报文通过本端口。假如任何其他 MAC 地址试图通过本端口通信,端口安全特性会阻止它。使用端口安全可以防止非法设备访问网络,增强网络的安全性。

1. Port Security 的安全模式

Port Security 的安全模式主要有以下几种:

(1) noRestriction:无限制模式。此模式下,端口处于无限制状态,是端口的默认状态。

(2) autoLearn:自动学习模式。此模式下,端口学习到的 MAC 地址会转变为 Security MAC 地址。

此模式下,通常需要配置端口允许接入的最大 MAC 地址数(通过 port-security max-mac-count 命令配置),当端口下的 Security MAC 地址数超过此最大数后,端口模式会自动转变为 Secure 模式。之后,该端口不会再添加新的 Security MAC,只有源 MAC 地址为 Security MAC 的报文,才能通过该端口。

(3) Secure:安全模式。此模式下,禁止端口学习 MAC 地址,只有源 MAC 是端口已经学习到的 Security MAC 或者已配置的静态 MAC 的报文,才能通过该端口。

2. Security MAC 地址

Security MAC 地址是一种特殊的 MAC 地址,它不会被老化。在同一个 VLAN 内,一个 Security MAC 地址只能被添加到一个端口上,利用这个特点可以实现同一 VLAN 内 MAC 地址与端口的绑定。

Security MAC 地址可以由启用端口安全功能的端口自动学习,也可以由用户手动配置。在添加 Security MAC 地址之前,需要先配置端口的安全模式为 autoLearn,在此之后,端口的 MAC 地址学习方式将会发生如下变化:

(1) 端口原有的动态 MAC 地址被删除。

(2) 当端口的 Security MAC 地址没有达到配置的最大数目时,端口新学到的 MAC 地址会被添加为 Security MAC 地址。

（3）当端口的 Security MAC 地址到达配置的最大数目时，端口将不会继续学习 MAC 地址，端口状态将从 autoLearn 状态转变为 Secure 状态。

3. 端口安全的特性

启动了端口安全功能之后，交换机检查进入端口的报文，如果报文的源 MAC 地址和交换机通过安全模式学习到的 MAC 地址不匹配，则交换机将把该报文视为非法报文。另外，如果交换机设置了认证，则对于不能通过 IEEE 802.1x 认证或 MAC 地址认证的事件将被视为非法事件。当发现非法报文或非法事件后，系统将触发相应特性，并按照预先指定的方式自动进行处理。端口安全的特性包括以下几点：

（1）NTK 特性：NTK（Need To Know）特性通过检测从端口发出的数据帧的目的 MAC 地址，保证数据帧只能被交换机发送到已经通过认证的设备上，从而防止非法设备窃听网络数据。

（2）Intrusion Protection 特性：该特性通过检测端口接收到的数据帧的源 MAC 地址或 IEEE 802.1x 认证的用户名和密码，发现非法报文或非法事件，并采取相应的动作，包括暂时断开端口连接、永久断开端口连接或者过滤源地址是此 MAC 地址的报文，保证了端口的安全性。

（3）Trap 特性：该特性是指当端口有特定的数据包（由非法入侵、用户不正常上下线等原因引起）传送时，设备将会发送 Trap 信息，便于网络管理员对这些特殊的行为进行监控。

例如，设置交换机端口安全模式为 autoLearn（自动学习模式），假设允许端口接入 MAC 地址的最大数量为 1。启动端口安全功能后，交换机将自动学习 MAC 地址，在获得该端口的第一个"端口号/MAC 地址"映射关系后，该 MAC 地址成了 Security MAC，并且端口模式会自动转变为 Secure 模式，端口不再学习新的 MAC 地址。此后，只有源 MAC 为 Security MAC 的报文，才能通过该端口。当交换机发现非法报文后，将触发 NTK 特性和 Intrusion Protection 特性，假设设置了处理非法报文的动作为 blockmac，那么交换机将不转发该非法报文。

端口安全的配置实际上实现了 MAC 和端口的动态绑定，减少了网络管理员的维护工作量，极大地提高了系统的安全性和可管理性。

【命令介绍】

1. 启动端口安全功能

port-security enable
undo port-security enable

【视图】　系统视图

在启动端口安全功能之前，需要关闭全局的 IEEE 802.1x 和 MAC 地址认证功能。

2. 设置 autoLearn 模式下端口允许接入的最大 MAC 地址数

port-security max-mac-count *count-value*
undo port-security max-mac-count

【视图】　以太网端口视图

【参数】　max-mac-count *count-value*：指定接入的最大 MAC 地址数。*count-value* 取

值范围为 1～1024。默认情况下，最大 MAC 地址数不受限制。

端口安全允许某个端口下有多个用户通过认证，但是允许的用户数不能超过设置的最大值。配置端口允许的最大 MAC 地址数有两个作用：

（1）控制能够通过某端口接入网络的最大用户数。

（2）控制端口安全能够添加的 Security MAC 地址数。

当某一端口上的 MAC 地址数达到该端口允许接入的最大 MAC 地址数后，端口将不会再允许新的用户通过该端口接入网络。

注意：该配置与 MAC 地址管理中配置的端口最多可以学习到的 MAC 地址数无关。前者指对安全接入的 MAC 地址个数的控制，后者隐含着交换机自学习 MAC 地址的能力。

3. 配置端口安全模式

port- security port-mode { autolearn|secure|… }
undo port- security port-mode

【视图】 以太网端口视图

【参数】 autolearn、secure 等为各种安全模式类型。

默认情况下，端口处于 noRestriction 模式，此时该端口处于无限制状态。根据实际需要，用户可以配置不同的安全模式。

当用户设置端口安全模式为 autolearn 时，首先需要使用 port-security max-mac-count 命令设置端口允许接入的最大 MAC 地址数。当端口工作于 autolearn 模式时，无法更改该最大值。在用户设置端口安全模式为 autolearn 后，不能在该端口上配置静态或黑洞 MAC 地址。

在已经配置了安全模式的端口下，将不能再进行以下配置：

（1）配置最大 MAC 地址学习个数。

（2）配置镜像反射端口。

（3）配置端口汇聚。

4. 配置端口安全的相关特性

1）配置 NTK 特性

port- security ntk-mode { ntkonly | ntk-withbroadcasts | ntk-withmulticasts }
undo port- security ntk-mode

【视图】 以太网端口视图

【参数】 ntkonly：表示只有目的 MAC 地址是已认证的 MAC 地址的单播报文才能被成功发送。

ntk-withbroadcasts：表示广播报文和目的 MAC 地址是已认证的 MAC 地址的单播报文能够被成功发送。

ntk-withmulticasts：表示多播报文、广播报文以及目的 MAC 地址是已认证的 MAC 地址的单播报文能够被成功发送。

默认情况下，没有配置 Need To Know 特性，即所有报文都可成功发送。

2）配置 Intrusion Protection 特性

port-security intrusion-mode { blockmac | disableport | disableport-temporarily }
undo port-security intrusion-mode

【视图】　以太网端口视图

【参数】　blockmac：表示将非法报文的源 MAC 地址加入阻塞 MAC 地址列表中，源 MAC 地址为阻塞 MAC 地址的报文将被过滤。此 MAC 地址在被阻塞 3 分钟（系统默认，不可配）后恢复正常。

disableport：表示将发现非法报文或非法事件的端口永久地断开端口连接。

disableport-temporarily：表示将发现非法报文或非法事件的端口暂时断开端口连接，经过 port-security timer disableport 命令预先设置的时间之后再启用端口。

默认情况下，没有配置 Intrusion Protection 特性。

以下情况会触发 Intrusion Protection 特性：

（1）当端口禁止 MAC 地址学习时，收到的源地址为未知 MAC 地址的报文。

（2）当端口允许接入的 MAC 地址数达到设置的最大值时，收到的源地址为未知 MAC 地址的报文。

（3）用户使用 IEEE 802.1x 认证和 MAC 地址认证失败。

3）配置 Trap 特性

port-security trap{ addresslearned | dot1xlogfailure | dot1xlogoff | dot1xlogon |
intrusion | ralmlogfailure | ralmlogoff | ralmlogon }
undo port-security trap

【视图】　系统视图

【参数】　addresslearned：端口学习到新的 MAC 地址的 Trap 信息。

dot1xlogfailure：IEEE 802.1x 认证失败的 Trap 信息。

dot1xlogoff：IEEE 802.1x 认证用户下线的 Trap 信息。

dot1xlogon：IEEE 802.1x 认证成功上线的 Trap 信息。

intrusion：发现入侵报文的 Trap 信息。

ralmlogfailure：MAC 地址认证失败的 Trap 信息。

ralmlogoff：MAC 地址认证用户下线的 Trap 信息。

ralmlogon：MAC 地址认证成功上线的 Trap 信息。

该命令用来打开指定 Trap 信息的发送开关。默认情况下，Trap 信息的发送开关处于关闭状态。该过程使用了设备的 Trap 特性。Trap 特性是指当端口有特定的数据包（由非法入侵，用户不正常上下线等原因引起）传送时，设备将会发送 Trap 信息，便于用户对这些特殊的行为进行监控。

5. 设置系统暂时断开端口连接的时间

port-security timer disableport *timer*
undo port-security timer disableport

【视图】　系统视图

【参数】 *timer*：单位为秒，取值范围为 20～300。

默认情况下，系统暂时断开端口连接的时间为 20 秒。

port-security timer disableport 命令设置的时间值是 port-security intrusion-mode 命令设置为 disableport-temporarily 模式时系统暂时断开端口连接的时间。

6. 手动配置 Security MAC 地址

1）在系统视图下

mac-address security *mac-address* **interface** *interface-type interface-number* **vlan** *vlan-id*

undo mac-address security [[*mac-address* [**interface** *interface-type interface-number*]] **vlan** *vlan-id*]

2）在以太网端口视图下

mac-address security *mac-address* **vlan** *vlan-id*

undo mac-address security [[*mac-address*] **vlan** *vlan-id*]

默认情况下，未配置 Security MAC 地址。

手动配置 Security MAC 地址也可以实现静态绑定，可以在一个端口上静态捆绑多个 MAC 地址。手动配置的 Security MAC 地址会写入配置文件，端口 Up 或 Down 时不会丢失。保存配置文件后，即使交换机重启，Security MAC 地址也可以恢复。

配置 Security MAC 地址前必须完成以下配置：

（1）启动端口安全功能。

（2）配置端口允许接入的最大 MAC 地址数。

（3）配置端口的安全模式为 autolearn。

【例】 启动端口安全功能，在 Ethernet1/0/1 端口下配置端口安全模式为 autolearn，并将 0001-0001-0001 作为 Securiy MAC 地址添加到该端口中，Ethernet1/0/1 属于 VLAN 1。

```
<H3C>system-view
System View: return to User View with Ctrl+Z.
# 启动端口安全功能
[H3C] port-security enable
[H3C] interface ethernet1/0/1
# 配置端口允许接入的最大 MAC 地址数
[H3C-ethernet1/0/1] port-security max-mac-count 100
# 配置端口的安全模式为 autolearn
[H3C-ethernet1/0/1] port-security port-mode autolearn
# 添加 Securiy MAC 地址
[H3C-ethernet1/0/1] mac-address security 0001-0001-0001 vlan 1
```

7. 显示端口安全配置的相关信息

display port-security [**interface** *interface-list*]

【视图】 任意视图

该信息包括：全局的配置信息（如交换机的端口安全功能是否开启、指定 Trap 信息的发送开关是否开启）和端口的配置信息（如端口的安全模式、端口安全的相关特性）。

8. 显示 Security MAC 地址的相关信息

display mac-address security [**interface** *interface-type interface-number*] [**vlan** *vlan-id*] [**count**]

【视图】 任意视图

【参数】 count：统计符合条件的 Security MAC 地址的数量。

该信息包括 MAC 地址所对应的 VLAN ID、MAC 地址的当前状态（为 Security MAC）、MAC 地址所对应的端口编号和 MAC 地址的老化时间。

【**解决方案**】

在网吧环境下，为了使每一台主机被固定在一个位置，保证整个网络的可管理性，在接入交换机上实施端口安全设置，实现 MAC 和交换机端口的绑定。实验拓扑如图 5.3 所示，在交换机的端口 Ethernet1/0/1 上对接入用户做如下的限制：

(1) 允许最多 2 个用户自由接入（PC1 和 PC3），不进行认证，将学习到的 MAC 地址设为 Security MAC 地址。

(2) 管理员的 PC（PC3）任何时候都能够接入，手动将其 MAC 地址 0015-1785-50F4 作为 Security MAC 地址，添加到 VLAN 1 中。

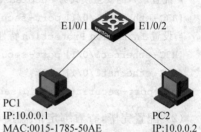

图 5.3 端口安全实验拓扑

(3) 当再有新的 MAC 地址接入时，触发 Intrusion Protection 特性，并将此端口关闭 30 秒。

【**实验设备**】

二层交换机 1 台，PC 3 台，标准网线 2 根。

说明：本实验二层交换机选择 H3C S3100-16TP-EI-H3-A。

【**实施过程**】

步骤 1：按照图 5.3 所示连接好设备，检查设备的软件版本，确保设备软件版本符合要求，配置交换机恢复出厂设置。

(1) 检查设备软件版本。

```
<H3C>display version
```

(2) 在用户模式下擦除设备配置文件，重启设备使系统恢复默认配置。

```
<H3C>reset saved-configuration
<H3C>reboot
```

步骤 2：配置 PC 的 IP 地址。IP 地址分配如表 5.3 所示。

表 5.3 IP 地址列表

设备名称	IP 地址	连接交换机端口	设备名称	IP 地址	连接交换机端口
PC1	10.0.0.1/24	Ethernet1/0/1	PC3	10.0.0.3/24	
PC2	10.0.0.2/24	Ethernet1/0/2			

步骤 3：配置端口安全，即实现动态 MAC 地址与端口绑定。

（1）配置交换机。

```
# 进入系统视图
<H3C>system-view
# 启动端口安全功能
[H3C] port-security enable
# 进入以太网 Ethernet1/0/1 端口视图
[H3C] interface ethernet 1/0/1
# 设置端口允许接入的最大 MAC 地址数为 2
[H3C-ethernet1/0/1] port-security max-mac-count 2
# 配置端口的安全模式为 autolearn
[H3C-ethernet1/0/1] port-security port-mode autolearn
# 设置 Intrusion Protection 特性被触发后，暂时关闭该端口，关闭时间为 30 秒
[H3C-ethernet1/0/1] port-security intrusion-mode disableport-temporarily
[H3C-ethernet1/0/1] quit
[H3C]port-security timer disableport 30
```

（2）配置完毕，查看绑定信息。

```
[H3C]display port-security interface ethernet1/0/1
Ethernet1/0/1 is link-up
    Port mode is AutoLearn
    NeedtoKnow mode is disabled
    Intrusion mode is disableport-temporarily
    Max mac-address num is 1
    Stored mac-address num is 0
    Authorization is permit
[H3C] display mac-address security
MAC ADDR        VLAN ID  STATE     PORT INDEX       AGING TIME(s)
0015-1785-50ae  1        Security  Ethernet1/0/1    NOAGED
---1 mac address(es) found ---
```

步骤 4：手动添加 Security MAC 地址。

```
# 将 PC3 的 MAC 地址 0015-1785-50F4 作为 Security MAC 添加到 VLAN 1 中
[H3C]interface ethernet 1/0/1
[H3C-ethernet1/0/1] mac-address security 0015-1785-50F4 vlan 1
# 查看 Security MAC 地址的配置信息
[H3C] display mac-address security
MAC ADDR        VLAN ID  STATE     PORT INDEX       AGING TIME(s)
0015-1785-50ae  1        Security  Ethernet1/0/1    NOAGED
0015-1785-50f4  1        Security  Ethernet1/0/1    NOAGED
---2 mac address(es) found ---
```

步骤 5：端口绑定验证。

（1）在 PC1 上用 ping 命令来测试到 PC2 的互通性，结果显示可达。

（2）将 PC1 和 PC2 互换接口，即 PC1 连接到 Ethernet1/0/2 端口，PC2 连接到 Ethernet1/0/1 端口。此时，在交换机配置界面上不断出现 Ethernet1/0/1 端口 UP-DOWN-UP-DOWN 的现象，同时，PC2 的网络连接不断出现"网络电缆没有插好"的提示，这些结果均表示暂时关闭端口 30 秒的处理已经生效，说明了由于 PC2 的 MAC 地址和交换机 Ethernet1/0/1 端口处的 Security MAC 不匹配，PC2 已经不能正常访问网络。

（3）把 PC3 代替 PC1 连接到 Ethernet1/0/1 端口，PC2 连接到 Ethernet1/0/2 端口，用 ping 命令来测试 PC3 到 PC2 的互通性。结果表示能够互通，说明 PC3 的 MAC 地址和 Ethernet1/0/1 端口绑定成功。

【实验总结】

端口安全能够实现动态的 MAC-端口绑定。通过定义自动学习模式，端口在指定数量范围内自动学习 MAC 地址，并转变为 Security MAC 地址，使得只有源 MAC 地址为 Security MAC 的报文，才能通过该端口。这种方式实现端口绑定灵活方便，大大减少了管理员的工作量。

【实验项目】

学校计算机实验室拥有一百多台计算机供学生上网学习，并且拥有一台 WWW 服务器和一台 FTP 服务器。为方便管理，决定给服务器分配固定的 IP 地址，给学生 PC 自动分配 IP 地址，并在接入交换机上实施端口地址绑定。如果你是网络管理员，该如何进行规划并配置网络？

5.2.2　交换机端口隔离

【引入案例 1】

某个宽带小区的局域网中，1 号楼的用户同属于一个 VLAN，网管小王正在考虑采取什么方法把各个用户隔离开来，使用户之间不能互访，以有效地保护用户的安全。

【引入案例 2】

在学校机房进行上机考试。机房的网络结构如图 5.4 所示，上连核心交换机，由二层交换机连接学生 PC 和教师 PC，学生 PC 考试期间不允许相互访问，只能同教师 PC 进行通信。

【案例分析】

考虑引入案例 1，能够在 1 号楼的楼道交换机上再划分 VLAN，把交换机的每个端口加入不同的 VLAN 吗？这显然是不现实的，会浪费有限的 VLAN 资源。同理，在引入案例 2 中也不适合采用划分 VLAN 的办法。解决此类问题的一个好办法就是采用端口隔离技术。

【基本原理】

端口隔离技术是一种实现在客户端的端口间的足够的隔离度以保证一个客户端不会收到另外一个客户端的流量的技术。端口隔离特性主要用于保护用户数据的私密性，防止恶意攻击者获取用户信息。

采用端口隔离，可以实现同一 VLAN 内部端口之间的隔离。通过端口隔离技术，用户可以将需要进行控制的端口加入到一个隔离组中，实现隔离组中的端口之间二层、三层数据

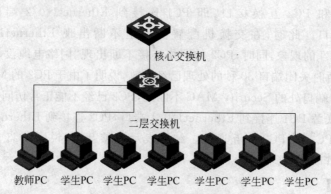

图 5.4　学校机房网络结构

的隔离。使用隔离技术后,隔离端口之间不会产生单播、广播和多播,病毒也不会在隔离计算机之间传播,因此增加了网络安全性,提高了网络性能。

　　加入到隔离组中的端口只能是同一台交换机的端口。配置隔离组后,隔离组内各个端口之间被二层隔离,报文不能互通。隔离组内端口与隔离组外端口,隔离组外端口之间的通信不会受到影响。端口隔离特性与以太网端口所属的 VLAN 无关。

【命令介绍】

1. 将当前以太网端口加入到隔离组

port isolate

【视图】　以太网端口视图

默认情况下,隔离组中没有加入任何以太网端口。

目前一台设备只支持建立一个隔离组,组内以太网端口的数量没有限制。

2. 显示已经加入到隔离组中的以太网端口信息

display isolate port

【视图】　任意视图

【解决方案】

　　实现引入案例 2 中的需求,在接入交换机上实施端口隔离,将需要进行控制的端口——连接学生 PC 的各端口加入到一个隔离组,而连接教师 PC 的端口不做配置,实现学生 PC 之间不能互访,但是学生 PC 可以和教师 PC 互访。实验拓扑如图 5.5 所示,假设 PC1 是教师 PC,PC2 和 PC3 是学生 PC。

【实验设备】

　　交换机 1 台,PC 3 台,标准网线 3 根。

　　说明:本实验二层交换机选择 H3C S3100-16TP-EI-H3-A。

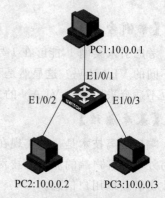

图 5.5　交换机端口隔离实验拓扑

【实施步骤】

步骤 1：按照图 5.5 所示连接好设备，检查设备的软件版本，确保设备软件版本符合要求，配置交换机恢复出厂设置。

（1）检查设备软件版本。

```
<H3C>display version
```

（2）在用户模式下擦除设备配置文件，重启设备使系统恢复默认配置。

```
<H3C>reset saved-configuration
<H3C>reboot
```

步骤 2：按照图 5.5 所示配置 PC 的 IP 地址。

步骤 3：在交换机上配置端口隔离。

```
# 将以太网端口 Ethernet1/0/2 和 Ethernet1/0/3 加入隔离组
<H3C>system-view
[H3C] interface ethernet1/0/2
[H3C-ethernet1/0/2] port isolate
[H3C-ethernet1/0/2] quit
[H3C] interface ethernet1/0/3
[H3C-ethernet1/0/3] port isolate
[H3C-ethernet1/0/3] quit
[H3C]quit
# 显示隔离组中的端口信息
[H3C]display isolate port
 Isolated port(s) on UNIT 1:
 Ethernet1/0/2, Ethernet1/0/3
```

以上信息表示隔离组中的端口有 Ethernet1/0/2 和 Ethernet1/0/3。

步骤 4：端口隔离验证。

（1）在 PC2 上用 ping 命令来测试到 PC3 的互通性。其结果显示超时，表明 PC2 和 PC3 不能互通，处在隔离组内的端口 Ethernet1/0/2 和 Ethernet1/0/3 之间被二层隔离，报文不能互通。

（2）在 PC2 用 ping 命令来测试到 PC1 的互通性，其结果显示可达，能够互通，隔离组内端口 Ethernet1/0/2 与隔离组外端口 Ethernet1/0/1 之间的通信不受影响。

【实验总结】

端口隔离技术加强了 VLAN 内用户的安全性，但是这种技术也有缺点：一是计算机之间的共享不能实现；二是隔离只能在一台交换机上实现，不能在堆叠交换机之间实现，如果是堆叠环境，只能改成交换机之间级联。

【实验项目】

学生需要在机房进行上机考试。机房的计算机分为学生 PC 和教师 PC，考试时学生之间不允许相互访问，考试结束后，学生 PC 需向教师 PC 提交结果。请根据上述需求设置机房网络。

5.3 ACL——访问控制列表

【引入案例】

某公司建设了 Intranet,划分为经理办公室、档案室、网络中心、财务部、研发部和市场部等多个部门,各部门之间通过三层交换机(或路由器)互连,并接入互联网。自从网络建成后麻烦不断,一会儿有人试图偷看档案室的文件或者登录网络中心的设备捣乱,一会儿财务部抱怨研发部的人看了不该看的数据,一会儿领导抱怨员工上班的时候整天偷偷泡网,等等。有什么办法能够解决这些问题呢?

【案例分析】

网络应用与互联网的普及在大幅提高企业的生产经营效率的同时也带来了许多负面影响,例如,数据的安全性、员工经常利用互联网做些与工作不相干的事等。一方面,为了业务的发展,必须允许合法访问网络;另一方面,又必须确保企业数据和资源尽可能安全,控制非法访问,尽可能降低网络所带来的负面影响,这就成了摆在网络管理员面前的一个重要课题。网络安全采用的技术很多,通过访问控制列表(Access Control List,ACL)对数据包进行过滤,实现访问控制,是实现基本网络安全的手段之一。

【基本原理】

ACL 是依据数据特征实施通过或阻止决定的过程控制方法,是包过滤防火墙的一种重要实现方式。ACL 是在网络设备中定义的一个列表,由一系列的匹配规则(rule)组成,这些规则包含了数据包的一些特征,比如源地址、目的地址、协议类型以及端口号等信息,并预先设定了相应的策略——允许(permit)或禁止(deny)数据包通过。ACL 实施到具体的端口上,根据规则对进、出设备的数据包进行匹配,在识别出与数据特征相符的报文后执行允许或禁止通过的动作。

ACL 初期仅在路由器上支持,近些年来已经扩展到三层交换机,部分最新的二层交换机也开始提供 ACL 的支持,但是支持的特性并不是很完善。

基于 ACL 的包过滤防火墙通常配置在路由器的端口上,并且具有方向性。每个端口的出站方向(Outbound)和入站方向(Inbound)均可配置独立的 ACL 进行包过滤。当数据包从端口进入,就会受到该端口上入站方向的防火墙过滤,反之,当数据包即将从端口转发出去时,就会受到该端口上出站方向的防火墙过滤,其工作原理如图 5.6 所示。

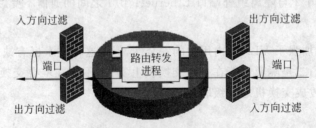

图 5.6 基于 ACL 的包过滤

当路由器收到一个数据包时,如果进入端口处没有启动 ACL 包过滤,则数据包直接提交路由器转发进程处理,如果进入端口处启动了 ACL 包过滤,则数据交给入站防火墙进行过滤,其工作流程如图 5.7 所示。

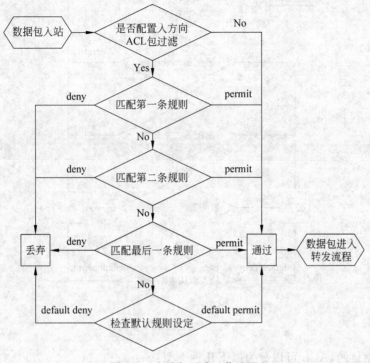

图 5.7　入站包过滤工作流程

一个 ACL 可以包含多条规则,每条规则都定义了一个匹配条件及其相应的动作。ACL 规则的动作即允许或拒绝。

（1）系统用 ACL 的第一条规则的条件来尝试匹配数据包的信息。

（2）如果数据包的特征与规则的条件相符(称数据包命中此规则),则执行规则所设定的动作,如果是 permit,则允许数据包穿过防火墙,交由路由转发进程处理,如果是 deny,则系统丢弃数据包。

（3）如果数据包特征与规则的条件不符,则转下一条规则继续尝试匹配。

（4）如果数据包没有命中任何一条规则的条件,则执行防火墙的默认动作。

需要注意的是,流程图中最后的默认规则用来定义对 ACL 以外的数据包的处理方式,即在没有规则去判定数据包是否可以通过的时候,防火墙所采取的策略是允许还是拒绝。

同样地,当路由器准备从某端口上发出一个数据包时,如果该端口处没有 ACL 启动包过滤,则数据包直接发出;如果该端口处启动了 ACL 包过滤,则数据将交给出站防火墙进行过滤。其工作流程如图 5.8 所示。

ACL 除了可以实现包过滤外,还可以应用在 NAT 技术中帮助实现地址转换功能。此外,由 ACL 定义的数据包匹配规则还可以被其他需要对流量进行区分的功能引用,比如服务质量(Quality of Service,QoS)中分类(Classify)规则的定义;实施路由策略,过滤不需要的路由;连接 STN/ISDN 等的按需拨号,等等。在配置 ACL 的时候,需要定义一个数字序号,并利用这个序号来唯一标识一个 ACL。

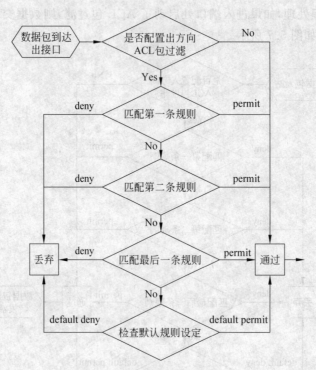

图 5.8　出站包过滤工作流程

根据应用目的,ACL 可以分为以下几种类型:

(1) 基本 ACL(序号为 2000～2999):也称为标准访问控制列表,只根据报文的源 IP 地址信息制定匹配规则。

(2) 高级 ACL(序号为 3000～3999):也称为扩展访问控制列表,根据报文的源 IP 地址信息、目的 IP 地址信息、IP 承载的协议类型和协议的特性等三、四层信息制定匹配规则。其中 3998 与 3999 是系统为集群管理预留的编号,用户无法配置。

(3) 二层 ACL(序号为 4000～4999):根据报文的源 MAC 地址、目的 MAC 地址、VLAN 优先级和二层协议类型等二层信息制定匹配规则。

(4) 用户自定义 ACL(序号为 5000～5999):可以以报文的报文头、IP 头等为基准,指定从第几个字节开始与掩码进行"与"操作,将从报文提取出来的字符串和用户定义的字符串进行比较,找到匹配的报文。

本节重点学习 ACL 包过滤技术中的基本 ACL 和高级 ACL。

5.3.1　基本 ACL

【需求分析】

需求 1:要实现对档案室的访问控制,除了经理办公室外,其他部门禁止访问档案室。

分析 1:这种情况适合采用基本 ACL。基本 ACL 只根据报文的源 IP 地址信息制定匹配规则,比较适合用来过滤从特定网络来的报文的情况。

可以定义以下的基本 ACL,检查访问档案室的数据包,包含两条规则,其中一条规则匹配经理办公室的 IP 地址,动作是 permit;另一条规则匹配其余部门 IP 地址,动作是 deny。

注意：在配置 ACL 前，最重要的步骤就是需求分析，搞清楚需求中要保护什么资源或者要控制什么权限。

【命令介绍】

本节以 H3C 3600 以太网交换机的 ACL 配置为例进行介绍，路由器的有关命令略有不同。ACL 在交换机上的应用方式分为直接下发到硬件和被上层软件引用两种情况。

ACL 直接下发到硬件的情况包括通过 ACL 过滤转发数据、配置 QoS 功能时引用 ACL 等。对于 ACL 直接下发到硬件的情况，一条 ACL 中多个规则的匹配顺序为后下发的规则先匹配。当 ACL 直接下发到硬件对报文进行过滤时，如果报文没有与 ACL 中的规则匹配，此时交换机对此类报文采取的动作为 permit，即允许报文通过。

ACL 被上层软件引用的情况包括路由策略引用 ACL 以及对 Telnet、SNMP 和 Web 登录用户进行控制时引用 ACL 等。用户可以在定义 ACL 的时候指定一条 ACL 中多个规则的匹配顺序。当 ACL 被上层软件引用，对 Telnet、SNMP 和 Web 登录用户进行控制时，如果报文没有与 ACL 中的规则匹配，此时交换机对此类报文采取的动作为 deny，即拒绝报文通过。

ACL 的配置包括以下 3 个步骤：

(1) 配置时间段(可选)。

(2) 定义访问控制列表。

(3) 应用访问控制列表。

1. 定义基本 ACL，并进入相应的 ACL 视图

acl number *acl-number* [**match-order** { **auto** | **config** }]

undo acl { **all** | **number** *acl-number* }

【视图】 系统视图

【参数】 number *acl-number*：ACL 序号，基本 IPv4 ACL 的序号取值范围为 2000～2999。

match-order：指定对该 ACL 规则的匹配顺序，匹配顺序如下：

- auto：按照"深度优先"的顺序进行规则匹配。
- config：按照用户配置规则的先后顺序进行规则匹配。

默认情况下，ACL 规则的匹配顺序为 config。

用户也可以通过本命令修改一个已经存在的 ACL 的匹配顺序，但必须在 ACL 中没有规则的时候修改，对已经包含规则的 ACL 无法修改其匹配顺序。

2. 定义 ACL 规则

定义 ACL 规则包括：(1)指定要匹配的源 IP 地址范围；(2)指定动作是 permit 或 deny。

rule [*rule-id*] { **deny** | **permit** } [*rule-string*]

undo rule *rule-id* [**fragment** | **source** | **time-range**]

【视图】 基本 ACL 视图

【参数】 *rule-id*：ACL 规则编号，取值范围为 0～65 534。

deny：表示丢弃符合条件的数据包。

permit：表示允许符合条件的数据包通过。

rule-string：ACL 规则信息，包括：

- fragment：分片信息。定义规则仅对非首片分片报文有效，而对非分片报文和首片分片报文无效。
- source { *sour-addr sour-wildcard* | any }：指定基本 ACL 规则的源地址信息。*sour-addr* 表示报文的源 IP 地址，采用点分十进制表示；*sour-wildcard* 表示目标子网的反掩码，采用点分十进制表示，*sour-wildcard* 可以为 0，代表主机地址；any 表示任意源 IP 地址。
- time-range *time-name*：指定规则生效的时间。*time-name* 指定规则生效的时间段名称，为 1~32 个字符的字符串，不区分大小写，必须以英文字母 a~z 或 A~Z 开头，为避免混淆，时间段的名字不可以使用英文单词 all。

在命令中需要注意的是：

(1) 在定义基本 ACL 的命令中，*acl-number* 唯一地标识一个 ACL 列表，也称为 ACL 号。一个 ACL 中可以包含多条规则，形成一个组，*rule-id* 就是规则的序号。每个规则都指定不同的报文匹配选项，在和报文进行匹配的时候，系统默认的匹配顺序是 config 方式，即按照用户配置规则的先后顺序进行匹配。这个匹配顺序也可以改成 auto 方式，按照"深度优先"的顺序进行，即系统优先考虑地址范围小的规则。

(2) ACL 规则使用 IP 地址和反掩码来描述一个地址范围。

通配符掩码，也称反掩码，和子网掩码相似，也是由 0 和 1 组成的 32b 掩码，以点分十进制形式表示。反掩码的作用是通过与 IP 地址执行比较操作来标识网络，和子网掩码不同的是，反掩码的比特序列中，1 表示"相应的地址位不需要检查"，0 表示"相应的地址位必须被检查"。表 5.4 给出了通配符掩码的例子。

表 5.4　通配符掩码

通配符掩码	含　义
0.0.0.255	只比较前 24 位
0.0.3.255	只比较前 22 位
0.255.255.255	只比较前 8 位

进行 ACL 包过滤时，具体比较算法如下：

① ACL 规则中的 IP 地址与通配符掩码做异或运算，得到一个地址 X。

② 当前数据包的 IP 地址与通配符掩码做异或运算，得到一个地址 Y。

③ 如果 $X=Y$，则此数据包与规则匹配，反之不匹配。

通配符掩码的应用示例如表 5.5 所示。

表 5.5　通配符掩码的应用示例

IP 地址	通配符掩码	表示的地址范围	IP 地址	通配符掩码	表示的地址范围
192.168.0.1	0.0.0.255	192.168.0.0/24	192.168.0.1	0.255.255.255	192.0.0.0/8
192.168.0.1	0.0.3.255	192.168.0.0/22	192.168.0.1	0.0.0.0	192.168.0.1

通配符掩码中的 0 和 1 可以是不连续的。例如,IP 地址是 192.168.0.1,通配符 0.0.2.255 的二进制表示形式为 00000000 00000000 00000010 11111111,表示 IP 地址的前 22 位和第 24 位必须比较,而第 23 位和最后 8 位不需要比较,则第 23 位可以是 0,也可是 1,后 8 位同理,因此可以被子网 192.168.0.0/24 和 192.168.2.0/24 中的地址命中。

(3) 在删除一条 ACL 规则时,如果不指定其他参数,交换机将这个 ACL 规则完全删除;否则交换机只删除该 ACL 规则中相应的属性信息。

【例】 创建基本 ACL 2000,定义规则 1,禁止源 IP 地址为 192.168.0.1 的报文通过。

```
<H3C>system-view
System View: return to User View with Ctrl+Z.
[H3C] acl number 2000
[H3C-acl-basic-2000] rule 1 deny source 192.168.0.1 0
[H3C-acl-basic-2000] quit
```

3. 在端口上应用 ACL

将 ACL 应用到端口上,配置的 ACL 包过滤才能生效,并且需要指明在接口上应用的方向是 Outbound 还是 Inbound。

packet-filter { **inbound** | **outbound** } *acl-rule*
undo packet-filter { **inbound** | **outbound** } *acl-rule*

【视图】 以太网端口视图

【参数】 *inbound*:表示对端口接收的数据包进行过滤。

outbound:表示对端口发送的数据包进行过滤。

acl-rule:应用的 ACL 规则,可以是多种 ACL 的组合。例如,单独应用一个 IP 型 ACL(基本 ACL 或高级 ACL)中的所有规则:

ip-group *acl-number*

单独应用一个 IP 型 ACL 中的一条规则:

ip-group *acl-number* **rule** *rule-id*

【例】 端口 Ethernet1/0/1 上应用基本 ACL 2000 中的所有规则,对端口接收的数据包进行过滤。假设基本 ACL 2000 已经创建并且相关规则已经存在。

```
<H3C>system-view
System View: return to User View with Ctrl+ Z.
[H3C] interface ethernet1/0/1
[H3C-ethernet1/0/1] packet-filter inbound ip-group 2000
[H3C-ethernet1/0/1] quit
```

4. ACL 包过滤信息显示

1) 显示 ACL 的配置信息

display acl { **all** | *acl-number* }

【视图】 任意视图

需要注意的是,如果用户在配置 ACL 的时候指定了 match-order 参数,则在使用 display acl 命令时,显示的是交换机按照 auto(深度优先)或 config(配置顺序)对 ACL 中的规则进行排序后的结果。

【例】 显示基本 ACL 2000 的配置信息。

```
<H3C>display acl 2000
Basic ACL 2000, 3 rules, match-order is auto
This acl is used in eth 1/0/1
Acl's step is 1
rule 3 permit source 3.3.3.0 0.0.0.255
rule 2 permit source 2.2.0.0 0.0.255.255
rule 1 permit source 1.0.0.0 0.255.255.255
```

表 5.6 是对本例的具体配置信息的一些描述。

表 5.6　display acl 命令显示信息描述表

字　　段	描　　述
Basic ACL 2000	该 ACL 属于基本 ACL,序号为 2000
3 rules	该基本 ACL 包含 3 条规则
Match-order is auto	该基本 ACL 的匹配顺序为"深度优先",如果不显示此字段,则表示匹配顺序为 config(配置顺序)
This acl is used in eth 1/0/1	该基本 ACL 的描述信息
Acl's step is 1	该基本 ACL 的规则序号的步长值为 1
Rule 3 permit source 3.3.3.0　0.0.0.255	该基本 ACL 包含的规则的详细信息

2) 显示包过滤的应用信息

display packet-filter { **interface** *interface-type interface-number* }

【视图】 任意视图

【例】 显示当前交换机 Ethernet 1/0/1 端口上包过滤的应用信息。

```
<H3C>display packet-filter interface Ethernet1/0/1
```

表 5.7 是对本例的具体配置信息的一些描述。

表 5.7　display packet-filter 命令显示信息描述表

字　　段	描　　述
Ethernet1/0/1	应用包过滤的端口
Inbound	应用包过滤的方向,Inbound 表示入方向,Outbound 表示出方向
Acl 2000 rule 0	过滤规则为基本 ACL 2000 的 0 号规则
running	规则的下发状态。running 表示激活;not running 表示没有激活,通常是由于此规则引用的时间段不生效所致

【解决方案】

实现需求 1——"除了经理办公室外,其他部门禁止访问档案室"。

以三层交换机连接档案室、经理办公室以及网络中心的设备为例,在交换机上划分 VLAN 3、VLAN 4 和 VLAN 5,分别把 Ethernet1/0/1、Ethernet1/0/2 和 Ethernet1/0/3 分配给 3 个 VLAN,连接档案室、经理办公室以及网络中心 3 个部门的 PC。公司内部网络地址是 10.1.0.0/16,档案室获得的网络地址是 10.1.3.0/24,经理办公室的网络地址是 10.1.4.0/24,网络中心的网络地址是 10.1.5.0/24,实验拓扑如图 5.9 所示。配置基本 ACL,实现档案室的 PC1 只允许经理办公室的 PC2 访问,而不允许网络中心的 PC3 访问。

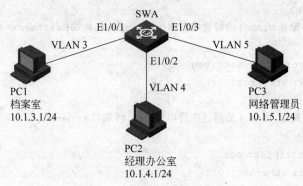

图 5.9　基本 ACL 实验拓扑

【实验设备】

三层交换机 1 台,PC 3 台,标准网线 3 根。

说明:本实验三层交换机选择 H3C S3600-28P-EI-H3-A。

【实施步骤】

步骤 1:建立物理连接。

按图 5.9 进行连接,并确保交换机软件版本符合要求,所有配置为初始状态。

(1) 检查设备软件版本。

```
<H3C>display version
```

(2) 在用户模式下擦除设备配置文件,重启设备使系统恢复默认配置。

```
<H3C>reset saved-configuration
<H3C>reboot
```

步骤 2:配置 PC 的 IP 和网关地址,各设备的 IP 地址规划如表 5.8 所示。

表 5.8　IP 地址列表

设 备 名 称	端　　口	IP 地 址	网　　关
PC1(档案室)	Ethernet1/0/1	10.1.3.1/24	10.1.3.254/24
PC2(经理办公室)	Ethernet1/0/2	10.1.4.1/24	10.1.4.254/24
PC3(网络中心)	Ethernet1/0/3	10.1.5.1/24	10.1.5.254/24

设备名称	端 口	IP 地址	网 关
	VLAN 3	10.1.3.254/24	
交换机 SWA	VLAN 4	10.1.4.254/24	
	VLAN 5	10.1.5.254/24	

步骤 3：三层交换机的基本配置。

```
<H3C> system-view
[H3C] sysname SWA
# 创建 VLAN 3,并配置 VLAN 3 的描述字符串为 archives,将端口 Ethernet1/0/1 加入到 VLAN 3
[SWA] vlan 3
[SWA-vlan3] description archives
[SWA-vlan3] port ethernet1/0/1
[SWA-vlan3] quit
# 创建 VLAN 4,并配置 VLAN 4 的描述字符串为 ceo,将端口 Ethernet1/0/2 加入到 VLAN 4
[SWA] vlan 4
[SWA-vlan4] description ceo
[SWA-vlan4] port ethernet1/0/2
[SWA-vlan4] quit
# 创建 VLAN 5,并配置 VLAN 5 的描述字符串为 noc,将端口 Ethernet1/0/3 加入到 VLAN 5
[SWA] vlan 5
[SWA-vlan5] description noc
[SWA-vlan5] port ethernet1/0/3
[SWA-vlan5] quit
# 创建 VLAN 3、VLAN 4 和 VLAN 5 的接口,IP 地址分别配置为 10.1.3.254、10.1.4.254 和 10.1.5.254
[SWA] interface vlan-interface 3
[SWA-vlan-interface3] ip address 10.1.3.254 24
[SWA-vlan-interface3] quit
[SWA] interface vlan-interface 4
[SWA-vlan-interface4] ip address 10.1.4.254 24
[SWA-vlan-interface4] quit
[SWA] interface vlan-interface 5
[SWA-vlan-interface5] ip address 10.1.5.254 24
[SWA-vlan-interface5] quit
```

至此,完成 3 个 VLAN 之间的互通。

步骤 4：配置基本 ACL 并应用。

(1) 在交换机上定义基本 ACL 如下：

```
# 进入基本 IPv4 ACL 视图,编号为 2000
[SWA] acl number 2000
# 定义网络中心到档案室的访问规则是禁止访问
[SWA-acl-basic-2000] rule 1 deny source 10.1.5.0 0.0.0.255
# 定义经理办公室到档案室的访问规则是允许经理办公室访问
```

```
[SWA-acl-basic-2000] rule 2 permit source 10.1.4.1 0
[SWA-acl-basic-2000] quit
```

注意：3600 交换机的 ACL 直接下发到硬件时，一条 ACL 中多个规则的匹配顺序为后下发的规则先匹配。如果报文没有与 ACL 中的规则匹配，此时交换机对此类报文采取的动作为 permit，即允许报文通过。

（2）应用 ACL：

```
# 将 ACL 2000 应用于连接档案室的 Ethernet1/0/1 出方向的包过滤
[SWA]interface ethernet1/0/1
[SWA-ethernet1/0/1]packet-filter outbound ip-group 2000
```

Ethernet1/0/1 连接档案室的 PC1，3600 交换机在 Ethernet1/0/1 收到报文时，检查报文的源 IP 地址，顺序匹配 rule 2 和 rule 1，来自经理办公室的报文穿过防火墙，而来自网络中心地址的报文则被丢弃。

步骤 5：验证 ACL 作用。

（1）在交换机上通过 display 来查看 ACL 包过滤信息。

```
[SWA] display acl 2000
Basic ACL 2000, 2 rules
Acl's step is 1
rule 1 permit source 10.1.4.1 0
rule 2 deny
[SWA]disp packet-filter interface ethernet1/0/1
Ethernet1/0/1
Outbound:
Acl 2000 rule 1 running
Acl 2000 rule 2 running
```

（2）在 PC2 上使用 ping 命令来测试从 PC2 到 PC1 的可达性，结果表明可达。

（3）在 PC3 上使用 ping 命令来测试从 PC3 到 PC1 的可达性，结果表明不可达。

【实验总结】

网络中的结点分为资源结点和用户结点，资源结点提供数据或服务，用户结点访问资源结点所提供的数据与服务。ACL 的主要功能就是保护资源结点，阻止非法用户对资源结点的访问，另一方面也限制特定的用户结点所能具备的访问权限。

在配置 ACL 包过滤之前，首先要根据需求做好规划：

（1）需要使用何种 ACL？

（2）ACL 规则的动作是 deny 还是 permit？

（3）ACL 规则中的通配符掩码应该是什么？

（4）ACL 包过滤应该应用在路由器或交换机的哪个端口的哪个方向上？

【拓展思考】

在本节实验中如果 3600 交换机再接入其他部门，如研发部（10.1.6.0/24），要实现需求"除了经理办公室外，其他部门禁止访问档案室"，原有的 ACL 2000 是否需要修改？为什么？如果要修改，应如何修改？

5.3.2　高级ACL

【需求分析】

需求 2：除了网络管理员，不允许普通用户执行 Telnet 操作。

分析 2：基本 ACL 只能过滤特定源 IP 地址的数据包，如果要针对 IP 承载的协议特征进行访问控制，则需要使用高级 ACL。因此，定义的高级 ACL 应包含两条规则：检查访问网络设备（交换机或路由器）的数据包，一条规则匹配网络管理员 PC 的 IP 地址，他能够进行 Telnet 操作，动作是 permit；另一条规则匹配其他部门 IP 地址，动作是 deny。

【命令介绍】

1. 配置高级 ACL，指定 ACL 序号

acl number *acl-number* [**match-order** { **auto** | **config** }]
undo acl { **all** | **number** *acl-number* }

【视图】　系统视图

【参数】　*number acl-number*：ACL 序号，高级 IPv4 ACL 的序号取值范围为 3000～3999。

2. 定义规则

（1）指定要匹配的源 IP 地址、目的 IP 地址、IP 承载的协议类型和协议端口号等信息。

（2）指定动作是 permit 或 deny。

rule [*rule-id*] { **deny** | **permit** } *protocol* [*rule-string*]
undo rule *rule-id* [**destination** | **destination-port** | **dscp** | **fragment** | **icmp-type** |
　　precedence | **source** | **source-port** | **time-range** | **tos**] *

【视图】　高级 ACL 视图

【参数】　*rule-id*：ACL 规则编号，取值范围为 0～65 534。

deny：表示丢弃符合条件的数据包。

permit：表示允许符合条件的数据包通过。

protocol：IP 承载的协议类型。用数字表示时，取值范围为 1～255；用名字表示时，可以选取 gre(47)、icmp(1)、igmp(2)、ip、ipinip(4)、ospf(89)、tcp(6)和 udp(17)。

rule-string：ACL 规则信息，主要有以下几项：

- source { *sour-addr sour-wildcard* | any }：*sour-addr sour-wildcard* 用来确定数据包的源地址，点分十进制表示；any 代表任意源地址。
- destination { *dest-addr sour-wildcard* | any }：*dest-addr sour-wildcard* 指定规则的目的 IP 地址，点分十进制表示；any 代表任意源地址。
- precedence *precedence*：报文 IP 的优先级，用数字表示时，取值范围为 0～7。
- dscp *dscp*：报文 DSCP 优先级，用数字表示时，取值范围为 0～63。
- tos *tos*：报文 ToS 优先级，用数字表示时，取值范围为 0～15。

（3）time-range *time-name*：指定规则生效的时间。

当 *protocol* 协议类型选择为 TCP 或者 UDP 时,用户还可以定义以下内容:

- source-port *operator port*1 [*port*2]:定义 UDP/TCP 报文的源端口信息。
- destination-port *operator port*1 [*port*2]:定义 UDP/TCP 报文的目的端口信息。

  operator 为操作符,取值可以为 lt(小于)、gt(大于)、eq(等于)、neq(不等于)或者 range(在指定范围内)。

  *port*1、*port*2:TCP 或 UDP 的端口号,用名字或数字表示,数字的取值范围为 0~65 535。

- established:表示此条规则仅对 TCP 建立连接的第一个 SYN 报文有效。

【**例**】　创建高级 ACL 3001,定义规则 1,允许从 129.9.0.0/16 网段的主机向 202.38.160.0/24 网段的主机发送的目的端口号为 80 的 TCP 报文通过。

```
[H3C] acl number 3001
[H3C-acl-adv-3001] rule 1 permit tcp source 129.9.0.0 0.0.255.255 destination
202.38.160.0 0.0.0.255 destination-port eq 80
```

【**解决方案**】

实验拓扑如图 5.9 所示。配置高级 ACL,实现网络管理员的 PC3(10.1.5.1)可以使用 Telnet 远程登录交换机,而其他部门的 PC 无法执行 telnet 操作。

【**实验设备**】

三层交换机 1 台,PC 3 台,标准网线 3 根。

说明:本实验三层交换机选择 H3C S3600-28P-EI-H3-A。

【**实施步骤**】

在 5.3.1 节实验基础上进行操作。

步骤 1:设置交换机的 Telent 登录方式。

```
# 默认 VLAN 1 为交换机的管理 VLAN
[SWA] interface vlan-interface 1
# 配置管理 VLAN 1 接口的 IP 地址为 10.1.1.1
[SWA-Vlan-interface1] ip address 10.1.1.1 255.255.255.0
[SWA-Vlan-interface1] quit
# 设置通过 VTY0~VTY4 口登录交换机的 Telnet 用户进行 Password 认证,设置用户的认证口令为
  明文方式,口令为 123456,登录后可以访问的命令级别为 2 级,设置 VTY0~VTY4 用户界面支持
  Telnet 协议
[SWA] user-interface vty 0 4
[SWA-ui-vty0-4] authentication-mode password
[SWA-ui-vty0-4] set authentication password simple 123456
[SWA-ui-vty0-4] user privilege level 2
[SWA-ui-vty0-4] protocol inbound telnet
[SWA] quit
```

步骤 2:配置高级 ACL 并应用。

(1) 在交换机定义 ACL 如下:

进入高级 IPv4 ACL 视图,编号为 3001

```
[SWA] acl number 3001
```

定义其他部门地址的访问规则,禁止 Telnet

```
[SWA-acl-adv-3001] rule 1 deny tcp source any destination any destination-port
eq telnet
```

定义网络管理员的访问规则,允许源地址 10.1.5.1/24 Telnet 所有目的地

```
[SWA-acl-basic-3001] rule 2 permit tcp source 10.1.5.1 0.0.0.0 destination any
destination-port eq telnet
[SWA-acl-adv-3001] quit
```

(2) 应用 ACL。

将 ACL 3001 用于交换机连接 PC 端口进方向的包过滤

```
[SWA] interface ethernet1/0/1
[SWA-ethernet1/0/1] packet-filter inbound ip-group 3001
[SWA-ethernet1/0/1] interface ethernet1/0/2
[SWA-ethernet1/0/2] packet-filter inbound ip-group 3001
[SWA-ethernet1/0/2] interface ethernet1/0/3
[SWA-ethernet1/0/3] packet-filter inbound ip-group 3001
[SWA-ethernet1/0/3] quit
```

步骤 3:验证 ACL 作用。

(1) 在交换机上通过 display 来查看 ACL 和包过滤的应用信息。

```
[SWA] display acl 3001
Advanced ACL 3001, 2 rules
Acl's step is 1
 rule 1 deny tcp destination-port eq telnet
 rule 2 permit tcp source 10.1.5.1 0 destination-port eq telnet
[H3C] disp packet-filter interface e1/0/1
Ethernet1/0/1
 Inbound:
 Acl 3001 rule 1 running
 Acl 3001 rule 2 running
Ethernet1/0/1
 Outbound:
 Acl 2000 rule 1 running
 Acl 2000 rule 2 running
```

(2) 在 PC3 上使用 Telnet 命令远程登录交换机 10.1.1.1,结果表明登录成功。

(3) 在 PC1、PC2 上使用 Telnet 命令远程登录交换机 10.1.1.1,结果表明登录不成功。

步骤 4:如果交换机其他端口还连接着其他部门的 PC,假设这些端口并没有应用 ACL 3001,则通过这些端口普通用户还是能够使用 Telnet 登录交换机,而且使用高级 ACL 会消耗很多资源,因为需要匹配的条件越多,消耗系统资源越多。实际上,控制对网络设备自身的 Telnet 访问可以采用由上层软件引用 ACL 的方式。

注意:ACL 被上层软件引用时,用户可以指定一条 ACL 中多个规则的匹配顺序,默认

匹配顺序为 config,即按照用户配置规则的先后顺序进行规则匹配。

```
# 取消应用 ACL 3001
[SWA] interface ethernet1/0/1
[SWA-ethernet1/0/1] undo packet-filter inbound ip-group 3001
[SWA-ethernet1/0/1] interface ethernet1/0/2
[SWA-ethernet1/0/2] undo packet-filter inbound ip-group 3001
[SWA-ethernet1/0/2] interface ethernet1/0/3
[SWA-ethernet1/0/3] undo packet-filter inbound ip-group 3001
[SWA-ethernet1/0/3] quit
# 取消 ACL 3001
[SWA] undo acl number 3001
# 定义基本 ACL
[SWA] acl number 2001
# 定义规则,网络管理员的 IP 允许通过
[SWA-acl-basic-2001] rule 1 permit ip source 10.1.5.1 0.0.0.0
# 定义规则,其他部门的 IP 拒绝通过
[SWA-acl-basic-2001] rule 2 deny any
[SWA-acl-basic-2001] quit
# 将 ACL 应用到 VTY 口,VTY 口属于逻辑终端线,用于对设备进行 Telnet 或 SSH 访问
[SWA] user-interface vty 0 4
[SWA-ui-vty0-4]acl 2001 inbound
```

返回步骤 4 验证 ACL 的作用。

【实验总结】

基本 ACL 只根据报文的源 IP 地址信息制定匹配规则,其应用的场合有限。高级 ACL 可以使用报文的源 IP 地址信息、目的 IP 地址信息、IP 承载的协议类型和协议的特性(例如 TCP 或 UDP 的源端口、目的端口、TCP 标记、ICMP 协议的消息类型和消息码等)等信息来 制定匹配规则,其功能更加强大和细化,但是也比基本 ACL 要消耗设备更多的资源。在实 际应用中必须认真分析需求,合理使用。

网络中有多台交换机或路由器的情况下,在实施 ACL 过程中,要注意在网络中的正确 位置部署 ACL,即尽量在靠近数据源的设备接口上配置 ACL,以减少不必要的流量转发。 对于高级 ACL,应该在靠近被过滤源的接口上应用 ACL,以尽早阻止不必要的流量进入网 络。对于基本 ACL,过于靠近被过滤源的基本 ACL 有可能阻止该源访问合法目的,应该在 不影响其他合法访问的前提下,尽可能靠近被过滤的源。

【拓展思考】

假设允许采用 Web 方式远程配置网络设备,应如何实现"除了网络管理员,不允许普通 用户能够使用 Web 方式登录到网络设备"的需求?

5.3.3　ACL 综合案例

【案例描述】

某公司建设了 Intranet,划分为经理办公室、档案室、网络中心、财务部、研发部和市场

部等多个部门,各部门之间通过三层交换机互连,并通过路由器接入互联网。自从网络建成后麻烦不断,一会儿有人试图偷看档案室的文件或者登录网络中心的设备捣乱,一会儿市场部抱怨研发部的人看了不该看的数据,一会儿领导抱怨员工上班时候整天偷偷泡网,等等。公司要求网络管理员针对各部门的安全需求设置 ACL,实现访问控制。

【拓扑结构】

该公司内网拓扑如图 5.10 所示。

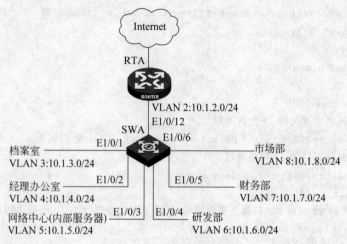

图 5.10　公司内网拓扑

【需求分析】

需求 1:除了经理办公室(10.1.4.1)外,其他部门禁止访问档案室(10.1.3.1)的文件。

需求 2:除了网络管理员(10.1.5.1),不允许普通用户执行 Telnet 操作。

需求 3:网络中心只对员工开放 Web 服务器(10.1.5.33)的 HTTP 服务、FTP 服务器(10.1.5.34)的 FTP 服务和数据库服务器的数据库访问服务(10.1.5.35:1521)。

需求 4:数据库服务器存放了大量的市场信息,要求除了研发部的领导(10.1.6.1)可以访问到网络中心的数据库外,研发部其他人员不能访问数据库。

需求 5:公司领导要求上班时间内(9:00~18:00)禁止员工禁止使用 QQ 和 MSN。

下面以表格形式列出需求,见表 5.9。

表 5.9　需求分析

需求	应用	协议	源地址/反掩码	源端口	目的地址/反掩码	目的端口	操作
1		IP	10.1.4.1/32 经理办公室		10.1.3.1/32 档案室		允许访问
		IP	Any		10.1.3.1/32 档案室		禁止访问
2		IP	10.1.5.1/32 网络管理员		VTY(SWA、RTA)		允许访问
		IP	Any		VTY(SWA、RTA)		禁止访问
3	WEB	TCP	10.1.0.0/16 所有员工	所有	10.1.5.33/32	80	允许访问
	FTP	TCP	10.1.0.0/16 所有员工	所有	10.1.5.34/32	21	允许访问

续表

需求	应用	协议	源地址/反掩码	源端口	目的地址/反掩码	目的端口	操作
3	数据库	TCP	10.1.0.0/16 所有员工	所有	10.1.5.35/32	1521	允许访问
	其他	TCP	10.1.0.0/16	所有	10.1.5.0/24	所有	禁止访问
4	数据库	TCP	10.1.6.1/32 研发部领导	所有	10.1.5.35/32	1521	允许访问
	数据库	TCP	10.1.6.0/24 研发部	所有	10.1.5.35/32	1521	禁止访问
	分析说明：需求 3、4 涉及服务器数据保护，合并处理。默认其他服务禁止访问						
5	QQ	TCP	10.1.0.0/16	所有	所有	8000	限时访问
	QQ	UDP	10.1.0.0/16	所有	所有	8000	限时访问
	QQ	UDP	10.1.0.0/16	所有	所有	4000	限时访问
	MSN	TCP	10.1.0.0/16	所有	所有	1863	限时访问
	HTTP 代理	TCP	10.1.0.0/16	所有	所有	8080	限时访问
	HTTP 代理	TCP	10.1.0.0/16	所有	所有	3128	限时访问
	Socks	TCP	10.1.0.0/16	所有	所有	1080	限时访问
	分析说明：QQ 登录使用 TCP、UDP/8000 端口，还有可能使用 UDP/4000 端口，MSN 使用 TCP/1863 端口。这些软件都能支持代理服务器，目前的代理服务器主要部署在 TCP/8080、TCP/3128（HTTP 代理）和 TCP/1080（Socks）这 3 个端口上						

【解决方案】

公司按部门划分 VLAN，实验拓扑如图 5.11 所示，地址规划如表 5.10 所示。根据表 5.9 中的需求分析，设置基本 ACL 和高级 ACL，并正确部署。

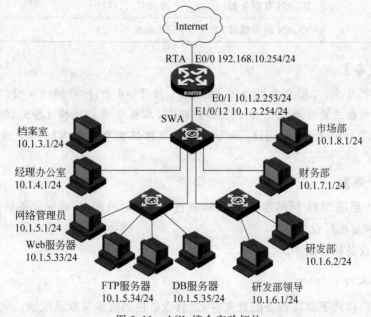

图 5.11　ACL 综合实验拓扑

表 5.10　IP 地址列表

设备名称	接　　口	IP 地址	网　　关
档案室 PC	SWA Ethernet1/0/1	10.1.3.1/24	10.1.3.254/24
经理办公室 PC	SWA Ethernet1/0/2	10.1.4.1/24	10.1.4.254/24
网络中心管理员 PC	SWA Ethernet1/0/3	10.1.5.1/24	10.1.5.254/24
Web 服务器	SWA Ethernet1/0/3	10.1.5.33/24	10.1.5.254/24
FTP 服务器	SWA Ethernet1/0/3	10.1.5.34/24	10.1.5.254/24
数据库服务器	SWA Ethernet1/0/3	10.1.5.35/24	10.1.5.254/24
研发部主任 PC	SWA Ethernet1/0/4	10.1.6.1/24	10.1.6.254/24
研发部职员 PC	SWA Ethernet1/0/4	10.1.6.2/24	10.1.6.254/24
财务部 PC	SWA Ethernet1/0/5	10.1.7.1/24	10.1.7.254/24
市场部 PC	SWA Ethernet1/0/6	10.1.8.1/24	10.1.8.254/24
外网	RTA Ethernet0/0	192.168.10.253/24	
路由器 RTA	Ethernet0/0	192.168.10.254/24	
路由器 RTA	Ethernet0/1	10.1.2.253/24	
三层交换机 SWA	VLAN 2(连接路由器)	10.1.2.254/24	
	VLAN 3(档案室)	10.1.3.254/24	
	VLAN 4(经理办公室)	10.1.4.254/24	
	VLAN 5(网络中心)	10.1.5.254/24	
	VLAN 6(研发部)	10.1.6.254/24	
	VLAN 7(财务部)	10.1.7.254/24	
	VLAN 8(市场部)	10.1.8.254/24	

【实验设备】

三层交换机 1 台,二层交换机 2 台,路由器 1 台,PC 6 台,标准网线 9 根。

说明:本实验三层交换机选择 S3600-28P-EI,二层交换机选择 LS-S3100-16C-SI-AC,路由器选择 RT-MSR2021-AC-H3。测试 PC 可以根据需要安装 VMware 虚拟机软件,模拟各部门的 PC。

【实施步骤】

步骤 1:按照图 5.11 所示连接好设备,检查设备的软件版本,确保设备软件版本符合要求,配置设备恢复出厂设置。

(1) 检查设备软件版本。

```
<H3C>display version
```

(2) 在用户模式下擦除设备配置文件,重启设备使系统恢复默认配置。

```
<H3C>reset saved-configuration
```

```
<H3C>reboot
```

步骤 2：根据表 5.10 配置 PC 地址，完成交换机和路由器的基本配置，实现各部门 VLAN 间的互通。

(1) 配置 SWA。

```
<H3C>system-view
[H3C] sysname SWA
# 设置交换机 SWA 的 Telent 登录方式
# 设置交换机管理 VLAN.默认 VLAN 1 为交换机的管理 VLAN
[SWA] interface vlan-interface 1
# 配置管理 VLAN 1 接口的 IP 地址为 10.1.1.1
[SWA-vlan-interface1] ip address 10.1.1.1 255.255.255.0
[SWA-vlan-interface1] quit
# 设置通过 VTY0~VTY4 口登录交换机的 Telnet 用户进行 Password 认证,设置用户的认证口令为
  明文方式,口令为 123456,登录后可以访问的命令级别为 2 级,设置 VTY0~VTY4 用户界面支持
  Telnet 协议
[SWA] user-interface vty 0 4
[SWA-ui-vty0-4] authentication-mode password
[SWA-ui-vty0-4] set authentication password simple 123456
[SWA-ui-vty0-4] user privilege level 2
[SWA-ui-vty0-4] protocol inbound telnet
[SWA-ui-vty0-4] quit
# 创建 VLAN 2~VLAN 8,并将各端口加入到对应的 VLAN
# 上联 VLAN 2
[SWA] vlan 2
[SWA-vlan2] description linkRouter
[SWA-vlan2] port ethernet1/0/12
[SWA-vlan2] quit
# 档案室 VLAN 3
[SWA] vlan 3
[SWA-vlan3] description arch
[SWA-vlan3] port ethernet1/0/1
[SWA-vlan3] quit
# 经理办公室 VLAN 4
[SWA] vlan 4
[SWA-vlan4] description ceo
[SWA-vlan4] port ethernet1/0/2
[SWA-vlan4] quit
# 网络中心 VLAN 5
[SWA] vlan 5
[SWA-vlan5] description noc
[SWA-vlan5] port ethernet1/0/3
[SWA-vlan5] quit
# 研发部 VLAN 6
[SWA] vlan 6
```

```
[SWA-vlan6] description dev
[SWA-vlan6] port ethernet1/0/4
[SWA-vlan6] quit
```
财务部 VLAN 7
```
[SWA] vlan 7
[SWA-vlan7] description fin
[SWA-vlan7] port ethernet1/0/5
[SWA-vlan7] quit
```
市场部 VLAN 8
```
[SWA] vlan 8
[SWA-vlan8] description mark
[SWA-vlan8] port ethernet1/0/6
[SWA-vlan8] quit
```
创建 VLAN 接口,配置 IP
```
[SWA] interface vlan-interface 2
[SWA-vlan-interface2] ip address 10.1.2.254 24
[SWA-vlan-interface2] quit
[SWA] interface vlan-interface 3
[SWA-vlan-interface3] ip address 10.1.3.254 24
[SWA-vlan-interface3] quit
[SWA] interface vlan-interface 4
[SWA-vlan-interface4] ip address 10.1.4.254 24
[SWA-vlan-interface4] quit
[SWA] interface vlan-interface 5
[SWA-vlan-interface5] ip address 10.1.5.254 24
[SWA-vlan-interface5] quit
[SWA] interface vlan-interface 6
[SWA-vlan-interface6] ip address 10.1.6.254 24
[SWA-vlan-interface6] quit
[SWA] interface vlan-interface 7
[SWA-vlan-interface7] ip address 10.1.7.254 24
[SWA-vlan-interface7] quit
[SWA] interface vlan-interface 8
[SWA-vlan-interface8] ip address 10.1.8.254 24
[SWA-vlan-interface8] quit
```
配置默认路由,下一跳为 RTA 地址
```
[SWA] ip route-static 0.0.0.0 0.0.0.0 10.1.2.253
```

(2) 配置 RTA。

```
<H3C> system-view
[H3C] sysname RTA
```
设置路由器 RTA 的 Telent 登录方式
设置通过 VTY0~VTY4 口登录路由器的 Telnet 用户进行 Password 认证,设置用户的认证口令为明文方式,口令为 123456,登录后可以访问的命令级别为 2 级,设置 VTY0~VTY4 用户界面支持 Telnet 协议

```
[RTA] user-interface vty 0 4
[RTA-ui-vty0-4] authentication-mode password
[RTA-ui-vty0-4] set authentication password simple 123456
[RTA-ui-vty0-4] user privilege level 2
[RTA-ui-vty0-4] protocol inbound telnet
[RTA-ui-vty0-4] quit
# 连接交换机端口配置 IP
[RTA] interface ethernet0/1
[RTA-ethernet0/1] ip address 10.1.2.253 255.255.255.0
[RTA-ethernet0/1] quit
# 连接外网端口配置 IP
[RTA] interface ethernet0/0
[RTA-ethernet0/0] ip address 192.168.10.254 255.255.255.0
[RTA-ethernet0/0] quit
# 配置静态路由及默认路由
[RTA] ip route-static 10.1.0.0 255.255.0.0 10.1.2.254
[RTA] ip route-static 0.0.0.0 0.0.0.0 192.168.10.253
```

步骤 3：使用 ping 命令测试各部门 VLAN 间的互通性，结果可达。

步骤 4：配置 ACL 并应用。

1）实现需求 1

配置 SWA：

```
# 定义基本 ACL
[SWA] acl number 2000
# 定义其他部门到档案室的访问规则，禁止访问
[SWA-acl-adv-2000] rule 1 deny source any
# 定义经理办公室到档案室的访问规则，允许经理办公室访问
[SWA-acl-adv-2000] rule 2 permit source 10.1.4.1 0
[SWA-acl-adv-2000] quit
# ACL 部署在连接档案室的接口 Ethernet1/0/1，出方向
[SWA] interface ethernet1/0/1
[SWA-ethernet1/0/1] packet-filter outbound ip-group 2000
[SWA-ethernet1/0/1] quit
```

2）实现需求 2

（1）配置 SWA。

```
# 定义基本 ACL
[SWA] acl number 2001
# 定义网络管理员到交换机的访问规则，允许 Telnet
[SWA-acl-adv-2001] rule 1 permit ip source 10.1.5.1 0.0.0.0
# 定义其他部门到交换机的访问规则，拒绝 Telnet
[SWA-acl-adv-2001] rule 2 deny any
[SWA-acl-adv-2001] quit
# 将 ACL 部署到 VTY 口
```

```
[SWA] user-interface vty 0 4
[SWA-ui-vty0-4] acl 2001 inbound
[SWA-ui-vty0-4] quit
```

（2）配置 RTA。

```
# 定义基本 ACL
[RTA] acl number 2001
# 定义网络管理员到路由器的访问规则,允许 Telnet
[SWA-acl-adv-2001] rule 1 permit source 10.1.5.1 0
[SWA-acl-adv-2001] quit
# 将 ACL 部署到 VTY 口
[SWA] user-interface vty 0 4
[SWA-ui-vty0-4]acl 2001 inbound
```

说明：

① 路由器上启用 ACL,必须使能 IP 防火墙功能,命令为

firewall enable

② 路由器上 IPv4 基本 ACL 定义规则的命令为：

rule [*rule-id*] { **deny** | **permit** } [**counting** | **fragment** | **logging** | **source** { *sour-addr sour-wildcard* | **any** } | **time-range** *time-range-name* |

③ 路由器上使用 ACL 对当前用户界面的使用权限进行限制的命令为

acl acl-number { **inbound** | **outbound** } (基本/高级 ACL 支持)

【视图】 VTY 用户界面视图

【参数】 inbound：表示对使用该用户界面建立的 Telnet 或者 SSH 连接进行限制,当设备收到的 Telnet 或者 SSH 连接报文符合 ACL 规则时,才允许建立连接。当设备作为 Telnet 服务器或 SSH 服务器时,通常使用该参数对 Telnet 客户端或 SSH 客户端进行限制。

outbound：表示对使用该用户界面建立的 Telnet 连接进行限制,当设备发送的 Telnet 连接报文符合 ACL 规则时,才允许建立连接。当设备作为 Telnet 客户端时,通常使用该参数对可以访问的 Telnet 服务器进行限制。

默认情况下,系统不对用户界面的使用权限进行限制。

如果 VTY 用户界面下没有配置 ACL,则使用该用户界面建立 Telnet 或者 SSH 连接时不进行限制;如果 VTY 用户界面下配置了 ACL,则只有匹配上 permit 规则的允许建立连接。

（3）实现需求 3、4。

配置 SWA：

```
# 定义高级 ACL
[SWA]·acl number 3001
# 定义各部门的访问规则,禁止访问网络中心除开放服务器外的其他地址
```

[SWA-acl-adv-3001] rule 1 deny tcp source any destination 10.1.5.0 0.0.0.255

定义各部门允许访问 WWW 服务器

[SWA-acl-adv-3001] rule 2 permit tcp source any destination 10.1.5.33 0 destination-port eq www

定义各部门允许访问 FTP 服务器

[SWA-acl-adv-3001] rule 3 permit tcp source any destination 10.1.5.34 0 destination-port eq ftp

定义各部门允许访问数据库服务器

[SWA-acl-adv-3001] rule 4 permit tcp source any destination 10.1.5.35 0 destination-port eq 1521

定义研发部禁止访问数据库服务器

[SWA-acl-adv-3001] rule 5 deny tcp source 10.1.6.0 0.0.0.255 destination 10.1.5.35 0 destination-port eq 1521

定义研发部领导允许访问数据库服务器

[SWA-acl-adv-3001] rule 5 deny tcp source 10.1.6.1 0.0.0.0 destination 10.1.5.35 0 destination-port eq 1521

[SWA-acl-adv-3001] quit

注意：交换机的 ACL 直接下发到硬件时，一条 ACL 中多个规则的匹配顺序为后下发的规则先匹配。最为精确匹配的 ACL 规则应写在最后面。

ACL 部署在连接网络中心的接口 Ethernet1/0/3,出方向

[SWA] interface ethernet1/0/3

[SWA-ethernet1/0/3] packet-filter outbound ip-group 3001

（4）实现需求 5。

配置 SWA：

定义周期时间段,时间范围为每天的 9:00-18:00

[SWA] time-range workinghours 9:00 to 18:00 daily

定义高级 ACL

[SWA] acl number 3002

定义规则禁止使用 QQ 和 MSN

[SWA-acl-adv-3002] rule 1 deny tcp source 10.1.0.0 0.0.255.255 destination any destination-port eq 8000 time-range workinghours

[SWA-acl-adv-3002] rule 2 deny udp source 10.1.0.0 0.0.255.255 destination any destination-port eq 8000 time-range workinghours

[SWA-acl-adv-3002] rule 3 deny udp source 10.1.0.0 0.0.255.255 destination any destination-port eq 4000 time-range workinghours

[SWA-acl-adv-3002] rule 4 deny tcp source 10.1.0.0 0.0.255.255 destination any destination-port eq 1863 time-range workinghours

[SWA-acl-adv-3002] rule 5 deny tcp source 10.1.0.0 0.0.255.255 destination any destination-port eq 8080 time-range workinghours

[SWA-acl-adv-3002] rule 6 deny tcp source 10.1.0.0 0.0.255.255 destination any destination-port eq 3128 time-range workinghours

[SWA-acl-adv-3002] rule 7 deny tcp source 10.1.0.0 0.0.255.255 destination any destination-port eq 1080 time-range workinghours

```
[SWA-acl-adv-3002] quit
# ACL 部署在连接出口路由器的接口 Ethernet1/0/2,出方向
[SWA]interface ethernet1/0/10
[SWA-ethernet1/0/10] packet-filter outbound ip-group 3002
[SWA-ethernet1/0/10] quit
```

步骤 5：测试 ACL。测试 PC 模拟各部门的 PC 按需求 1～5 进行测试(按表 5.11 格式完成测试)。

表 5.11　ACL 实验测试表

序号	测试目标	源　地　址	测试方法	结　　果
1	档案室(IP:　　　)	经理办公室　(IP:　　　)		□可访问 □不可访问
2	档案室(IP:　　　)	其他部门　　(IP:　　　)		□可访问 □不可访问
3	Telnet 交换机	网管　　　　(IP:　　　)		□可访问 □不可访问
4	Telnet 交换机	其他部门　　(IP:　　　)		□可访问 □不可访问
5	Telnet 路由器	网管　　　　(IP:　　　)		□可访问 □不可访问
6	Telnet 路由器	其他部门　　(IP:　　　)		□可访问 □不可访问
7	Web 服务器	部门　　　　(IP:　　　)		□可访问 □不可访问
8	FTP 服务器	部门　　　　(IP:　　　)		□可访问 □不可访问
9	数据库服务器	研发部　　　(IP:　　　)		□可访问 □不可访问
10	数据库服务器	研发部领导　(IP:　　　)		□可访问 □不可访问
11	数据库服务器	其他部门　　(IP:　　　)		□可访问 □不可访问
12	QQ	部门　　　　(IP:　　　)		□可访问 □不可访问
13	MSN	部门　　　　(IP:　　　)		□可访问 □不可访问

【拓展思考】

假设公司的工资查询服务器安装在财务部,要求除工作时间外任何人不能访问工资查询服务器。另外,如果公司不希望市场部能够访问财务处除工资查询服务器外的所有数据,那么该如何设置 ACL?

【实验项目】

某学校校园网通过一台路由器接入 Internet,内部划分为学生机房、教师办公区、教师宿舍区和网络中心 4 个区,并通过一台三层交换机进行互连,其中网络中心提供了对内的 WWW 服务和 VoD 服务。要求实现下面的安全控制:(1)学校要求上课时间学生机房禁止访问 Internet 和 VoD 服务,教师办公区在上班时间也禁止访问 VoD 服务;(2)学生不能获得教师宿舍区的数据;(3)校园网的网络设备和服务器除了网络中心的人外,其他人不能进行配置。

5.4　防火墙

5.4.1　防火墙基本配置

【引入案例】

某小学校园网络建成后,由于接入 Internet,网络管理员发现内部服务器以及整个网络

频繁遭到网络攻击,网络攻击造成了严重的网络堵塞。由于攻击类型种类繁多,在交换机上配置 ACL 只能起到有限的保护作用,而且配置 ACL 规则对于网络管理员来说要求太高了,管理员非常头疼。

【案例分析】

刚刚开始出现网络安全问题的时候,人们比较习惯于使用路由器来隔断不同网络之间的数据,在转发数据包之前先对数据进行分析和判断。但是由于网络环境的日益复杂,安全问题逐渐增多,路由器既要肩负路由的重任,又要对数据进行分析和过滤,这将极大地增加路由器的负荷,造成网络瓶颈。另外,在路由器上进行包过滤只能针对二层(数据链路层)、三层(网络层)和四层(传输层)数据,对于应用层来说是透明的,也就是说包过滤只能控制到主机一级,无法控制包的内容与用户一级,因此有很大的局限性。

所以,上述案例中的网络还需要购买专门的安全设备来提高网络的安全性。通常应在出口安装防火墙或者 UTM(Unified Threat Management,统一威胁管理)系统设备。

【基本原理】

在中世纪的城堡防卫系统中,人们为了保护城堡的安全,在城堡的周围挖一条护城河,每一个进入城堡的人都要经过吊桥,并接受城门守卫的检查。人们借鉴了这种防护思想设计了一种网络安全防护系统,称为防火墙。在网络中的防火墙用于阻隔网络中的"火"——不安全的通信。目前,构筑防火墙是保护网络安全最主要的手段之一。

从最初的双堡垒主机到包过滤防火墙,再到动态包过滤防火墙和现在的状态检测防火墙、自适应代理防火墙,防火墙设备越来越智能,也越来越快速,目前,百兆和千兆防火墙已经被广泛运用在各种各样的网络中。

近年来,随着网络规模的不断扩张、应用的不断增多,连续爆发的蠕虫病毒和频繁而出的垃圾邮件已经成为网络中最令人头痛的问题,用户也对网关安全防护过滤设备提出了更高的管理要求。除了对传统网络层的攻击检测和防护之外,如何防御及解决应用层问题逐渐成为整个安全业界和用户的关注重心。UTM 系统可以说是应运而生,它集合了防火墙、防病毒网关、IPS\IDS 入侵防御与检测、防垃圾邮件网关、VPN 网关、流量整形网关、Anti-DoS 反拒绝服务网关、用户身份认证网关、审计网关、BT 控制网关、IM(即时通信)控制网关和应用提升网关(网游 VOIP 流媒体支持)等功能于一体,采用专门设计的硬件平台和专用的安全操作系统,采用硬件独立总线架构和病毒检测专用模块,在提升产品功能的同时保证产品在千兆环境下的高性能。

本节仅介绍防火墙的一些基本知识。

1. 防火墙的位置

防火墙是在网络之间执行控制策略的系统。在设计防火墙时,人们这样假设:防火墙保护的内部网络是"可信任的网络"(trusted network),而外部网路是"不可信任的网络"(untrusted network)。设置防火墙的目的是保护内部网络资源不被外部非授权用户使用,防止内部网络受到外部非法用户的攻击,因此防火墙安装的位置在内网和外网之间,如图 5.12 所示。

通常,企业内部网采用局域网技术,利用路由器接入 Internet,实现内、外网的互联,所以防火墙在网络中的具体位置一般如图 5.13 所示。

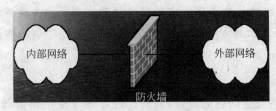

图 5.12　防火墙的位置

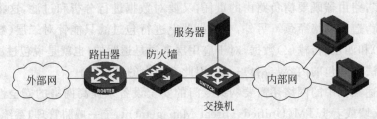

图 5.13　防火墙的位置

从网络安全的角度来看,对网络资源的非法使用和对网络系统的破坏必然要以"合法"的网络用户身份,通过伪造正常的网络服务请求数据包的方式来进行。如果没有防火墙隔离内部网络与外部网络,内部网络中的结点就会直接暴露给外部网络的所有主机,这样它们就会很容易遭到外部非法用户的攻击。防火墙通过检查所有进出内部网络的数据包,检查数据包的合法性,判断是否会对网络安全构成威胁,为内部网络建立安全边界。

2. 防火墙的主要功能

防火墙的主要功能包括:

(1) 检查所有从外部网络进入内部网络的数据包。

(2) 检查所有从内部网络流出到外部网络的数据包。

(3) 执行安全策略,限制所有不符合安全策略要求的数据包通过,集中管理网络安全。

(4) 对网络存取和访问进行监控审计。

(5) 实施 NAT,缓解地址空间短缺的问题,同时隐藏内部网络结构的细节。

(6) 防止内部信息的外泄的同时,部署 WWW 和 FTP 等服务器向内网与外网发布信息。

(7) 具有防攻击能力,保证自身的安全性。

构成防火墙系统的两个基本部件是包过滤路由器和应用网关。最简单的防火墙由一个包过滤路由器组成,而复杂的防火墙是由包过滤路由器和应用网关组合而成。

基于 ACL 规则的包过滤在网络层和传输层检测数据包,防止非法入侵。

目前许多防火墙采用 ASPF(Application Specific Packet Filter)应用状态检测技术,可对连接状态过程和异常命令进行检测。ASPF 是针对应用层的包过滤,即基于状态的报文过滤。ASPF 和基于 ACL 的静态防火墙协同工作,实施内部网络的安全策略。ASPF 能够检测试图通过防火墙的应用层协议会话信息,阻止不符合规则的数据报文穿过,并对应用的流量进行监控。ASPF 能对如下协议的流量进行监测:FTP、H. 323、HTTP、HWCC、MSN、NetBIOS、PPTP、QQ、RTSP 和 User-Define 等。

3. 安全区域

区域(zone)是由安全网关产品引入的一个安全概念,是安全网关产品区别于通用路由器的主要特征。对于路由器,各个接口所连接的网络在安全上可以视为是平等的,没有明显的内外之分,所以即使进行一定程度的安全检查,也是在接口上完成。

一个数据流单方向通过路由器时有可能需要进行两次安全规则的检查:入接口的安全检查和出接口的安全检查,以使其符合每个接口上的 ACL 安全定义。而这种规则并不适用于防火墙,因为防火墙放置于内部网络和外部网络之间,可以保护内部网络不受外部网络恶意用户的侵害,有着明确的内外之分。当一个数据流通过防火墙时,根据其发起方向的不同,所引起的操作是截然不同的。由于这种安全级别上的差别,采用在接口上检查安全策略的方式已经不适用。因此,防火墙引入了安全区域的概念。

一个安全区域可包括一个或多个接口,具有一个安全级别。安全级别通过 1~100 的数字表示,数字越大,表示安全级别越高。任何两个安全区域的安全级别都不相同。

防火墙默认的安全区域划分如下。

(1) 非受信区域 Untrust:低安全级别的安全区域,安全级别为 5。

(2) 非军事化区域 DMZ:中等安全级别的安全区域,安全级别为 50。

(3) 受信区域 Trust:较高安全级别的安全区域,安全级别为 85。

(4) 本地区域 Local:最高安全级别的安全区域,安全级别为 100。

这 5 个安全区域无须创建,也不能删除和重新设置其安全级别。

安全区域的划分与内网、外网的关系如图 5.14 所示。

图 5.14　安全区域划分与内、外网的关系

DMZ(Demilitarized Zone),中文名称为"隔离区",也称为"非军事化区"。它是为了解决安装防火墙后外部网络不能访问内部网络服务器而设立的一个非信任系统与信任系统之间的缓冲区,这个缓冲区位于企业内部网络和外部网络之间的小网络区域内,在这个小网络区域内可以放置一些必须公开的服务器,如企业 Web 服务器、FTP 服务器和论坛等。

在实际的运用中,诸如企业 Web 服务器需要对外提供服务。为了更好地提供服务,同时又要有效地保护内部网络的安全,将需要对外开放的主机与内部的众多网络设备分隔开来,根据不同的需要,有针对性地采取相应的隔离措施,这样便能在对外提供友好的服务的同时最大限度地保护了内部网络。DMZ 为服务器提供网络级的保护,能减少为不信任客户提供服务而引发的危险,是放置公共信息的最佳位置。通过配置 DMZ,可以将需要保护的应用程序服务器和数据库系统放在内网中,把没有包含敏感数据、担当代理数据访问职责的主机放置于 DMZ 中,这样就为应用系统安全提供了保障。DMZ 使包含重要数据的内部系统免于直接暴露给外部网络而受到攻击,攻击者即使初步入侵成功,还要面临 DMZ 设置的新的障碍,就像又多了一道关卡。

本节以 H3C SecPath F100-C 防火墙为例,介绍防火墙的一些基本使用方法。H3C SecPath F100-C 支持外部攻击防范、内网安全、流量监控、邮件过滤、网页过滤和应用层过滤等功能,是一款 SOHO(Small Office,Home Office)级的网络安全产品。H3C SecPath F100-C 防火墙提供了 Web 方式的配置界面,用户可以通过 Web 方式来访问防火墙管理界面并通过图形化方式来配置各种网络参数,降低了防火墙设置的门槛,让用户可以更快地上手进行安全操作。

【解决方案】

在案例中,由防火墙直接连接学校内、外网络,如图 5.15 所示。防火墙作为 DHCP 服务器,为学校用户动态分配 IP 地址(以 10.1.1.0/24 为例),其中 10.1.1.1~10.1.1.10 预留给服务器。ISP 给学校分配了 5 个公网地址(202.169.10.1~202.169.10.5),内部网络可以通过防火墙的 NAT 访问 Internet,外网用户可以访问学校的 FTP 服务器,并配置防火墙防范多种网络攻击。实验拓扑如图 5.16 所示。

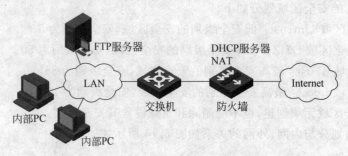

图 5.15　防火墙连接示例

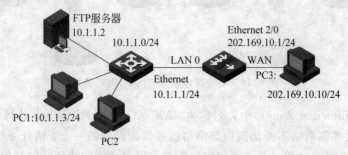

图 5.16　防火墙实验拓扑

【实验设备】

防火墙 1 台,二层交换机 1 台,PC 4 台,标准网线 5 根。

说明:本实验防火墙选择 NS-SecPath F100-C-AC。

【实施步骤】

步骤 1:利用 Web 方式登录防火墙。

(1)防火墙默认模式为路由模式。为使防火墙可以与其他网络设备互通,要将连接内网的接口 Ethernet1/0 加入受信区域中,为接口配置 IP 地址 10.1.1.1,并将防火墙默认的过滤行为设置为允许。

注意:H3C SecPath 系列防火墙使用安全区域的概念来表示与其相连接的网络。若要实现防火墙和其他设备的互通,必须先将相应的接口添加到某一安全区域中。

默认情况下,H3C SecPath 系列防火墙使能防火墙的包过滤功能,且默认的过滤行为为拒绝所有报文通过。若要实现防火墙和其他设备的互通,需先关闭防火墙的包过滤功能,或将默认的过滤行为改为允许报文通过,或在接口应用访问控制列表(ACL)以允许相应的报文通过。

```
# 把防火墙与内网连接的端口 Ethernet1/0 添加到受信区域
[H3C] firewall zone trust
[H3C-zone-trust] add interface ethernet1/0
[H3C-zone-trust] quit
# 为 Ethernet1/0 配置 IP
[H3C] interface ethernet1/0
[H3C-ethernet1/0] ip address 10.1.1.1 255.255.255.0
# 防火墙默认的过滤行为改为允许报文通过
[H3C] firewall packet-filter default permit
```

(2) 为管理 PC 配置 IP 地址。

管理 PC 的 IP 地址为 10.1.1.3,并且以防火墙的 Ethernet1/0 的 IP 地址 10.1.1.1 为默认网关地址。

(3) 添加登录用户。

为了使用户可以通过 Web 登录,并且有权限对防火墙进行管理,必须为管理员添加登录账户并且赋予其权限。

```
# 建立一个用户名和密码都为 admin,账户类型为 telnet,权限等级为 3 的管理员用户
[H3C] local-user admin
[H3C-luser-admin] password simple admin
[H3C-luser-admin] service-type telnet
[H3C-luser-admin] level 3
```

(4) 登录防火墙。

在管理 PC 上启动浏览器,在 URL 地址栏中输入 IP 地址 10.1.1.1,按回车键进入防火墙的 Web 登录页面,使用 admin 账户和口令登录防火墙,单击 Login 按钮即可登录,如图 5.17 所示。

图 5.17 Web 登录界面

界面右侧的 Web 配置页面如图 5.18 所示。

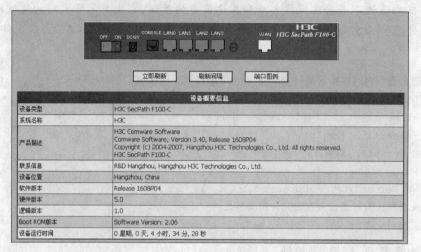

图 5.18　Web 配置页面

通过该页可查看当前设备的概要信息,如设备类型、系统名称、产品概述、联系信息、设备位置、软件版本、硬件版本、逻辑版本、Boot ROM 版本、设备运行时间和设备各端口的状态等。

界面左侧是 Web 配置界面的目录树,如图 5.19 所示。

展开目录树,用户可对防火墙执行绝大部分的配置操作。

步骤 2:配置安全区域。

防火墙 Ethernet1/0 口已加入受信区域,现将连接外网的 WAN 口,即 Ethernet2/0 加入非受信区域,并配置 Ethernet2/0 的 IP 地址为 202.169.10.1。

(1) 在"防火墙"目录中单击"安全区域",选择"untrust"区域,单击"配置"按钮(见图 5.20),加入 Ethernet2/0,单击"应用"按钮(见图 5.21),结果如图 5.22 所示。

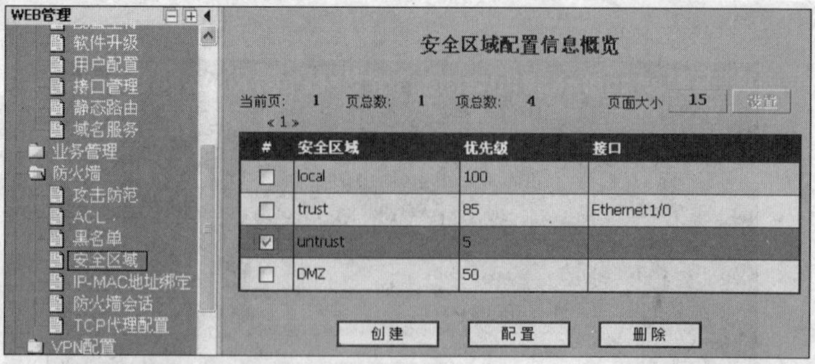

图 5.19　目录树

图 5.20　配置安全区域(一)

(2) 在"系统管理"目录中单击"接口管理",选择 Ethernet2/0,单击"配置"按钮(见图 5.23),配置接口 IP 为 202.169.10.1/24,单击"应用"按钮(见图 5.24)。

配置安全区域
安全区域名:*
untrust
安全区域优先级:
5
要加入的接口:
Ethernet2/0
应用
返回

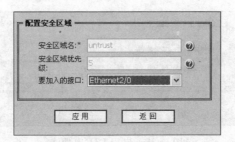

图 5.21　配置安全区域(二)

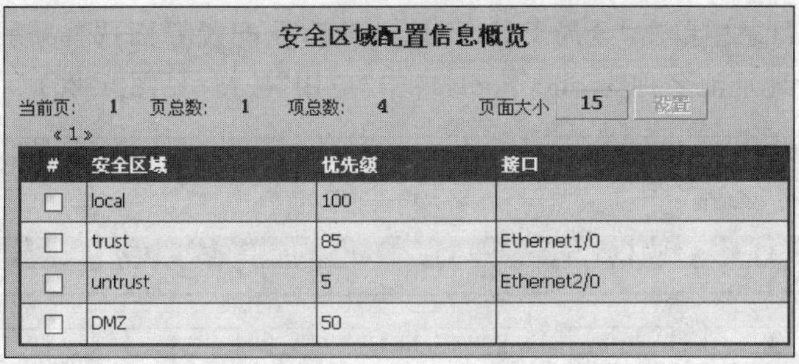
安全区域配置信息概览
当前页: 1　页总数: 1　项总数: 4
页面大小 15
设置
«1»
#
安全区域
优先级
接口
local
100
trust
85
Ethernet1/0
untrust
5
Ethernet2/0
DMZ
50

图 5.22　配置安全区域(三)

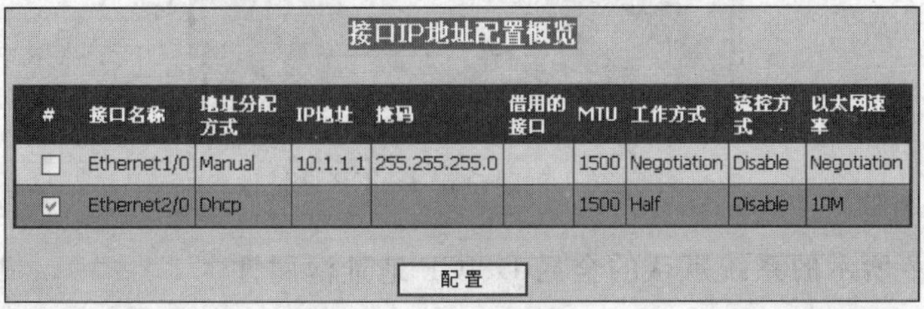
接口IP地址配置概览
#
接口名称
地址分配方式
IP地址
掩码
借用的接口
MTU
工作方式
流控方式
以太网速率
Ethernet1/0
Manual
10.1.1.1
255.255.255.0
1500
Negotiation
Disable
Negotiation
Ethernet2/0
Dhcp
1500
Half
Disable
10M
配置

图 5.23　接口管理(一)

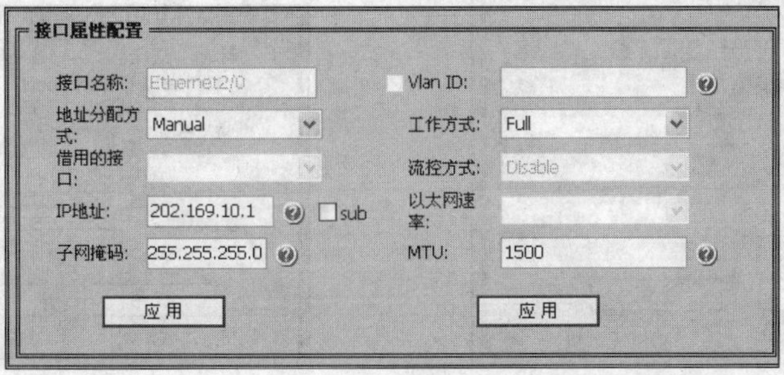
接口属性配置
接口名称:
Ethernet2/0
Vlan ID:
地址分配方式:
Manual
工作方式:
Full
借用的接口:
流控方式:
Disable
IP地址:
202.169.10.1
sub
以太网速率:
子网掩码:
255.255.255.0
MTU:
1500
应用
应用

图 5.24　接口管理(二)

步骤 3：配置 DHCP，为内网客户端动态分配地址，地址池网段为 10.1.1.0/24，其中 10.1.1.1～10.1.1.10 预留给服务器。

(1) 启用防火墙的 DHCP 服务功能。

在“业务管理”下的 DHCP 子目录中单击“全局 HDCP 基本配置”，选择 Enable，使能 DHCP 服务(见图 5.25)。

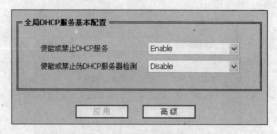

图 5.25　启用 DHCP 服务

(2) 配置全局 DHCP 地址池。

在 DHCP 子目录中单击"全局 DHCP 地址池",在配置界面选择"动态 IP 范围",单击"创建"按钮,输入地址池名称为 dhcppool,单击"应用"按钮(见图 5.26)。

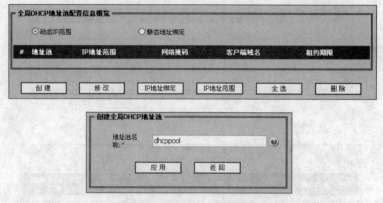

图 5.26　创建全局 DHCP 地址池

采用图 5.27 所示的系统默认的全局 DHCP 地址池属性。

配置全局 DHCP 地址池 IP 地址范围,如图 5.28 所示。

图 5.27　修改全局 DHCP 地址池属性　　　图 5.28　全局 DHCP 地址池 IP 地址范围配置

(3) 配置地址池的 DNS(可选)。

在 DHCP 子目录中单击"全局 DHCP 的 DNS",在配置区域中从下拉框中选择 dhcppool,在"DNS 服务器地址"栏中输入一个外部 DNS 服务器地址,单击"应用"按钮,如图 5.29 所示。

(4) 在 DHCP 子目录中单击"全局 DHCP 不参与分配的 IP",输入预留给服务器使用

图 5.29　全局地址池 DNS 服务器配置

的 IP 地址,如图 5.30 所示。

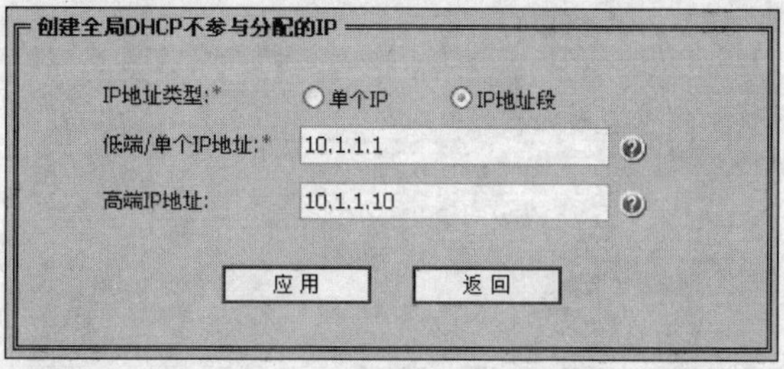

图 5.30　创建全局 DHCP 不参与分配的 IP

(5) 在 DHCP 子目录中单击"全局 DHCP 网关",配置网关地址,即防火墙连接内网的 Ethernet1/0 的地址,如图 5.31 所示。

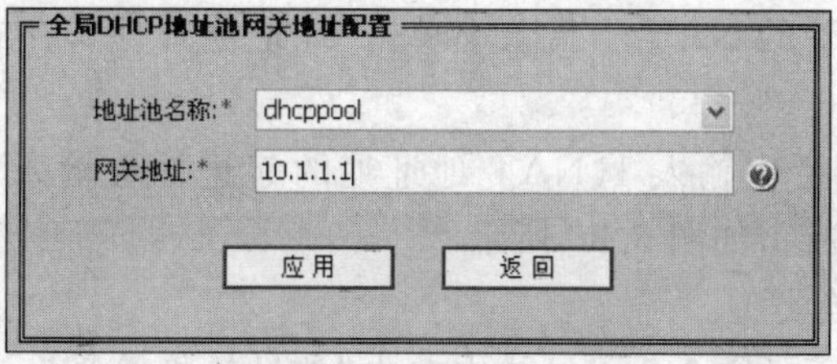

图 5.31　全局 DHCP 地址池网关地址配置

步骤 4:配置 NAT,使内网地址 10.1.1.0/24 可以访问外网,并且使内网的 FTP (10.1.1.2)服务器能被外网访问。

(1) 创建允许内部网段访问所有外部资源的基本 ACL,以供 NAT 使用。

单击"防火墙"目录中的 ACL,在 ACL 配置区域中单击"ACL 配置信息"按钮,如图 5.32 所示。

图 5.32　ACL 配置

在"ACL 编号"中输入基本的 ACL 编号 2001(基本的 ACL 编号范围为 2000～2999), 单击"创建"按钮,如图 5.33 所示。

在下面列表中选择此 ACL,单击"配置"按钮。在 ACL 配置参数区域中,允许源 IP 地

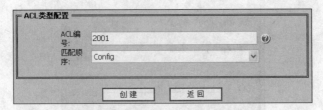

图 5.33　创建基本 ACL

址 10.1.1.0/0.0.0.255(IP/地址通配符)的操作,单击"应用"按钮,如图 5.34 所示。

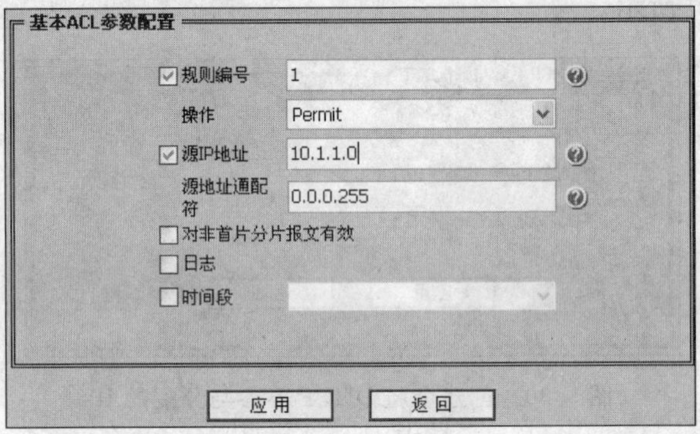

图 5.34　基本 ACL 参数配置

(2) 创建 NAT 地址池。

在"业务管理"目录下的 NAT 子目录中单击"地址池管理",在右边的配置区域中单击"创建"按钮。

在"地址池索引号"栏中输入 1,NAT 地址池的起止地址输入 202.169.10.1 和 202.169.10.5,单击"应用"按钮,如图 5.35 所示。

(3) 配置 NAT 转换类型。

在"业务管理"目录下的 NAT 子目录中单击"地址转换管理",在右边的配置区域中单击"创建"按钮。

在"接口名称"下拉框中选择 Ethernet2/0,选中"ACL 编号"复选框并输入已创建好的基本 ACL 2001。在"地址池"下拉框中选择地址池索引号"1"。由于地址池的地址数量有限且内部主机较多,所以在"转换类型"中选择 NAPT 以启用 NAT 地址复用,单击"应用"按钮,如图 5.36 所示。

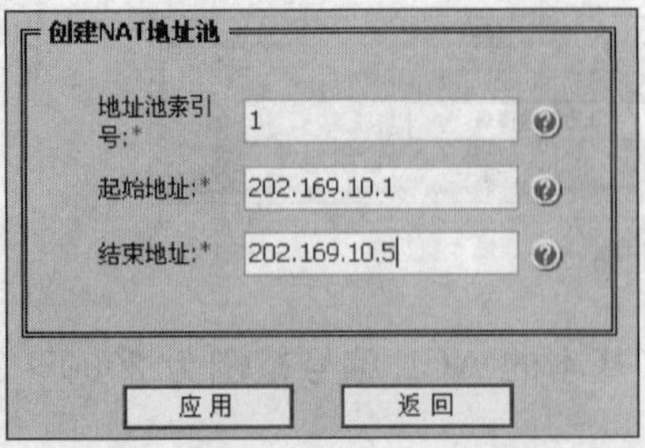

图 5.35　创建地址池　　　　图 5.36　NAT 地址转换参数配置

（4）配置 NAT 内部服务器映射。

在"业务管理"目录下的 NAT 子目录中单击"内部服务器"，在右边的配置区域中单击"创建"按钮。

在"接口名称"中选择 Ethernet2/0，"协议类型"选择 TCP，"外部地址"栏中输入 202.169.10.1。"外部起始端口"一栏中输入内部 FTP 服务器使用的端口号，这里由于内部 FTP 服务器启用了 HTTP 服务方式，所以是 80 端口。在"内部起始地址"栏中输入内部 FTP 服务器的 IP 地址 10.1.1.2，"内部端口"栏输入 80，单击"应用"按钮，如图 5.37 所示。

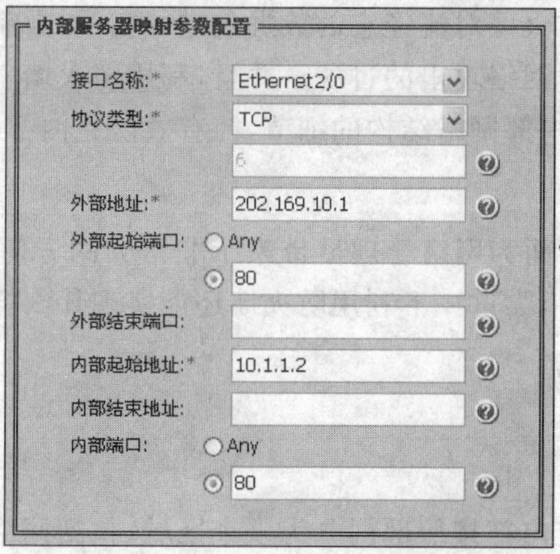

图 5.37　内部服务器映射参数配置

步骤 5：防范攻击配置。

在"防火墙"目录下单击"攻击防范"，进入攻击类型防范选择和 Flood 攻击类型选择页面。在"攻击防范类型选择"区域，选中所有的攻击防范类型，如图 5.38 所示，单击"应用"按钮。

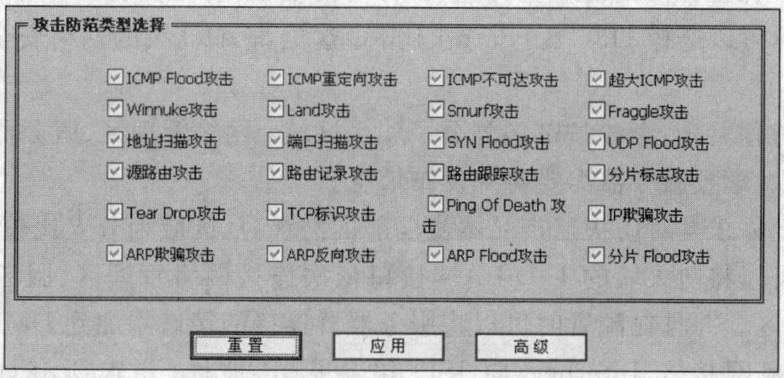

图 5.38　攻击防范类型选择

步骤 6：测试防火墙配置的各项功能。

（1）DHCP 测试。在 PC2 上自动获取 IP，用 ipconfig 命令显示其 IP 地址为 10.1.1.11。

（2）内网访问外网测试。PC3 连接在防火墙 WAN 口，IP 设为 202.169.10.10，网关为 202.169.10.1。在 PC2 上用 ping 命令来测试与 PC3 的互通性，结果表示可达。

（3）外网访问内网测试。在 PC3 上用 ping 命令来测试与 PC2 的互通性,结果表示不可达。

（4）外网访问内部 FTP 服务器测试。在 PC3 上用 IE 浏览器访问 202.169.10.1,显示 FTP 服务器(10.1.1.2)的登录界面。

（5）攻击防范测试(省略)。

【实验总结】

在企业局域网的外网出口放置一台高品质的防火墙是解决目前大部分网络安全问题的最直接、最有效的办法。防火墙对流经它的数据包进行扫描,限制所有不符合安全策略要求的数据包通过,从而实现对网络攻击的过滤。并且,利用防火墙实施 NAT,在缓解地址空间短缺的问题的同时隐藏了内部网络结构的细节,能有效防止内部信息的外泄。

【拓展思考】

防火墙的 Web 配置界面为网络管理员带来了非常大的方便,观察一下图 5.19 的目录树,除了本节介绍的知识外,尝试一下利用防火墙还能实现什么样的安全策略?

5.4.2 防火墙综合案例

【案例描述】

某中学规模中等,学校内部按照部门分为多个区域,包括网络管理区、服务器区、教师办公室区和学生机房区。学校网络出口接入 Internet。学校服务器需要对外发布 WWW 站点。

【需求分析】

需求 1：校园网接入 Internet,为了保证网络安全可靠,要求对网络攻击有一定的防范能力。

分析 1：为了保证校园网的安全,防止各种网络攻击,有必要在出口架设防火墙。根据该校园网的规模,可以选择 H3C SecPath F100-C 这类 SOHO 级的网络安全产品,可防范多种网络攻击。

需求 2：为方便管理,学校按部门划分了 4 个区域：网络管理区、服务器区、教师办公室区和学生机房区。学校服务器需要对外发布信息。

分析 2：以上需求是对防火墙产品本身功能的需求,从区域划分上比较符合防火墙多区域管理的特点,可以将防火墙的 4 个 LAN 接口依次连接网络管理区、服务器区、教师办公室区和学生机房区。并且在配置时可以将服务器群连接的接口添加到 DMZ 区。

需求 3：校园网接入 Internet,向 ISP 申请了 IP 地址,要求所有计算机都能访问 Internet。

分析 3：将防火墙的 WAN 接口作为外网接口,在防火墙上配置 NAT,实现内、外网的 IP 地址转换,使校园网顺利访问 Internet。

需求 4：学校要求校园网能够防止网络蠕虫病毒扩散,要求设备支持 VLAN 划分,降低网络内广播数据包的传播,防止广播风暴的产生。

分析 4：H3C SecPath F100-C 支持 VLAN,接入设备可采用安全接入交换机 H3C LS-S3100 系列。

防火墙连接拓扑如图 5.39 所示。

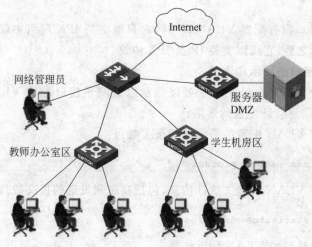

图 5.39 防火墙连接拓扑

【命令介绍】

1. 配置子接口

1）子接口的概念

子接口是在一个物理接口上配置出来的多个逻辑上的虚接口。这些虚接口共用物理接口的物理层参数，又可以分别配置各自的链路层和网络层参数。

SecPath 系列防火墙支持以太网子接口。H3C SecPath F100-C 的 4 个 LAN 口对应单个物理接口 Ethernet1/0，在 Ethernet1/0 上配置多个子接口，可以为用户提供很高的灵活性。

2）以太网子接口的配置

（1）创建以太网接口的子接口：

```
interface ethernet number.sub-number
undo interface ethernet number.sub-number
```

【视图】 系统视图

【参数】 *number. sub-number*：指定逻辑子接口编号。其中 *number* 为主接口编号；*sub-number* 为子接口编号，取值范围为 1～1024。

如果相应（与 *sub-number* 相同）的以太网子接口已经创建，则将直接进入该子接口视图；否则，将先创建以太网子接口，子接口号为指定的 *sub-number*，然后，再进入该子接口的视图。

（2）配置以太网接口的子接口的封装类型及 VLAN ID：

```
vlan-type dot1q vid vid
undo vlan-type dot1q vid vid
```

【视图】 以太网子接口视图

默认情况下，系统子接口上无封装，也没有与子接口关联的 VLAN ID，没有最大处理报文数目的限制。当配置了以太网子接口的封装类型后,子接口就被设置为允许 VLAN 中继。

当以太网子接口没有配置 VLAN ID 时,它只能支持 IPX 网络协议。在以太网子接口配置了 VLAN ID 之后,它可以支持 IP 及 IPX 协议。

2. 以太网子接口的显示和调试

在所有视图下,执行 display 命令可以显示以太网子接口配置 VLAN ID 后的运行情况,通过查看显示信息验证配置的效果。

(1) 显示指定 VLAN 配置的最大处理报文数目:

display vlan max-packet-process *vid*

(2) 显示指定 VLAN 的报文统计信息,包括接收和发送的报文数目:

display vlan statistics vid *vid*

(3) 显示某个接口的 VLAN 配置信息:

display vlan interface *interface-type interface-num*

(4) 清除指定 VLAN 的报文统计信息:

reset vlan statistics vid *vid*

【解决方案】

校园网按部门划分 4 个 VLAN,分别为 VLAN 10(网络管理)、VLAN 20(服务器)、VLAN 30(教师办公室)和 VLAN 40(学生机房)。H3C SecPath F100-C 的 4 个 LAN 口分别连接各部门的交换机,WAN 口连接出口路由。由于 H3C SecPath F100-C 的 4 个 LAN 口对应单个物理接口 Ethernet1/0,需要在防火墙的 Ethernet1/0 上配置 4 个子接口 Ethernet1/0.1、Ethernet1/0.2、Ethernet1/0.3 和 Ethernet1/0.4。接入交换机上根据端口划分 VLAN,上联口设为 Trunk 口。

把与各部门对应的子接口添加到防火墙的各个区域,网络管理、教师办公室和学生机房添加到受信区域,服务器添加到 DMZ,外网的 Ethernet2/0 添加到非受信区域。

ISP 分配 5 个 IP 地址(202.169.10.1～202.169.10.5),在防火墙配置 NAT,使内网能够通过防火墙访问 Internet。

实验拓扑如图 5.40 所示。

【实验设备】

防火墙 1 台,二层交换机 4 台,PC 5 台,标准网线 9 根。

说明:本实验防火墙选择 NS-SecPath F100-C-AC。

【实施步骤】

步骤 1:利用 Web 方式登录防火墙(同 5.4.1 节实施步骤 1)。

(1) 将连接内网的接口 Ethernet1/0 加入受信区域中,为接口配置 IP 地址为 10.1.1.1,并将防火墙默认的过滤行为设置为允许。

把防火墙与内网连接的端口 Ethernet1/0 添加到受信区域

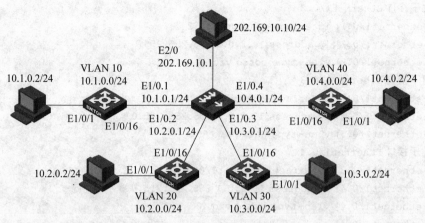

图 5.40　防火墙实验拓扑

```
[H3C] firewall zone trust
[H3C-zone-trust] add interface Ethernet1/0
[H3C-zone-trust] quit
# 为 Ethernet1/0 配置 IP
[H3C] interface ethernet1/0
[H3C-ethernet1/0] ip address 10.1.1.1 255.255.255.0
# 防火墙默认的过滤行为改为允许报文通过
[H3C] firewall packet-filter default permit
```

（2）为管理 PC 配置 IP 地址。

管理 PC 的 IP 地址为 10.1.1.3,并且以防火墙的 Ethernet1/0 的 IP 地址 10.1.1.1 为网关地址。

（3）添加登录用户。

```
# 建立一个用户名和密码都为 admin,账户类型为 Telnet,权限等级为 3 的管理员用户
[H3C] local-user admin
[H3C-luser-admin] password simple admin
[H3C-luser-admin] service-type telnet
[H3C-luser-admin] level 3
```

（4）登录防火墙。

在管理 PC 上启动浏览器,在地址栏中输入 IP 地址 10.1.1.1,按回车键后即可进入防火墙 Web 登录页面,使用 admin 账户登录防火墙,单击 Login 按钮登录。

步骤 2：创建子接口并进行配置。

（1）在防火墙上,以命令行方式创建子接口 Ethernet1/0.1、Ethernet1/0.2、Ethernet1/0.3 和 Ethernet1/0.4,为子接口配置 IP,并配置子接口的封装类型及 VLAN ID。

```
<H3C>system-view
# 创建子接口 Ethernet1/0.1
[H3C] interface ethernet1/0.1
[H3C-ethernet1/0.1] ip address 10.1.0.1 255.255.255.0
[H3C-ethernet1/0.1] vlan-type dot1q vid 10
```

```
# 创建子接口 Ethernet1/0.2
[H3C-ethernet1/0.1] interface ethernet1/0.2
[H3C-ethernet1/0.2] ip address 10.2.0.1 255.255.255.0
[H3C-ethernet1/0.2] vlan-type dot1q vid 20
# 创建子接口 Ethernet1/0.3
[H3C-ethernet1/0.2] interface ethernet1/0.3
[H3C-ethernet1/0.3] ip address 10.3.0.1 255.255.255.0
[H3C-ethernet1/0.3] vlan-type dot1q vid 30
# 创建子接口 Ethernet1/0.4
[H3C-ethernet1/0.3] interface ethernet1/0.4
[H3C-ethernet1/0.4] ip address 10.4.0.1 255.255.255.0
[H3C-ethernet1/0.4] vlan-type dot1q vid 40
[H3C-ethernet1/0.4]
```

(2) 以命令行方式为接口 Ethernet2/0 配置 IP 为 202.169.10.10。

```
[H3C-ethernet1/0.4] interface ethernet2/0
[H3C-ethernet2/0] ip adress 202.169.10.10 255.255.255.0
[H3C-ethernet2/0] quit
```

步骤 3：配置安全区域。

把子接口 Ethernet1/0.1(连接网络管理区)、Ethernet1/0.3(连接教师办公室区)和 Ethernet1/0.4 连接(连接学生机房区)添加到受信区域，Ethernet1/0.2(连接服务器区)添加到 DMZ，连接外网的 Ethernet2/0 添加到非受信区域。

以 Web 访问方式进行以下配置：

(1) 在"防火墙"目录中单击"安全区域"，选择 trust 区域，单击"配置"按钮，分别加入 Ethernet1/0.1、Ethernet1/0.3 和 Ethernet1/0.4，单击"应用"按钮。

(2) 选择 DMZ 区域，单击"配置"按钮，加入 Ethernet1/0.2，单击"应用"按钮。

(3) 选择 untrust 区域，单击"配置"按钮，加入 Ethernet2/0，单击"应用"按钮。

安全区域的配置如图 5.41 所示。

安全区域配置信息概览

当前页: 1 页总数: 1 项总数: 7 页面大小 15 设置 «1»

#	安全区域	优先级	接口
☐	local	100	
☐	trust	85	Ethernet1/0
☐	trust	85	Ethernet1/0.1
☐	trust	85	Ethernet1/0.3
☐	trust	85	Ethernet1/0.4
☐	untrust	5	Ethernet2/0
☐	DMZ	50	Ethernet1/0.2

创建 配置 删除

图 5.41 安全区域的配置

步骤 4：交换机 VLAN 配置以及 PC 的 IP 地址配置。

（1）连接防火墙 LAN1 口的网段，在交换机上创建 VLAN 10，交换机连接网络管理区 PC 的 Ethernet1/0/1 加入 VLAN 10，上联的 Ethernet1/0/16 配置为 Trunk 口。

在交换机上进行如下配置：

```
<H3C>system-view
[H3C] vlan 10
# 连接网络管理区 PC 的 Ethernet1/0/1
[H3C-vlan10] port ethernet1/0/1
[H3C-vlan10] quit
# 上联口
[H3C]ethernet1/0/16
[H3C-ethernet1/0/16] port link-t trunk
[H3C-ethernet1/0/16] port trunk permit vlan all
[H3C-ethernet1/0/16] quit
```

（2）配置网络管理区 PC 的 IP 为 10.1.0.2，掩码为 255.255.255.0，默认网关为防火墙接口 Ethernet1/0.1 的 IP 10.1.0.1。

（3）同理，分别完成与防火墙 LAN2、LAN3 和 LAN4 接口连接的各区的交换机和 PC 的配置。

（4）配置连接防火墙 WAN 口的 PC 的 IP 为 202.169.10.10，掩码为 255.255.255.0，默认网关为防火墙接口 Ethernet2/0 的 IP 202.169.10.1。

步骤 5：配置 NAT，使内网地址 10.0.0.0/8 可以访问外网，并且使内网的 FTP(10.1.1.2)服务器能被外网访问（同 5.4.1 节实施步骤 4）。

（1）创建允许内部网段访问所有外部资源的基本 ACL，以供 NAT 使用。

单击"防火墙"目录中的 ACL，在 ACL 配置区域中单击"ACL 配置信息"按钮，在"ACL 编号"中输入基本 ACL 的编号 2001，单击"创建"按钮。

在列表中选择此 ACL，单击"配置"按钮。在 ACL 配置参数区域中，允许源 IP 地址 10.1.1.0/24（源地址通配符 0.0.0.255）的操作，单击"应用"按钮。

（2）创建 NAT 地址池。

在"业务管理"目录下的 NAT 子目录中单击"地址池管理"，在右边的配置区域中单击"创建"按钮。

在"地址池索引号"栏中输入 1，在 NAT 地址池的地址栏中分别输入 202.169.10.1 和 202.169.10.5，单击"应用"按钮。

（3）配置 NAT 转换类型。

在"业务管理"目录下的 NAT 子目录中单击"地址转换管理"，在右边的配置区域中单击"创建"按钮。

在"接口名称"下拉框中选择 Ethernet2/0，选中"ACL 编号"复选框并输入已创建好的基本 ACL 编号 2001。在"地址池"下拉框中选择地址池索引号"1"，在"转换类型"中选择 NAPT 以启用 NAT 地址复用，单击"应用"按钮。

（4）配置 NAT 内部服务器映射。

在"业务管理"目录下的 NAT 子目录中单击"内部服务器"，在右边的配置区域中单击

"创建"按钮。

在"接口名称"中选择 Ethernet2/0,在"协议类型"选择 TCP,在"外部地址"栏中输入 202.169.10.1。"外部起始端口"一栏,输入内部 FTP 服务器使用的端口号,由于内部 FTP 服务器启用了 HTTP 服务方式,所以是 80 端口。在"内部起始地址"栏中输入内部 FTP 服务器的 IP 地址 10.1.1.2,"内部端口"栏输入 80,单击"应用"按钮。

步骤 6:防范攻击配置(同 5.4.1 节实施步骤 5)。

在"防火墙"目录下单击"攻击防范"进入攻击类型防范选择和 Flood 攻击类型选择页面。在"攻击防范类型选择"区域,选中所有的攻击防范类型,单击"应用"按钮。

步骤 7:测试防火墙配置的各项功能(略)。

【实验项目】

某商店内网分为 3 个部分:销售区、服务器区和办公区,由一台防火墙接入互联网。服务器区中有一台 WWW 服务器需要对外发布信息,除此之外其他服务器均不对外。销售区不能访问外网,办公区可以访问外网。要求对网络攻击有一定的防范能力。如果你是网络管理员,请给出你的安全组网方案。

5.5　Sniffer 抓包分析网络数据

5.5.1　利用 Sniffer 监控网络流量

【引入案例】

小明开了一个网吧,网吧基本环境为 100Mb/s 网络,约有 100 台终端,主交换机采用二层交换机,级联普通傻瓜型交换机,模块化接入路由器作为接入网关。网络安装、调试完毕后,才发现整个网络环境没有配备网管软件,那么怎样才能知道网络的流量状态呢?

【案例分析】

专业的网管软件通常比较昂贵,这个时候可以利用一些抓包工具来监控网络状态,分析网络数据,实现故障排查。

抓包工具又称网络嗅探器,是一种常用的测试网络系统运行状态的设备,利用它捕获网络上的各种数据包,协助网络运作和维护,如监视网络流量、分析数据包、监视网络资源利用、故障诊断并修复网络问题等。网络嗅探器分为软件和硬件两种。硬件的嗅探器也称协议分析仪,价格昂贵。软件的嗅探器有 NetXray、Net Monitor、WinNetCap 和 Sniffer 等,其优点是物美价廉,易于学习和使用。

Sniffer Pro 是一款著名的嗅探器,它是一款出色的便携式网管和应用故障诊断分析软件,同时也是有名的黑客工具。它最初的设计目的是为了检测网络的健壮性,帮助网络管理员分析网络数据,快速找到网络故障并完成修复。在网络中安装一个 Sniffer Pro,可以利用其强大的流量图文系统来实时监控网络流量,并且可以及时发现网络环境中的故障(例如病毒、攻击和流量超限等非正常行为),对于在很多网络环境中,网关(路由和代理等)自身不具备流量监控和查询功能的情况下,这将是一个比较好的解决方案。Sniffer Pro 强大的实用功能还包括网内任意终端流量实时查询、网内终端与终端之间流量实时查询、终端流量

TOP 排行和异常告警等。

【基本原理】

在广播式以太网中,同一个物理网段中的所有网络接口都可以"侦听"传输介质上的所有数据,而每一个网络接口都有一个唯一的 MAC 地址,在正常的情况下,一个网络接口应该只响应两种数据帧:

(1) 和自己 MAC 地址相匹配的帧。

(2) 发往所有计算机的广播数据帧。

实际的系统中,网卡接收其他计算机传输的数据时,首先查看接收数据帧的目的 MAC 地址,判断是否和自己的 MAC 地址匹配或者是否为广播地址,如果是则接收数据帧,并产生中断信号通知 CPU,否则直接丢弃该数据帧。网卡一般有 4 种工作模式:

(1) 广播方式:该模式下的网卡能够接收网络中的广播信息。

(2) 多播方式:设置在该模式下的网卡能够接收多播数据。

(3) 直接方式:这种方式一般为默认方式,在这种模式下,只有目的网卡才能接收该数据。

(4) 混杂模式:在这种模式下的网卡能够接收一切通过它的数据,而不管该数据是否是传给它的。

Sniffer Pro 为了实现抓包,必须将计算机的网卡设置为混杂模式,使网卡能接收所有帧并提供给分析器,Sniffer Pro 只能抓取一个广播域的数据包,也就是说监听者和监听目标之间不能有路由器相隔。

【解决方案】

在案例中,为了监控全网流量,主交换机需要支持端口镜像。在主交换镜像端口接入的 PC 上安装 Sniffer Pro,监控所有流经此网卡的数据。实验拓扑如图 5.42 所示。在 PC1 上安装了 Sniffer Pro。把交换机的 Ethernet1/0/1、Ethernet1/0/2 和 Ethernet1/0/3 双向流量镜像到 Ethernet1/0/16。

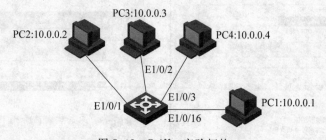

图 5.42　Sniffer 实验拓扑

【实验设备】

二层交换机 1 台,PC 4 台,标准网线 4 根。

说明:本实验二层交换机选择 LS-S3100-16C-SI-AC。

【实施步骤】

步骤 1:配置交换机端口镜像。

创建本地镜像组

```
<H3C>system-view
[H3C] mirroring-group 1 local
```

为本地镜像组配置源端口和目的端口

```
[H3C] mirroring-group 1 mirroring-port ethernet1/0/1 ethernet1/0/2 ethernet1/0/3
both
[H3C] mirroring-group 1 monitor-port ethernet1/0/16
```

显示本地镜像组 1 的配置信息

```
[H3C]disp mirroring-group 1
mirroring-group 1:
    type: local
    status: active
    mirroring port:
        Ethernet1/0/1 both
        Ethernet1/0/2 both
        Ethernet1/0/3 both
    monitor port: Ethernet1/0/16
```

步骤 2：Sniffer Pro 安装、启动和配置。

Sniffer Pro 的安装过程与其他应用软件没有太大的区别。需要注意的有以下两点：

(1) 安装完 Sniffer Pro 后会自动在网卡上加载 Sniffer 特殊的驱动程序，如图 5.43 所示。

(2) 第一次启动 Sniffer 时，需要指定位于端口镜像所在位置的网卡，也就是要监听抓包的网卡。选择菜单 File→Select Settings，弹出如图 5.44 所示的对话框。

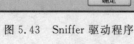

图 5.43　Sniffer 驱动程序

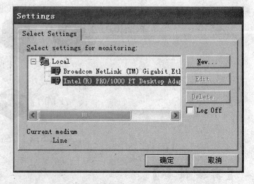

图 5.44　指定端口镜像网卡

步骤 3：观察 Sniffer 的图表，获得各个流量参数值。

1) 仪表盘(Dashboard)

单击仪表盘按钮(图 5.45 中的 1 号图标)，显示 3 个仪表盘：

(1) 仪表盘 A 显示的是当前网络的利用率百分比(Utilization)，即网络占用带宽的百

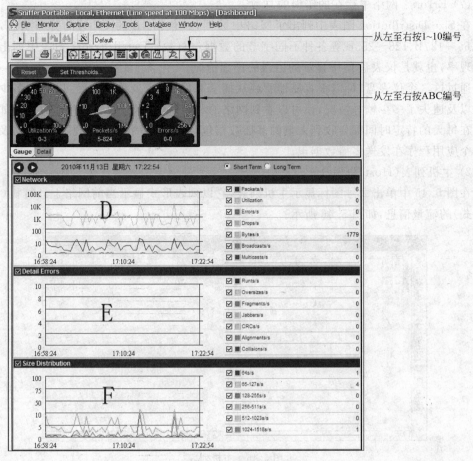

从左至右按1~10编号

从左至右按ABC编号

图 5.45　仪表盘和网络使用信息图表

分比。

（2）仪表盘 B 显示的是网络的每秒钟通过的包数量（Packets），即网络当前数据包的传输速度。

（3）仪表盘 C 显示的是当前网络的出错率（Errors）。

通过这 3 个仪表盘可以直观地观察到网络的使用情况，仪表的红色部分（在图 5.45 中显示为灰色）显示的是根据网络要求设置的上限（在 Set Thresholds 菜单中设置）。图 5.45 中 D、E、F 区是以曲线的形式显示网络的使用信息细节。其中，Network 图表中显示了当前网络的使用情况，各项的具体含义如下：

（1）Packets：网络中传输的数据包总数。

（2）Drops：网络中遗失的数据包数量（在网络活动高峰期经常会遗失数据包）。

（3）Broadcasts：网络中广播帧的数量。子网或 VLAN 上所有的组件必须处理所有的广播数据包，过多的广播会使网络上所有系统的性能整体下降。

（4）Multicasts：网络中多播帧的数量。

（5）Bytes：数据包的总字节数。

（6）Utilization：当前网络的利用率。

(7) Errors：网络中存在的错误的总数。

在 Size Distribution 图表中列出了网络中数据包（包括 4B 的 CRC）的分布状态，包括 64B、65～127B、128～255B 等各种不同字节的数据包总数。Detail Errors 图表中列出了错误出现率，也就是仪表盘 C 中显示的错误的详细情况。

通过这 3 个仪表盘，可以很容易地看到从捕获开始，有多少数据包经过网络、多少帧被过滤以及遗失了多少帧等情况，还可以看到网络的利用率、数据包数目和广播数。假如发现网络在每天的特定时间都会收到大量的多播数据包，这说明网络可能出现了问题，需及时分析哪个应用程序在发送多播数据包。

2）主机列表（Host Table）

在图 5.45 中单击 2 号图标显示主机列表，它以列表形式显示当前网络上计算机（IP 地址形式）的流量信息，如图 5.46 所示。

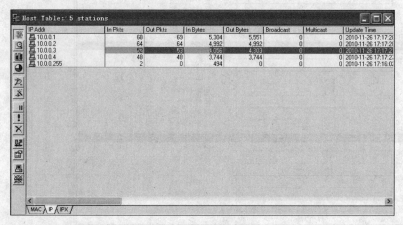

图 5.46　主机列表

其中，前 5 栏的含义如下：

(1) IP Addr（IP 地址）：以 IP 地址形式显示计算机。

(2) In Pkts（传入数据包）：网络上发送到此主机的数据包。

(3) Out Pkts（传出数据包）：此主机发送到网络上的数据包。

(4) In Bytes（传入字节数）：网络上发送到此主机的字节数。

(5) Out Bytes（传出字节数）：此主机发送到网络上的字节数。

通过主机列表功能，可以查看某台计算机所传输的数据量。如果发现某台计算机在某个时间段内发送或接收了大量数据，例如某用户一天内就传输了数 GB 的数据，则说明该用户很可能在使用 BT 或 PPLive 等 P2P 软件。

3）矩阵（Matrix）

在图 5.46 中双击 IP 为 10.0.0.1 的主机，可以打开矩阵查看 10.0.0.1 与其他 PC 的所有连接情况。图 5.47 中绿色线条（从 10.0.0.1 到 10.0.0.2 和从 10.0.0.1 到 10.0.0.4 的两根线）状态为正在通信中。暗蓝色线条（从 10.0.0.1 到 10.0.0.3 的线）状态为通信中断。线条的粗细与流量的大小成正比。如果将鼠标移动至线条处，程序显示出流量双方位置、通信流量的大小（包括接收和发送），并自动计算流量占当前网络的百分比。

如果某个用户的并发连接数特别多，并且在不断地向其他计算机发送数据，说明该计算

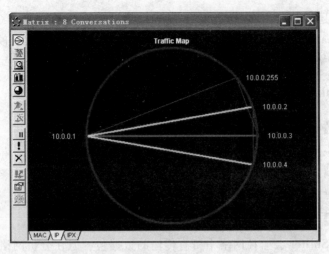

图 5.47　矩阵

机有可能中了蠕虫等病毒。此时,网络管理员应及时关闭该计算机所连接的交换机端口,并对该计算机查杀病毒。

4) 协议分布(Protocol Distribution)

单击图 5.46 左侧工具栏中的 Detail 图标,将显示如图 5.48 所示的整个网络中的协议分布情况,可以清楚地看出哪台机器运行了哪些协议。

Detail 图标	Protocol	Address	In Packets	In Bytes	Out Packets	Out Bytes
	ICMP	10.0.0.1	68	5,304	68	5,304
		10.0.0.3	52	4,056	52	4,056
		10.0.0.2	64	4,992	64	4,992
		10.0.0.4	48	3,744	48	3,744
	NetBIOS_DGM_U	10.0.0.3	0	0	1	247
		10.0.0.1	0	0	1	247
		10.0.0.255	2	494	0	0

图 5.48　协议分布列表

单击左侧工具栏的 Bar 图标,将显示如图 5.49 所示的整个网络中的计算机所用带宽前 10 名的情况。

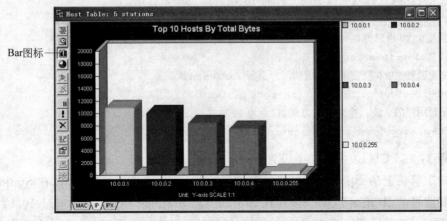

图 5.49　流量图

此外，Sniffer 还提供了 ART（Application Response Time）、历史采样（History Samples）和总体统计（Global Statistics）等监控工具。所有这些工具从多个角度反映了当前网络中的活动状态，方便网络管理员及时发现故障并解决。

5.5.2　使用 Sniffer 获取 Telnet 登录口令

【引入案例】

小明想尝试一下使用 Sniffer 抓包，看看 Sniffer 的使用效果。在没有做任何设置的情况下几秒钟内就捕获了 5000 多个数据包。如果网络发生故障，要找出问题所在岂不是大海捞针？能不能根据问题的特点把抓包的范围缩小呢？

【案例分析】

默认情况下，Sniffer 会监控网络中所有传输的数据包。但在分析网络协议查找网络故障时，有许多数据包并不需要，通过定义过滤器可以设定捕获条件，只接收与问题或事件相关的数据，从而便于管理员进行分析。Sniffer 提供了捕获数据包前的过滤规则的定义，过滤规则包括二、三层地址的定义和几百种协议的定义。

【解决方案】

在 5.1.2 节的实验环境的基础上，假设在 PC4（10.0.0.4）上使用 Telnet 方式登录交换机，现在要求获取 Telnet 的登录口令，就可以为 Sniffer 定义过滤器，把过滤规则设为针对 IP 10.0.0.4 的进、出数据包，即只抓源地址或目的地址是 10.0.0.4 的数据包。

【实施步骤】

步骤 1：设置交换机的管理 IP 为 10.0.0.10/24，并设置通过 Telnet 远程登录交换机的用户进行 Password 认证，口令是明文 123456。

```
# 进入系统视图
<H3C>system-view
# 默认交换机管理 VLAN 1
[H3C] interface vlan-interface 1
# 配置管理 VLAN 1 接口的 IP 地址为 10.0.0.10
[H3C-vlan-interface1] ip address 10.0.0.10 255.255.255.0
[H3C-vlan-interface1] quit
# 进入 VTY0 用户界面视图
[H3C] user-interface vty 0
# 设置通过 VTY0 口登录交换机的用户进行 Password 认证
[H3C-ui-vty0] authentication-mode password
# 设置用户的认证口令为明文方式，口令为 123456
[H3C-ui-vty0] set authentication password simple 123456
```

步骤 2：在 PC1（10.0.0.1）上设置 Sniffer 过滤器。

单击工具栏上的 按钮，打开过滤器定义窗口，单击 Address 选项卡，在 Station 列表中设定要监视的 IP 地址范围。分别在 Station1 和 Station2 中输入 IP 地址 10.0.0.4 和 Any，如图 5.50 所示，表示监视 10.0.0.4 和任何计算机交互的数据包。单击"确定"按钮。

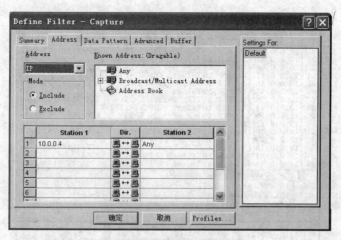

图 5.50　定义过滤器

在定义过滤器的窗口中，Summary 选项卡显示所有过滤器，其中 Default 过滤器定义捕捉所有的数据包。Address 选项卡用来定义捕捉的地址范围，包括 IP 地址和硬件地址等。Data Pattern 选项卡用来定义抓包的具体匹配条件。Advanced 选项卡用来选择要抓包的协议类型。Buffer 选项卡用来设置存放包的缓冲区。

Buffer 选项卡中，Buffer size 是设置一次性抓多少包，通常不要超过本机内存的一半，默认是 8MB。Stop capture 单选按钮表示抓包已经抓满设置的缓冲区大小后自动停止抓包，Wrap buffer 单选按钮表示抓满缓冲区大小后还继续抓包，新的数据将覆盖旧的数据。转到的包可以保存在 Save to file 下面设置的路径中，如图 5.51 所示。

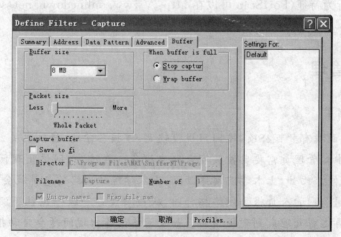

图 5.51　Buffer 选项卡

步骤 3：抓包并分析数据。

(1) 在 PC1(10.0.0.1)上单击工具栏上的 ▶ 按钮，Sniffer 开始抓包。

(2) 从 PC3(10.0.0.4)上通过 Telnet 登录交换机，输入口令进入配置界面。

(3) 在 PC1 上单击工具栏上的 按钮，停止抓包，并显示抓包结果。

单击窗口下方的 Decode 分页，显示捕获的所有包的详细信息，如图 5.52 所示。

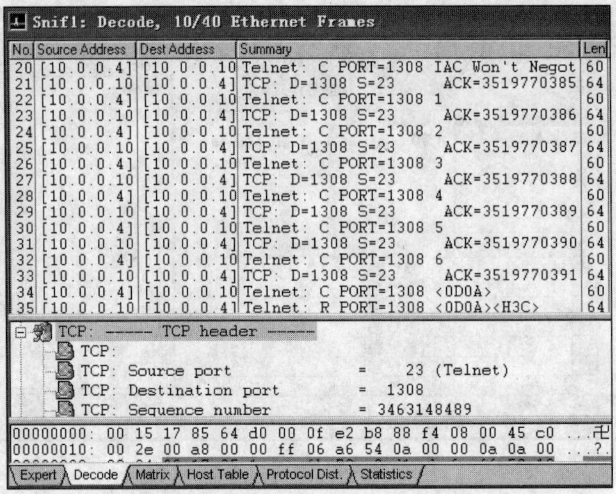

```
Snif1: Decode, 10/40 Ethernet Frames
No. Source Address  Dest Address  Summary                                    Len
20 [10.0.0.4]   [10.0.0.10] Telnet: C PORT=1308 IAC Won't Negot    60
21 [10.0.0.10]  [10.0.0.4]  TCP: D=1308 S=23      ACK=3519770385    64
22 [10.0.0.4]   [10.0.0.10] Telnet: C PORT=1308 1                  60
23 [10.0.0.10]  [10.0.0.4]  TCP: D=1308 S=23      ACK=3519770386    64
24 [10.0.0.4]   [10.0.0.10] Telnet: C PORT=1308 2                  60
25 [10.0.0.10]  [10.0.0.4]  TCP: D=1308 S=23      ACK=3519770387    64
26 [10.0.0.4]   [10.0.0.10] Telnet: C PORT=1308 3                  60
27 [10.0.0.10]  [10.0.0.4]  TCP: D=1308 S=23      ACK=3519770388    64
28 [10.0.0.4]   [10.0.0.10] Telnet: C PORT=1308 4                  60
29 [10.0.0.10]  [10.0.0.4]  TCP: D=1308 S=23      ACK=3519770389    64
30 [10.0.0.4]   [10.0.0.10] Telnet: C PORT=1308 5                  60
31 [10.0.0.10]  [10.0.0.4]  TCP: D=1308 S=23      ACK=3519770390    64
32 [10.0.0.4]   [10.0.0.10] Telnet: C PORT=1308 6                  60
33 [10.0.0.10]  [10.0.0.4]  TCP: D=1308 S=23      ACK=3519770391    64
34 [10.0.0.4]   [10.0.0.10] Telnet: C PORT=1308 <0D0A>             60
35 [10.0.0.10]  [10.0.0.4]  Telnet: R PORT=1308 <0D0A><H3C>        64

TCP: ----- TCP header -----
    TCP:
    TCP: Source port         =    23 (Telnet)
    TCP: Destination port    =    1308
    TCP: Sequence number     =    3463148489

00000000: 00 15 17 85 64 d0 00 0f e2 b8 88 f4 08 00 45 c0    ...д
00000010: 00 2e 00 a8 00 00 ff 06 a6 54 0a 00 00 0a 0a 00    ...?

Expert  Decode  Matrix  Host Table  Protocol Dist.  Statistics
```

图 5.52 抓包分析

Sniffer 窗口上面部分显示抓到的所有包的情况,中间部分显示每一个包的具体的报头信息,从物理层、数据链路层、网络层、传输层到应用层逐层显示。其中还包含了 Sniffer 的专家分析系统提供的分析结果。

从上面可以看到 Sniffer 捕获的有关 Telnet 登录口令的信息。

【实验项目】

使用 PortScan 软件寻找当前网络上正在运行的所有设备,并使用 Sniffer 进行抓包,分析 PortScan 的行为特征(PortScan 可以在 http://www.onlinedown.net/softdown/45423_2.htm 下载)。

5.6 网络管理

【引入案例】

某大学占地面积有数百公顷,校园网规模较大,连接各学院、行政机关、学生宿舍区和职工宿舍区,网络中心管理员需要监控数百台网络设备。在过去,网络出现问题的时候,只能依赖用户电话报修。比如,土木学院网络故障,土木学院的网络信息员就会给网管人员打电话报告"网络不通",网管人员根据网络拓扑图,从核心设备一级一级往下测试,找出可能出现问题的设备,再远程处理或到现场维修。如果网络设备出现问题会自动报警的话,将大大减少网络管理员的工作量。

【案例分析】

随着网络规模的日益扩大,设备种类和数量急剧增多,业务提供能力和手段更加丰富,维护的复杂性不断提高,如何有效管理这些网络设备就变得十分重要。

通常情况下大部分网络设备都离网络管理员所在的地方很远。正是由于这个原因,如果当设备有问题发生时网络管理员可以自动地被通知的话,那么一切事情都好办。当有一个应用程序问题发生时,用户可以打电话通知管理员,但是路由器不会像用户那样,当路由器拥挤时它并不能够通知管理员。为了解决这个问题,人们在一些设备中设立了网络管理的功能,使网络管理员能够远程地询问设备的状态,并让它们在某一种特定类型的事件发生时能够向网络管理员发出警告。这些设备通常被称为"智能"设备。现在,就是要把这些"智能"设备的网络管理功能启动起来。

【基本原理】

网络管理的内容是对硬件、软件和人力的使用、综合与协调,以便对网络资源进行监视、测试、配置、分析、评价和控制,这样就能以合理的代价满足网络的使用需求,如运行性能、服务质量等。

网络管理分为两类。第一类是对于网络应用程序、用户账号(例如文件的使用)和存取权限(许可)的管理。它们都是与软件有关的网络管理问题。

网络管理的第二类是对于构成网络的硬件的管理。这一类管理对象包括工作站、服务器、网卡、路由器、网桥和集线器等。厂商们在一些设备中设立了网络管理的功能,这样网络管理员就可以远程地询问它们的状态,同样能够让它们在某些特定类型的事件发生时向网络管理员发出警告。这些设备通常被称为"智能"设备。

前面介绍过网络设备的一些远程登录方式,如 Telnet 方式。远程 Telnet 方式以命令行的方式实现远程管理与配置。但是设备不同,命令也会有所不同,因此使用命令行方式管理并没有一种标准的操作手段。而智能设备,也就是支持网络管理的设备,可以采用简单网络管理协议(Simple Network Management Protocal,SNMP)的管理方式实现远程管理。

SNMP 用于保证管理信息在网络中任意两点间传送,便于网络管理员在网络上的任何结点检索信息、修改信息、定位故障、完成故障诊断、进行容量规划和生成报告。

SNMP 采用一种标准的数据表示方式和标准的数据存取手段。SNMP 中定义的管理信息库(Management Information Base,MIB)变量包含广泛的信息,而 SNMP 采用的 ASN.1(Abstract Syntax Notation 1)语法使不同厂家可以对自己的设备定义专有的 MIB,而同时可以仍然采用标准的方式进行操作。这样就能通过一个统一的管理平台实现对不同的网络设备进行管理,极大方便了网络管理工作。

一般的网络管理模型的主要构件包括:

(1) 网络管理工作站(Network Managemant Station,NMS):是一台具备网络管理功能的工作站,上面驻留了管理进程。它能够和在不同地理位置的被管理结点中的代理通信,并且显示这些代理的状态。

(2) 代理(Agent):用来跟踪被管理设备状态的特殊软件或固件(firmware),称为代理进程。负责接收、处理来自 NMS 的请求报文,然后从设备上其他协议模块中取得管理变量的数值,形成相应报文,回送给 NMS。在一些紧急情况下,如接口状态发生改变或呼叫成功等的时候,被管理设备会主动通知 NMS。

(3) 被管理结点(DEV):想要监视的设备,也就是实现 Agent 的设备,可以是路由器、交换机和工作站等。

(4) 简单网络管理协议(Simple Network Management Protocal,SNMP):NMS 和 Agent 用来交换信息的协议。

(5) 管理信息库(Management Information Base,MIB):被管理对象信息的集合。也就是所有代理进程包含的、并能够被管理进程进行查询和设置的信息的集合。管理系统通过

MIB 把被管对象组织起来,支持 SNMP 的网管软件只要取得设备的 MIB 就能通过 SNMP 管理设备。

按照一般的网络管理模型要求,网络管理应该支持以下功能。

(1) 拓扑管理:发现全网设备,并添加到全网设备的统一拓扑视图中,以此实时监控所有设备的运行状况。

(2) 故障管理:包括发现故障、故障定位以及排除故障等。

(3) 配置管理:管理网络设备的各种软硬件配置,这是网络管理最重要的功能。因为只有这样,用户才能准确地定位网络中出现的各种问题,也才可能通过修改网络设备配置解决这些问题。

(4) 性能管理:监视和分析网络性能和系统性能。例如如何提高路由器的数据吞吐率,如何调整向各通信协议提供的带宽。

(5) 安全管理:完成网管系统本身的安全控制,保护网络设备的各种软硬件资源,防止非法入侵。例如管理用户登录到路由器时进行的各种操作。

在网络管理模型中,其核心就是 SNMP。SNMP 分为 NMS 和 Agent 两部分,对于 SNMP,NMS 是客户端,Agent 是服务器端,NMS 可以向 Agent 发出 GetRequest、GetNextRequest 和 SetRequest 报文等请求报文,Agent 接收到 NMS 的这些请求报文后,根据报文类型对管理对象(MIB)进行 Read 或 Write 操作,生成 Response 响应报文,并将报文返回给 NMS。Agent 在设备发生异常情况或状态改变时(如设备重新启动),也会主动向 NMS 发送 Trap 报文,向 NMS 汇报所发生的事件。

目前,SNMP Agent 支持 SNMP v3 版本,兼容 SNMP v1 版本和 SNMPv2c 版本。SNMP v3 采用用户名和密码认证方式。SNMP v1 和 SNMP v2c 采用团体名(Community Name)认证,设备不认可团体名的 SNMP 报文将被丢弃。SNMP 团体名用来定义 SNMP NMS 和 SNMP Agent 的关系。团体名起到了类似于密码的作用,可以限制 NMS 访问设备上的 SNMP Agent。

【命令介绍】

1. 启动 SNMP Agent 服务

```
snmp-agent
undo snmp-agent
```

【视图】 系统视图

默认情况下,SNMP Agent 功能处于关闭状态。执行 snmp-agent 命令或执行 snmp-agent 的任何一条配置命令,都可以启动 SNMP Agent。

2. 设置系统信息,启用 SNMP v1/SNMP v2c 版本

```
snmp-agent sys-info { contact sys-contact | location sys-location | version { { v1 |
    v2c | v3 } * | all } }
undo snmp-agent sys-info { contact [location] | location [contact] | version { {v1 |
    v2c | v3 } * |all } }
```

【视图】 系统视图

【参数】 *sys-contact*:描述系统维护联系信息的字符串,为长度不超过 200 个字符的字符串。

　　sys-location：设备结点的物理位置信息，为长度不超过 200 个字符的字符串。

　　version：设置系统启用的 SNMP 版本号。

　　v1：SNMP v1 版本。

　　v2c：SNMP v2c 版本。

　　v3：SNMP v3 版本。

　　all：SNMP v1、SNMP v2c 和 SNMP v3 版本。

　　snmp-agent 命令用来设置系统信息，包括系统维护联系信息和设备结点的物理位置信息，并设置交换机启用相应的 SNMP 版本等。如果设备发生故障，设备维护人员可以利用系统维护联系信息，及时与设备生产厂商取得联系。

　　设备和 NMS 的 SNMP 版本必须保持一致，才能完成正常交互。

　　只有启用了相应的 SNMP 版本，设备才会处理相应版本的 SNMP 数据报文，如果只启用了 SNMP v1 版本，而收到 SNMP v2c 数据报文，则会被丢弃；如果只启用了 SNMP v2c 版本，则收到的 SNMP v1 数据报文会被丢弃。

　　为了配合不同的 NMS，设备上可以同时启用多个 SNMP 版本运行。

　　默认情况下，H3C 以太网设备系统维护联系信息为"Hangzhou H3C Technologies Co.，Ltd."；物理位置信息为"Hangzhou China"；版本为 SNMP v3。可以使用命令 display snmp-agent sys-info 来查看当前 SNMP 的系统信息。

　　3. 设置团体名及访问权限

snmp-agent community { **read** | **write** } *community-name* [[**acl** *acl-number*] [**mib-view**
　　　view-name]] *

undo snmp-agent community *community-name*

　　【视图】　系统视图

　　【参数】　read：表明对 MIB 对象进行只读的访问，具有只读权限的团体只能对设备信息进行查询。

　　write：表明对 MIB 对象进行读写的访问，具有读写权限的团体可以对设备进行配置。

　　community-name：团体名，取值范围为 1～32 个字符。

　　acl-number：该团体名指定的基本访问控制列表，取值范围为 2000～2999。使用基本访问控制列表，可以对 SNMP 报文的源 IP 地址进行限制，即允许或禁止具有特定源 IP 地址的 SNMP 报文通过，从而进一步限制 NMS 和 Agent 的互访。

　　view-name：MIB 视图名，取值范围为 1～32 个字符。

　　SNMP v1/v2c 版本使用团体名限制访问权限，可以使用此命令配置团体名，并配置读或写视图权限和访问控制策略。

　　通常情况下，public 被用来作为读权限团体名、private 被用来作为写权限团体名。为了安全起见，建议网络管理员配置其他团体名。

　　4. 设置接收 SNMP Trap 报文的目的主机

snmp-agent target-host trap address udp-domain { *ip-address* | **ipv6** *ipv6-address* }
　　　[**udp-port** *port-number*] **params securityname** *security-string* [**v1** | **v2c** | **v3**

                 [**authentication** | **privacy**]]

undo snmp-agent target-host *ip-address* **securityname** *security-string*

【视图】　系统视图

【参数】　trap：指定该主机为 Trap 主机。

address：指定 SNMP 消息传输的目标主机地址。

udp-domain：指定目标主机的传输域基于 UDP。

ip-address：接收 Trap 主机的 IPv4 地址。

ipv6 *ipv6-address*：接收 Trap 的目的主机的 IPv6 地址。

port-number：指定接收 Trap 报文的 UDP 端口号，取值范围为 1～65 535。

params：指定目标主机信息以用于产生 SNMP 消息。

security-string：SNMP v1、SNMP v2c 的团体名或 SNMP v3 的用户名，取值范围为 1～32 个字符。

v1：代表 SNMP v1 版本。

v2c：代表 SNMP v2c 版本。

v3：代表 SNMP v3 版本。

authentication：指明对报文进行认证但不加密。

privacy：指明对报文进行认证和加密。

根据网络管理需求，可以通过该命令配置多个目的主机接受 Trap 消息。设备默认可以发送所有 Trap 消息。

若要一台设备可以发送 Trap 消息，需要将 snmp-agent target-host 命令与 snmp-agent trap enable 或 enable snmp trap updown 命令协同使用：

（1）使用 snmp-agent trap enable 或 enable snmp trap updown 命令设置允许发送的 Trap 报文。

（2）使用 snmp-agent target-host 命令来设置接收 SNMP Trap 报文的目的主机地址。

【例】　允许向 10.1.1.1 发送 SNMP Trap 报文，使用团体名 public。

```
<H3C>system-view
System View: return to User View with Ctrl+Z.
[H3C] snmp-agent trap enable standard
[H3C] snmp-agent target-host trap address udp-domain 10.1.1.1 params
    securityname public
```

【解决方案】

网管工作站(NMS)与 SwitchA(SNMP Agent)通过以太网相连，如图 5.53 所示。网管工作站 IP 地址为 192.168.0.1，Switch A 的 VLAN 接口 IP 地址为 192.168.0.200。

在 SwitchA 上进行如下配置：设置团体名和访问权限、管理员标识、联系方法以及交换机的位置信息，允许交换机发送 Trap 消息，使得通过 NMS 可以获取对交换机的访问权限，并接收交换机发送的

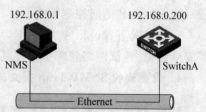

图 5.53　SNMP 实验拓扑

Trap 消息。

【实验设备】

NMS 服务器 1 台,交换机若干台,直通线若干。

说明:实验要求视实验室具体环境而定。本实验管理平台采用 H3C 的智能管理中心系统,交换机选择 LS-S3100-16C-SI-AC,管理服务器和实验交换机之间通过两台三层交换机连接。

【实施步骤】

步骤 1:交换机使用默认的 VLAN 1 作为网管 VLAN,配置 VLAN 的接口 IP 地址为192.168.0.200。

```
<H3C>system-view
[H3C] interface vlan-interface 1
[H3C-vlan-interface1] ip address 192.168.0.200 255.255.255.0
[H3C-vlan-interface1] quit
```

步骤 2:在交换机上启用 SNMP Agent。

```
# 启用 SNMP Agent 服务
[H3C] snmp-agent
# 允许 SNMP 的所有版本
[H3C] snmp-agent sys-info version all
# 设置联系方式和设备位置
[H3C] snmp-agent sys-info contact Mr.Wang-Tel:3324
[H3C] snmp-agent sys-info location 5th_floor 3rd_building
# 设置读团体名 public
[H3C] snmp-agent community read public
# 设置写团体名 private
[H3C] snmp-agent community write private
```

步骤 3:允许交换机向网管工作站 192.168.0.1 发送 Trap 报文,使用的团体名为 public。

```
[H3C] snmp-agent target-host trap address udp-domain 192.168.0.1 udp-port 5000
params securityname public
```

步骤 4:利用 NMS 发现设备。

利用网管系统完成对以太网交换机的查询和配置操作。

注意:网管系统的认证参数配置必须和设备上的参数配置保持一致,否则网管系统无法管理设备。

(1)进入 192.168.0.1 的智能管理中心,首页如图 5.54 所示。

(2)自动发现交换机。

在图 5.54 所示的页面中,选择"资源"选项卡,单击左边工具栏的"资源管理"下的"自动发现",在右边选择"以网段方式发现"单选按钮,单击"下一步"按钮,如图 5.55 所示。

在图 5.56 所示的界面中设置网段发现位置,只需要发现 192.168.0.200。单击"自动发现"按钮。

图 5.54　智能管理中心首页

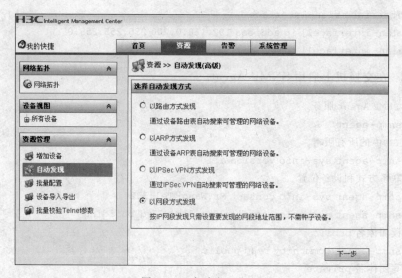

图 5.55　自动发现（一）

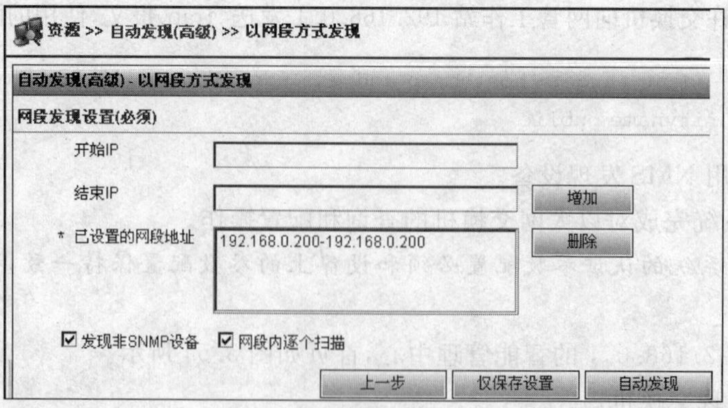

图 5.56　自动发现（二）

自动发现结果如图 5.57 所示。

步骤 5：自动报警测试。

拔掉连接交换机的网线，系统有语音报警，并且打开"告警"选项卡，可显示具体告警信

运行自动发现

✅ 自动发现结束。共发现1个设备，其中：SNMP设备1个，ICMP设备0个。新增加1个设备。

时间	新发现的设备	结果
2013-06-03 15:32:50	自动发现结束。	✔共发现1个设备，其中：SNMP设备1个，ICMP设备0个。新增加1个设备。
2013-06-03 15:32:50	H3C(192.168.0.200)	✔增加设备"H3C(192.168.0.200)"成功。
2013-06-03 15:32:32	自动发现开始。	✔自动发现开始。

图 5.57　自动发现（三）

息，如图 5.58 所示。

首页	资源	告警	系统管理		🔍▾		Go 高级搜索

🔔 **实时告警**　　　　　　　　　　　　　　　　　　　　★加入收藏　❓帮助

实时未恢复未确认告警

恢复	确认	删除

最近 50 条未恢复未确认告警。新到 0 条未恢复未确认告警。　　　　　　　刷新时间间隔 5秒 ▾

☐	告警级别	告警来源	告警信息	恢复状态	确认状态	告警时间
☐	⚠紧急	H3C(192.168.0.200)	设备H3C不可达。	⬠未恢复	⬠未确认	2010-12-09 13:47:52
☐	⚠重要	JS-H3C-S3610 (192.168.0.10)	设备JS-H3C-S3610的接口 Ethernet1/0/18的状态DOWN。	⬠未恢复	⬠未确认	2010-07-06 13:45:04
☐	⚠重要	JS-H3C-S3610 (192.168.0.10)	设备JS-H3C-S3610的接口 Ethernet1/0/16的状态DOWN。	⬠未恢复	⬠未确认	2010-07-06 13:45:04

图 5.58　实时告警

单击告警来源 H3C(192.168.0.200)，显示交换机的具体信息，如图 5.59 所示。

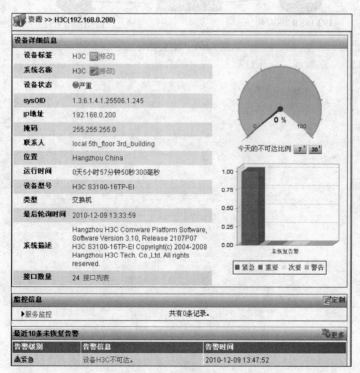

图 5.59　设备详细信息

可以使用设备详细信息右边的工具进行测试或配置,如图 5.60 所示。

图 5.60　工具栏

【实验项目】

网络中有设备 NMS 和 Agent 1～Agent 3,如图 5.61 所示。以最简洁、快速的方式实现 NMS 对 Agent 1～Agent 3 的监控管理。

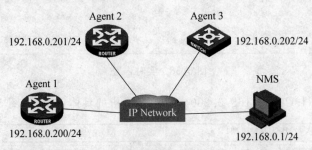

图 5.61　实验拓扑

参 考 文 献

［1］ 吴功宜. 计算机网络. 3 版. 北京：清华大学出版社，2011.

［2］ 谢希仁. 计算机网络教程. 5 版. 北京：电子工业出版社，2008.

［3］ 钱德沛. 计算机网络实验教程. 北京：高等教育出版社，2005.

［4］ Andrew S. Tanenbaum. 计算机网络. 北京：清华大学出版社，1998.

［5］ 陆魁军，等. 计算机网络工程实验教程：基于华为路由器和交换机. 北京：清华大学出版社，2005.

［6］ 程庆梅，韩立凡. 计算机网络实训教程(上册). 2 版. 北京：高等教育出版社，2008.

［7］ 程庆梅，韩立凡. 计算机网络实训教程(下册). 2 版. 北京：高等教育出版社，2008.

［8］ 梁广民，王隆杰. 思科网络实验室路由、交换实验指南. 北京：电子工业出版社，2007.

［9］ 张琦，等. 案例精解企业级网络构建. 北京：电子工业出版社，2008.

［10］ 杭州华三通信技术有限公司. 路由交换技术 第 1 卷(上册). 北京：清华大学出版社，2011.

［11］ 杭州华三通信技术有限公司. 路由交换技术 第 1 卷(下册). 北京：清华大学出版社，2011.

［12］ 杭州华三通信技术有限公司. 构建中小企业网络. H3C 网络学院系列教程. 2008.

［13］ 杭州华三通信技术有限公司. H3C 网络学院教材(第三学期). 2007.